"十二五"国家重点图书出版规划项目

赛克法则——数字化时代中欧公共空间的新价值观

郭湘闽　[意]Gianni Talamini　著

U0222623

哈尔滨工业大学出版社

内 容 简 介

公共空间，在数字化时代的熔炉里正在经历着解构和重塑。得益于现代城市价值交换方式的转型，公共空间在城乡环境中不再仅仅承担休闲、交往等简单用途，或者简单地扮演着生产功能的配角，而是日益转变为集研发、生产、交易、社交、休闲、教育等多种功能于一体的核心价值交换场所。

本书适合从事城市规划、城市建设综合开发、建筑设计、环境景观设计及城市管理的专业人士与研究者阅读。

图书在版编目（CIP）数据

赛克法则：数字化时代中欧公共空间的新价值观 ／ 郭湘闽，
（意）詹尼·塔拉米尼（Gianni Talamini）著 ． — 哈尔滨：
哈尔滨工业大学出版社，2017.9

ISBN 978-7-5603-6566-4

Ⅰ．①赛… Ⅱ．①郭… ②詹… Ⅲ．①城市规划－对比
研究－中国、欧洲 Ⅳ．① TU984.2 ② TU984.5

中国版本图书馆 CIP 数据核字（2017）第 070941 号

策划编辑　张　荣
责任编辑　苗金英
出版发行　哈尔滨工业大学出版社
社　　址　哈尔滨市南岗区复华四道街 10 号　邮编 150006
传　　真　0451-86414749
网　　址　http://hitpress.hit.edu.cn
印　　刷　哈尔滨市石桥印务有限公司
开　　本　787mm×1092mm　1/16　印张 17.25　字数 459 千字
版　　次　2017 年 9 月第 1 版　2017 年 9 月第 1 次印刷
书　　号　ISBN 978-7-5603-6566-4
定　　价　68.00 元

前言

数字化革命的降临，犹如一道闪电，遽然划开了两个世界：一个如同夕阳远晖——以熙熙攘攘的肩挑手提、车马驱驰为标志的前数字化时代；另一个如同朝霞初露——以暗流涌动的海量大数据传输为标志的数字化时代。

在这片风起云涌的天空之下，人类社会的价值交换方式正在发生根本性的变化，从实体化的物质流交换，到模拟化的能量流，再到数字化的能量流。随之而来的，是每一个以往我们已经习以为常的城乡空间概念都在经历着重新的淬炼。数字化革命之火，在重新铸造着全新的社会景观。

公共空间，作为一个被研究过千百次的概念，也在数字化时代的熔炉里经历着解构和重塑。得益于现代城市价值交换方式的转型，公共空间在城乡环境中不再仅仅承担休闲、交往等简单用途，或者简单地扮演着生产功能的配角，而是日益转变为集研发、生产、交易、社交、休闲、教育等多种功能于一体的核心价值交换场所。

同时，数字化时代所营造的虚拟世界与公共空间代表的真实世界之间呈现出一种水乳交融的耦合关系。公共空间的发展一方面深切感受到虚拟世界飞速发展所带来的强烈冲击，另一方面也在努力地与之融合实现借势升级。应当预见到，在数字化技术的驱动下，迷人的公共空间将充溢着由高人气和大数据叠加后所产生的巨大潜能，其中所积蓄和可转化的隐形势能一旦得到有效激发，将迸射出无可限量的社会与经济价值。

显然，营造满足数字化时代需求、拥有充沛活动内容和强烈吸引力的公共空间，将成为未来人居环境建设的重要目标。那么，如何设计、评估和预测数字化时代公共空间的吸引度呢？这个问题成为本书研究的核心内容。

为了深入探讨这一问题，本书尝试做出了以下两方面的努力：

第一，采用理论归纳与实证检验相结合的方式。通过研究数字化革命对社会发展所产生的本质性冲击，推导公共空间演变趋势，分析其在社会互动、情境体验和创意趣味等方面的发展态势。据此建构赛克度量方法，并结合其在实际案例中的应用，分析其应用价值和实证效果。

第二，采用中国和欧洲相比较的方式。中国和欧洲作为当今世界举足轻重的两大经济体和文明体，在公共空间发展的悠久历史方面具有高度的共性，而在其具体设计的理念、运营模式等方面又各具特色。因此，对中国和欧洲的公共空间典型案例有针对性地进行比较，能够透射出数字化时代对于这两大文明体空间格局的影响程度，并给予关于未来趋势的有益启示。

应该说，本书自立题至成稿的历程，如果用"十易其稿"来形容，恐怕也不为过。在历时4年多的反复斟酌、筛选、扬弃的过程中，品尝了许多探索与发现的喜悦，也遗憾地不得不舍弃了不少已经初具雏形的构想乃至文稿。在此，要感谢本书的研究团队成员，正是由于我们共同的坚持，才能在"数字化与公共空间"这片罕有前人涉足的主题荒原上，趟出了一条可供后来者试足的小径。这条小径虽不华丽，甚至还有不少坑洼之处有待填补，但却见证了我们团队致力探索的点点滴滴的努力。其中有益的成果都归功于以下团队成员的重要贡献。

由本人担任合作导师的意大利博士后 Gianni Talamini 先生对本书主题的构思、框架的建立和完善给予了很多有益的建议。他搜集整理了欧洲方面的若干案例应用于本书第五章内容之中，并执笔撰写了第四章（除第四节外）。在合作过程中，我们相互砥砺，坦诚交流，在整体达成共识的前提下仍然尊重彼此的立场，因此在书中特意保留了对某些细节问题的不同见解，以供读者客观比较中西方学术观点的差异性。

此外，意大利学者 Margherita Turvani 教授以及 Camilla Costa 博士为第四章的第四节授权提供了自己的研究成果,充实了相关内容。英国伦敦大学学院博士林芳莹老师对本书的初稿提出了细致而宝贵的建议。为了体现对国外合作者的尊重,按照他们的要求,由外方合作者提供的有关内容放在附录四中,以原版英文的形式体现国外合作者的原汁原味风格。在此也要感谢香港大学博士关贝贝老师在翻译上的大力支持。

同时,本人所指导的历届研究生也对本书做出了重要的贡献。杨彦文、吴奇、李晨静、郭萌萌等同学为本研究开展了持之以恒的大量基础性工作,包括基础资料的整理,中国和欧洲案例的分析,华侨城 LOFT 等公共空间的现场调研、有关分析图纸的绘制等。本书中还吸收了本人指导的历届研究生,如周景、危聪宁等的研究和调研成果。在此,一并向上述合作者的认真投入和无私帮助致谢。

数字化时代的鸿篇大剧刚刚拉开帷幕,目前所呈现的,可以说是本团队的阶段性思考成果。我们期待在不久的将来,能够继续提供更多有价值的发现,以飨同行。由于时间有限,书中难免有疏漏和不足之处,敬请读者批评指正。

郭 湘 闽

2016 年 8 月 6 日

于深圳跬步斋

Preface

The advent of the digital revolution has drawn a line of demarcation between two worlds—one is the old pre-digital epoch featuring manual means of transportation and bustling streets; the other is the emerging digital era characteristic of a flood of data transmission.

Against the background of such a dramatic transformation, the means of value exchange in human society has changed fundamentally, from the exchange of tangible substance to simulated energy flow and finally to digitalized energy flow. Consequently, every concept of urban and rural space that is familiar to us is being tested. The digital revolution is sparking a brand-new social panorama.

The same is true of public space, a concept that has been the research subject for thousands of times. Due to the transformation of the means of value exchange in urban cities, the public space has gradually broken away from its stereotypical role in providing simple services such as recreation, interaction and production for urban and rural dwellers, and become a multi-functional place for R&D, production, transactions, social interaction, leisure and education where core values are exchanged.

In addition, the virtual world created by digital era and the real world represented by public space form an attractive coupling. Affected by the burgeoning development of the virtual world, the public space is striving to mix with it for an upgrade. It is predictable that propelled by digital technologies, the mesmerizing public space will, thanks to its popularity and the avalanche of data, embrace huge potentials which once tapped into will trigger enormous social and economic values.

Naturally, it will be an important target to establish a kind of public space that meets the demand of the digital era as well as involves various appealing activities for future residential environment. Then, how to design, evaluate and anticipate the popularity of the public space in the digital era? The main contents of this book will explain the question.

This book adopts two major methods for further exploration.

Firstly, a combination of theoretical summary and empirical research. Through research into the digital revolution's fundamental influence on the social development, a deduction of the evolutionary trend of public space and an analysis of its current developmental stage in terms of social interaction, situation experience and innovative amusement are thusly achieved. Subsequently, SEC modal is established and its application and effects are analyzed through empirical research.

Secondly, a comparison between China and Europe. As two major economic blocs and civilization, China and Europe both boast a long history as regards the development of public space, but they are different in the public space's design and operation. Therefore, the comparison between China and Europe of their specific characteristics of public space reflects the impact of digital revolution on public space, and renders some useful advice about future trend.

It's safe to say that from the moment when the title was decided on, this book has been revised for more than ten times before its completion. During the four-year writing process of repeated thinking and choices, I tasted the joy of exploration and discovery, but also felt sorry for those abandoned ideas and drafts. I want to express my gratitude for all the members in the research team. It was because of our concerted efforts and persistence that we managed to make a foray into the off-the-beaten-track field of "digitalization and public space". The track we walked on might not be magnificent and was studded with a few puddles, but it was a witness to our team's painstaking efforts. The following members made valuable contributions to the outcome.

Dr. Gianni Talamini, an Italian post-doctor who do the research with me offered many useful suggestions about the theme and the framework of this book, worked on several examples of China and Europe's public space for Chapter 5, and wrote Chapter 4 exclusive of the fourth section. In the course of our cooperation, we encouraged each other and exchanged ideas frankly. While we reached a consensus, we still respected each other's stance and specially preserved our different opinions on some details in the book in the hope of objectively presenting the academic difference between the East and the West.

Professor Margherita Turvani, an Italian Scholar and Dr. Camilla Costa provided their own research findings enriching the fourth section of Chapter 4. Dr. Lin Fangying from University College London gave some detailed and valuable advice on the first draft of this book. Out of respect for these partners abroad, the contents offered by them will be published in both Chinese and English at their request. Thanks Dr. Guan Beibei from The University of Hong Kong for her help in the translation work.

The postgraduates of all previous years under my guidance also helped a lot. Yang Yanwen,Wu Qi,Li Chenjing and Guo Mengmeng had conducted long-term fundamental work including sorting out the basic materials, analyzing the cases of China and Europe, visiting some sites of public space such as OCT-LOFT, and drawing related charts. Zhou Jing and Wei Congning's research and investigation results were also referred to in the book. Had it not been for their enthusiasm, the book would not have been completed smoothly.

The digital era is poised to display its grandeur. What is presented by our team is but the initial period of the digital era. We look forward to offering more valuable discoveries in the near future to our peers.I take responsibility for any blunder or mistake in the book.

Xiangmin Guo
Aug.6th,2016
At Kuibu Zhai, Shen Zhen

目　录

绪论 数字化革命与公共空间

Introduction Digital revolution and public space

· 数字化革命的降临，犹如一道闪电，遽然划开了两个世界：一个是以有形的肩挑手提、车马驱驰为标志的前数字化时代，另一个是以无形的海量大数据传输为标志的数字化时代。

· 数字化时代具有完全不同于传统时代的特点——数字化世界与实体世界，成为这个时代中各自独立同时又相互渗透的两个领域。

· 数字化时代的崛起，对公共空间的发展意味着挑战与机遇并存。社会互动、情境体验和创意趣味将成为未来公共空间发展的三元素。

第一节 数字化革命的降临与公共空间的挑战

一、围棋仙地与人机大战

2016 年 3 月，本研究团队在中国浙江省衢州市著名的烂柯山景区进行空间规划的调研。烂柯山是传说中围棋这项国际运动的起源地，因而被誉为围棋仙地。据北魏郦道元所著《水经注》记载：晋朝（265—420）有一个叫王质的樵夫到石室山砍柴，见到两个仙童下围棋，便坐于一旁观看。一局未终，一个仙童对他说，你的斧柄烂了，王质一看果然如此，赶紧下山回家，等他回到村里时才知道已过了数十年之久。因此后人便把石室山称为烂柯山（图 0-1），并把烂柯作为围棋的别称。

我们此行的目的是探究未来公共活动空间的发展趋势。然而没有想到的是，在流连于围棋悠久传说的过程中我们背离了平常的观赏路线，迷失在人迹罕至的森林峡谷当中。

历史总是充满巧合——同一天，当我们被困在围棋仙地之时，远隔万里之外正在发生着一场惊动世人的事件：代表人类围棋最高水平的韩国选手李世石（李世石确切的朝鲜名字应为李世乭（朝鲜汉字）。此处遵从媒体习惯用法）与代表人工智能最高水平的计算机围棋程序阿尔法围棋（Alphago）之间的人机大战正式拉开了帷幕（图 0-2）。

图 0-1 烂柯山仙人对弈

图 0-2 人与计算机对弈

阿尔法围棋是谷歌（Google）旗下 DeepMind 公司开发的一款围棋人工智能程序。这个程序利用"价值网络"去计算局面，用"策略网络"去选择下子。据悉，阿尔法围棋的撒手锏是"深度学习"功能。"深度学习"是指多层的人工神经网络及其训练方法。一层神经网络会把大量矩阵数字作为输入，通过非线性激活方法取权重，再产生另一组数据集合作为输出。通过合适的矩阵数量，多层组织链接在一起，形成神经网络"大脑"进行精准复杂的处理。这些网络通过反复训练来检查结果，再去校对调整参数，让下次落子的质量更高。

这种快速学习、不断进步的人工智能方法成效是惊人的。在 5 局对决当中，人类围棋界的世界冠军李世石最终以总比分 1:4 成绩不敌阿尔法围棋。于是有人惊呼：机器人——或者说人工智能——取代人类的时代来临了！

实际上，这场世纪性的人机大战只不过是一场被称之为"数字化革命"的宏大剧目中一段小小的助兴演出而已。这场人机大战的意义并不在于最终谁胜谁负，而在于长期处于深度开发当中的人工智能技术以一种直面人类的方式公开亮相，并让人类对它的计算水平和学习能力刮目相看。

几乎就在韩国首尔的李世石与阿尔法围棋紧张对局的同时，在烂柯山的深谷中，我们的团队还在无人区里找寻着出路。但与首尔紧张的气氛不同，我们虽然像当年误入深山的樵夫王质一样找寻不到来时的路，但完全没有陷入惊慌失措的境地。因为手中的导航软件，能够很方便地为我们指引走出深山的路径。事实上，我们正是凭借着这个数字软件，从杳无人迹的山林深处轻松地走了出来。尽管没有获得与仙人邂逅的机缘，但是烂柯山之行还是给我们留下了深刻的印象。这一切如果没有众多数字化技术的相助，是完全不可想象的。

从表面上看起来，似乎首尔与烂柯山这两处远隔万里的地点之间并没有任何的联系，但有意思的是，烂柯山记载的是神话中人类首次见证高级智能体（仙人）对弈的传说，而韩国首尔则在现实中展示了人类与人工智能一较高下的情景。围棋与数字智能化技术，在这一刻构成了中国衢州与韩国首尔这两个独立空间之间奇妙的共同联系。

而来自中国深圳、与衢州远隔1 080千米的本团队之所以能够千里迢迢找寻到这处偏僻而极难找寻的围棋仙地，也完全得益于几项数字技术的帮助。

首先是互联网技术，它让我们能够准确寻找到有关这处围棋仙地的所有信息，惊叹于它悠久而传奇的历史，感慨于它至今遗世独处不为人知的神秘，并且把它设为我们此行的目的地。

其次是地图导航技术，它让我们在到达衢州之后能够迅速查找到抵达这处公共空间的路径，并且通过狭窄而曲折的道路最终寻找到了它。

最后，也是非常重要的一项数字化技术，那就是依托互联网的实时叫车服务。目前衢州在中国内地城市中还是一个社会经济发展和交通条件相对落后的区域，几乎没有建立旅游公交系统，而且自驾游的市场也没有完全成型。对于我们这些远道而来的游客来说，要在这个陌生的城市中抵达偏远的烂柯山，在传统的环境中，几乎是一项不可能完成的任务。但现在情况有所不同了，借助手机中所装载的实时叫车软件，我们很方便地寻找到了愿意搭载我们去目的地的司机，并且在回来的时候也完全不必担心因为地处偏远而找不到回返的车辆。互联网就是这样神奇地把素不相识的人连接到了一起，为达成一个目标而共同发挥作用。

表面上看，烂柯山这处公共空间的风光似乎依然波澜不惊，并没有因为万里之外的"阿尔法围棋"而大放异彩。但环顾左右，同样依靠这些数字化技术而来到这个空间的人们，其实不在少数。他们当中的许多人是采用网络预先订票的方式来到这里的，以往排着长队购票、取票和入园的情景，在这里已经不复存在。在游览过程中，许多人兴致勃勃地掏出随身携带的智能手机扫取景区环境介绍的二维码，从中获得有关景点的介绍信息，或者相互拍照与自拍，经过美图软件的处理后再发送到自媒体上，把自己在这里游玩的情况与更多的亲朋好友分享。

数字化技术，正在以一种看不见摸不着的方式，悄然改变和丰富着公共空间的使用方式。在韩国首尔掀起的这股数字化旋风，会不会像蝴蝶效应一样，在万里之外平静的烂柯山掀起回响呢？我们日常所生活和交往的公共空间又会因此在数字化时代发生怎样的变化呢？

二、公共空间之问

首先需要对给本书所探讨的公共空间下一个明确的定义。在这里所说的公共空间，指的是在城乡环境中可供大众平等使用的开放式空间，它的特点是，一般通过步行系统，将不同的建筑和功能串联在一起，形成一处具有整体感的区域或场所，而不附属于某类单体建筑（如商场、酒店中的庭院、内街等）。

这样的公共空间通常包括滨水地带、绿道、公园、广场、商业街、景区、开放式的园区以及街巷空间等（图0-3），它们遍布在我们的身边，构成了人们日常接触最密切、使用最频繁、

图 0-3 公共空间种类

感受最深刻的生活环境。

有必要在此进行明确的是，这里所探讨的公共空间，是按照使用的权利划分的，而不是按照所有权划分的。在我们所研究的环境当中，也许有部分功能或者区域是属于私人拥有的，但在实际使用当中，它们呈现了开放或有条件开放给大众使用的姿态，并且已经成为被步行系统串联起来、为大众所使用的场所，也同样应当纳入我们所探讨的公共空间的范畴，比如私人经营的餐馆、展览厅，付费才能使用的公园和运动场等。

众所周知，我们生活的环境是由各种迷人的公共空间所组成的。在数字化时代，这些公共空间多姿多彩的丰富性被即时地加以传播，人们因此而聚集，产生在生活与工作中的各种交集。同时，数字化时代也拉开了空间与空间之间魅力值的差距——在某些城市的局部区域中，也难免存在着不那么吸引人，甚至为人所厌恶的空间。那么，究竟是什么因素影响着数字化时代公共空间的魅力呢？为什么有的公共空间充满了对人们的吸引力，而有的则让人敬而远之？

特别是在数字化时代，公共空间发展所面临的一个重要挑战就是公共空间的马太效应。在现实中，我们很容易发现公共空间的发展出现了冷热不均的现象——在一座城市的某些地方出现了人山人海、趋之若鹜的景象；但是同一座城市的其他地方却成为无人问津甚至是滋生犯罪等负面社会现象的场所。

传统上城市设计界的专家普遍认为，这种现象的产生，主要是受到环境品质、区位交通可达性等客观因素以及人与人之间接触活动频繁度的吸引力的影响。扬·盖尔在他的著作《人性化的城市》中就曾经提出："越有活力的地方越吸引人，反之亦然。"

城市中的生活是一种自我加强的过程。事情的发生是有连锁效应的。有什么事情发生是因为有什么事情存在，有什么事情存在又是因为有什么事情发生。一旦孩子们的游戏进行了，则很快就会吸引更多的参与者，相应的过程也作用于成人活动中，有人在的地方就会有人来。[1]

也就是说，在数字化技术面世之前，空间冷热不均现象的产生主要表现在人与人接触的层面上，人们很容易受到他人活动的影响，从而产生追随他人活动的意愿，也就是我们通常所说的"从众效应"或者"羊群效应"。在数字化技术面世之后，这一差距不但没有缩减，反而日益明显。

在当下，人们可以很方便地利用手头的移动通信设备（比如智能手机），对所去过的建筑和公共空间进行评价。而这种评价通过自媒体或者某些专业点评软件的放大效应，可以瞬间让更多的人了解这个空间的吸引力。这种基于大数据的指数化扩散效果完全达到了俗语所说的"一传十、十传百"的宣传效应。

比如 2003 年 4 月成立于上海的大众点评网，是中国目前领先的本地生活信息及交易平台，也是全球最早建立的独立第三方消费点评网站。在大众点评网上人们可以轻易地查找到别人对各类日常生活消费场所的评价，比如各个餐馆的口味、菜式、环境、价格乃至服务水准等。

同样，这种模式也被复制到了其他公共空间使用的领域，最常见的是应用在旅游景区的推广方面。像"驴妈妈旅游网"等网站均采用了类似的公众参与评价的景区推广模式（图 0-4），对旅游目的地的风光质量和吸引度进行打分。通过这种点评方式，广大旅游爱好者可以在足不出户、不需花费任何金钱和时间成本的前提下，精心挑选自己即将前往的目的地。

在这种数字化技术的指引下，公共空间的马太效应越发明显。在黄金周小长假当中，全国最知名的若干个景区人满为患，而仍然有很多不太知名的景区几乎是门可罗雀。

图 0-4 公众参与评价的景区推广模式

假如过去人们为了了解某处公共空间，还需要遵循眼见为实的原则，亲身去体验一下才能决定是否前往的话，那么今天人们完全可以在零成本的前提下，很轻松地通过查阅前人的评价，就做出正确的决策。

在数字化技术低成本、全方位信息供给优势的深刻影响下，很容易会拉开各处公共空间使用效应的差距，造成它们之间巨大的分野。今天的市场竞争，已远远超出了实体空间的范畴，而进一步延伸到了虚拟世界当中。各种服务空间的拥有者，比如餐馆、旅游景区、园区的业主，无不面临着因为数字化技术广泛应用而带来的激烈竞争。很多区域运营者或建筑业主因此被迫采用不断"刷屏"或者购买搜索引擎竞价排名的方式，只求能够始终把自己所在区域或建筑实体的关注度置于数字化检索平台的前列。

假如说，过去在实体空间内的竞争只是停留在比较有限的范围内——一家餐馆只需要跟它邻近地段的其他餐馆进行竞争，那么今天由于数字化技术的广泛应用，竞争的层面已经被极大地加以拓展——这家餐馆面临着要与它同一城市的所有其他餐馆进行竞争的态势。从军事学的角度上说，这意味着一场原本是低烈度的战争，已经被升级为一场高烈度的消耗战，而且完全是一场看不见硝烟的战争。

显然，如果说数字化技术的广泛推行对于供需关系中的一方——消费者来说，是一件大好事的话，那么对于另一方——供应者来说，则未必是一件幸事。因为这往往意味着过度竞争，甚至是恶性竞争。在现代公共空间中，过度竞争往往导致过度滥用空间资源，例如出现为了招徕顾客而肆意张挂夸张性广告标牌的现象（图 0-5）。这一现象在经济

图 0-5 香港街头招牌林立

发达地区的商业街等空间中尤为多见，因为在这些区域，数字化技术应用的程度更为深入，竞争也更为激烈。因此，在很多经济发达城市的中心商业街区当中，城市规划管理部门往往要出台城市设计导则等规定，对商业标牌的面积、色彩、数量和悬挑出来的长度，进行严格的规定。从某种意义上来说，这就是数字化世界中过度竞争现象在现实世界中的延续。

公共空间使用中的马太效应有时候还可能会导致更加严重的后果。

2014年12月31日23时35分许，在上海外滩陈毅广场组织的跨年灯光秀活动中发生拥挤踩踏事故，致使36人死亡，49人受伤。外滩一直是上海最为知名的公共活动空间，长期以来吸引着大批国内外游客。相比其他公共空间来说，上海外滩凸显出它一枝独秀的旺盛人气。因此它常年举行各类重大公共活动，其中每年的跨年灯光秀一直是备受游客追捧的特大活动。例如2013年的4D灯光秀，就吸引了数十万人参观。越来越多的中外游客，在数字化传播技术的宣传效应下，被吸引到上海外滩这个公共空间中来。

悲剧正是在这一背景下发生的。由于当晚来到上海外滩的人越来越多，以致超出了合理的容量。在当时特定的时间和环境条件下，由于有关部门对此次活动人数的预先估计不足，而在场的游客又急切地想看到灯光秀的效果，所以在狭小的空间中不同方向行进的人流就冲撞到了一起，导致了悲剧的发生。

这个事件从一个侧面提醒我们，如果城市中的公共活动空间能够分布得更为均匀，或者说数字化技术能够在引导人们合理分布方面发挥更大的作用，那么类似的悲剧也许是可以避免的。

对于数字化时代公共空间魅力何来的探索和解答，一直如同磁石一般萦绕在城市设计师和建筑设计师的心头。作为专业的城市空间营造者，设计师的使命就是倾其所能，营造出使人喜闻乐见的空间环境。而在这一过程中一个最重要的基本能力，就是能够熟练地识别和运用造就空间魅力的因素。

如果说，在数字化技术出现之前，娴熟的物理空间塑造能力已经成为专业设计师的拿手好戏，那么在数字化时代，这些早已被谙熟的技巧中有些似乎已经不再适用了，数字化世界遵循的是另一套设计的法则。而能够对接数字化世界的设计技巧，目前还未被系统地加以总结。

为此本书的目标就是力求在数字化时代的背景下，尝试对萦绕在公共空间周围的这些问题给予解答。

第二节 数字化时代的历史性意义

一、技术进步对公共空间发展的推动作用

人类历史上迄今为止的城市公共空间进化史表明，技术是影响公共空间塑造的关键性因素。在每个时代当中，引领这个时代的主要技术同时也引领着公共空间的发展，只是在具体方式上或直接或间接而已。

按照美国未来学家杰里米·里夫金（Jeremy Rifkin）的观点[2]，历史上数次重大的经济革命都是在新的通信技术和新的能源系统结合之际发生的，世界上每次技术革命的突破都表现为交通与能源方式所组成的矩阵变化。

例如，前工业时代人类社会的标志是以畜力/自然能源为主；第一次科技革命则将其转换为蒸汽驱动/煤炭的组合；到了20世纪的第一个10年，第二次科技革命又将这个组合替换为电信技术/燃油内燃机。在历次变革当中，城市公共空间均同步发生着巨大的变化，其总体特

征是从无到有、从封闭到开放、从点状到线状再发展到网络状，而且更为人性化。

当前，我们正在经历的是第三次科技革命，它的重要标志是采用互联网信息技术／可再生能源的新组合。这一组合将再次刷新人类社会的历史，即我们所说的数字化时代。

在传统定义中，数字化时代中的互联网特指由网络连接而形成的万维网。实际上，今天我们所说的互联网，有着更为广泛的含义。它主要包括：①通信互联网；②物联网；③能源互联网；④物流互联网。数字化时代实际上是一个统称，指代的是以互联网作为基础服务设施，以众多高新科技飞速发展为标志的人类发展阶段。只有从这几个角度综合地研究和讨论数字化，我们的视野才能足够开阔，才有可能较为准确地把握未来世界的发展趋势。

在这一时代中，新技术的出现使得城市摆脱漫长的被汽车所主导的历史成为可能，其中的一些重大技术突破也将推动公共空间随之发生显著的变化。

例如，由谷歌等公司开发的无人驾驶技术（图0-6），将使私人汽车变成可以不依赖于人力的自动机器；而数字化时代带来的共享经济，又能促使人们有效地共享处于闲置状态的汽车。这样一来，人们就可以共享少量汽车而不必追求家家户户或者人人都拥有汽车。这样城市中汽车的总体需求量将大为下降，城市对于汽车的依赖度也将大为降低。

生态城市理念的推广，使得人们比以往任何时刻都更为关注污染的消除。为了应对由汽车带来的严重污染问题，人们除了致力于新能源汽车的开发之外，还进一步设想用新的城市理念和交通模式来取而代之。比如，以开发飞行器闻名的马丁飞行器公司已经研制成功了单人飞行器（图0-7），并且在中国深圳推出产品。这种飞行器被视为未来地面汽车交通方式的一种重要替代品，它的研制成功不仅得益于轻便省油且马力强劲的发动机，更需要依靠性能可靠、操作简便的计算机飞行控制系统。

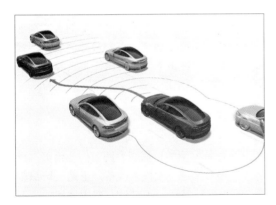

图0-6 无人驾驶技术

图0-7 单人飞行器

图 0-8 立体城市

同时，立体城市（图 0-8）也在取代传统的平面城市成为新的城市形态，从根源上取缔汽车的主导地位。在传统城市中，汽车与行人通常处于相同的层面之上，为了规避汽车的干扰和威胁，城市不得不将人行平面与汽车平面分离，置于地面之上形成空中步行系统，或者置于地面之下形成地下交通系统。而在新的立体城市构想中，汽车将首次让位于步行，被置于城市的地下空间。立体城市与传统城市的重要区别之一在于它的交通层是由多层组成的，汽车和地铁等被置于地面之下，地面之上则被完全释放出来作为纯粹的步行空间。

这种城市形态将是人类历史上开创的步行优先的城市形态。尽管世界上已经存在像威尼斯这样完全不存在机动车交通的城市，但这毕竟是基于威尼斯当地特殊的个体化水上区位条件之上的。立体城市的出现，将成为可以模仿与复制的人性化空间样板。

目前，由中国某开发企业所建设的"立体城市"已经在介于新加坡和马来西亚之间的海域上成为现实。它的设计理念重点就在于，立体化开发后给人们留出了大量整体而连续的自由共享空间，步行空间第一次上升到整个城市最优先的规划地位上来，而车行空间则退居次要位置。步行空间与城市立体化的生态规划理念相结合，形成了绿色与健康的活动环境，代表着未来人居模式的革命性跃进。可以预见，这种由技术进步所带来的城市形态变革，将有力地引领着公共空间向更为可持续的方向发展。

正如著名历史学家斯塔夫里阿诺斯在总结人类历史上若干次社会变迁之后所说的那样，技术是人类历史上引领时代不断进步的核心因素[3]。在每个时代当中，技术及其促成的人类理念的革新是引领城市公共空间发展的关键推动力。可以预见，在第三次科技革命浪潮的裹挟下，在互联网信息技术 / 可再生能源等新技术和新理念层出不穷的冲击下，以往由汽车主导城市空间的概念将首次被动摇，城市公共空间将迎来一个崭新的发展机遇期。

二、数字革命的爆发及其深远影响

人类历史上的第一次科技革命，以 1785 年詹姆斯·瓦特发明的以煤炭为动力的现代蒸汽机投入使用为标志。这是技术发展史上的一次巨大革命，它不仅是一次技术改革，更是一场深刻的社会变革——科技革命使工厂制代替了手工工场，用机器代替了手工劳动，极大地解放了劳动力，并使人类的生产关系和分工得到重新划分。

1870 年以后，随着德国人西门子制成发电机、比利时人格拉姆发明电动机等一系列重要发明的出现，各种新技术、新发明层出不穷，并被迅速应用于工业生产，大大促进了经济的发展，这就是第二次科技革命。当时，科学技术的发展主要表现在 3 个方面，即电力的广泛应用、内燃机和新交通工具的创制以及新通信手段的发明。

与前两次科技革命相比，以数字化革命为核心内容的第三次科技革命无疑把人类的文明又推上了一个新的巅峰（图 0-9）。数字化革命，是指电子计算机的发明与通信设备等的快速普及。计算机硬件、软件和互联网的发展是数字化革命的核心，它包含着科技与社会的变革，使传统工业更加机械化、自动化，从而降低了人们的工作成本。

图 0-9 人类社会动力的变化

数字化革命的实质就是"把所有的各种各样的信息和媒体，包括文本、声音、图像、视频以及工具、设备和传感器里的数据等，转换成无数的'1'和'0'，也就是计算机以及其他同类产品能够识别的语言"[4]。

这种数字化的爆发带来了两个深远的影响：第一是人类获取知识以及开展科学研究的思路更多了，第二是创新的速度更快了。因而，它广泛带动了像物联网、云计算、人工智能、3D 打印、虚拟现实等一系列高新技术的发展，可以说数字化革命对于人类社会发展的影响是空前的。

以互联网的发展为例：

据 CNNIC 中国互联网络发展状况统计报告显示，2011 年 12 月至 2014 年 6 月，中国网民周上网时长均超过 18 小时（图 0-10）。根据 ITU 数据，截至 2014 年底，全球接入网络的人数已达到 29 亿人，占全球总人口的 40%。以目前的增长速度，到 2017 年上网人数将会达到全球总人数的 50%。随着互联网的规模和交互速度不断提升，一个全新的人类世界——数字世界，已经清晰地呈现在世人面前[5]。

按照埃里克·布莱恩约弗森以及安德鲁·麦卡菲的观点，数字技术进步的 3 个主要特征分别是指数化、数字化和组合化，即计算机大部分领域持续的指数级增长、数字化信息的爆炸式增长和重组式创新[4]。

这 3 个特征共同导致了数字化时代的若干重要现象的产生。

一方面，人类所掌握的数据在以指数函数的爆发性速度飞快增长。"人类存储信息量的增长速度比世界经济的增长速度快 4 倍，而计算机数据处理能力的增长速度则比世界经济的增长速度快 9 倍"[6]。根据维克托·舍恩伯格和肯尼斯·库克耶的研究，2007 年人类存储了超过

300 艾字节（一般记作 EB，等于 2^{60} 字节）的数据。一部完整的数字电影可以压缩成 1GB 的文件，而 1 艾字节相当于 10 亿 GB。1 泽字节（一般记作 ZB，等于 2^{70} 字节）相当于 1 024 艾字节。而到了 2013 年，全世界存储的数据能达到约 1.2 泽字节，其中非数字数据只占不到 2%。总之，这是一个非常庞大的数量，也就是人们所说的"大数据"（Big data）的海量信息现象。

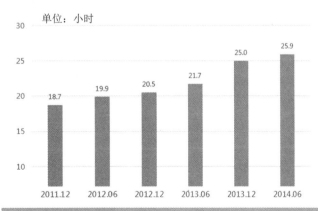

图 0-10 中国网民周上网时长

另一方面，机器硬件的发展速度也在日益提高，同时机器制造的成本在迅速降低，遵从着摩尔定律的规律。更重要的是，随着数字化、信息化呈现指数级的进步，一种被称为积木式创新的创新模式随之诞生——数字化使得几乎所有的领域都能够获得海量的数据，由于这些数据都是非竞争性的，所以它们可以被无限制地复制和重复使用。在摩尔定律和数字化技术的共同

推动下，具有潜在价值的电子"积木"在全世界呈现出爆发性的态势，出此产生的各种技术组合模式都在以前所未有的速度成倍增长，这种创新被称为全球性的积木式创新[4]。

这种集中爆发的创新浪潮，给全球几乎所有的领域都带来了颠覆性的影响，在城市空间的研究领域也概莫能外。正如首次提出"数字化生存"理念的尼葛洛庞帝所说的那样，数字技术的发展"不但会改变科学发展的面貌，而且会影响生活的每一个方面"[7]。有意思的是，他本人就是建筑学专业出身的，却在数字化浪潮中成为思想引领者，仿佛在预示着数字化与空间之间可能存在的联系。

人类社会正在进入新一轮的技术长周期，即数字技术革命，特别是伴随着互联网的出现，带来了一个全新的世界——数字世界。数字化技术正在把人类带离工业时代，引入数字时代。可以说，一个以数字化发展为动力的数字时代，正在取代以工业化发展为动力的工业时代。

在这个数字时代里，技术革命已经由物质化的世界进入了能量化的世界。其具体表现就是数字世界成为一个由能量化主宰的世界，其中的运行规则完全不同于实体世界。中国国务院总理李克强提出的"互联网＋"国家发展战略，实际上就是着眼于当数字世界发展到一定程度时，深入推动其与实体世界的进一步结合。

在数字化时代，出现了很多新的推动时代发展的力量，并且产生了很多不同于传统工业时代的特点，其中的关键性影响主要体现为：

（1）把以往许多依靠实体的生产方式都转化成了依靠数据流的无形方式。

以修建一幢大楼为例，过去的模式是将水泥、钢筋、砖石等原材料运输到工地上去，在那里再进行搅拌、组合与安装。而在数字化时代，人们只需把这幢大楼的设计图纸，用数据传输的方式直接传输到工地上去，工地上的工作人员就可以利用 3D 打印机，把原材料按照数据图纸的设计直接打印出一幢大楼（图 0-11）。

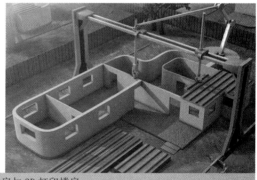

图 0-11 传统修建楼房与 3D 打印楼房

（2）通过数据流的传输，推动了物与物之间的直接关联。

互联网的发展，已经迈进了一个新的阶段——从人与人之间的联结，发展到了物与物之间的联结。物与物之间相连的互联网，被命名为物联网，它已经成为新一代信息技术的重要组成部分。物联网是互联网的延伸，它通过智能感知、识别技术与普适计算等通信感知技术，把传感器、控制器、机器、人员和物体通过新的方式联结在一起，形成人与物、物与物相连，实现信息化、远程管理控制和智能化的网络，也因此被称为继计算机、互联网之后世界信息产业发展的第三次浪潮。

最近麻省理工学院开发出的一款手机软件，已经能够让人们通过智能手机对家中的计算机、空调、微波炉、门禁系统，乃至出行的汽车等联合进行远程操控（图 0-12）。用户可以预先设定在冬天出门之前加热汽车的座椅，同时开启汽车暖风系统，而在自己回家之前就预先设定空调和热水器自动开启。

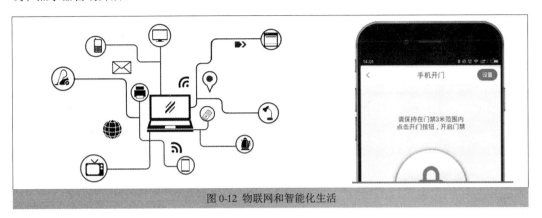

图 0-12 物联网和智能化生活

（3）开始探索人类大脑对外部世界的直接感应和控制。

人类大脑的工作，实际上就是每天处理各种数据信息。但是，每个人的大脑之间并不能直接交流，只能通过实体世界的沟通方式，如语言、文字、眼神、肢体等进行交流。人的大脑对实体物品的控制，都要借助各种媒介来完成。比如，使用遥控器来控制电视和空调的开关，使用电子钥匙来控制汽车的启动。从这个意义上讲，人脑与外部世界之间的沟通效率并不是太高，因此在这个纷繁复杂的世界上，每个人的大脑都如同一座"数字孤岛"，相互之间以及与外部世界之间仍然处于半隔离的状态。

然而，当数字化技术取得突破性进展的时候，不仅实体世界中的"数字孤岛"会被有效地加以联结，就连人类的大脑都有机会实现与他人或者他物之间的联结。

脑电波技术（图 0-13）的发明，就是数字化技术的一项革命性的突破。最近，华盛顿大学公布了一项研究，研究人员开发出了一种新的计算机程序，它能实时解码人们的思想，实时判断基于大脑中的电波信号，并在显示器中显示人们在不同电波信号下的反应。研究显示其准确率已达到 95%。借助这种技术，人们可以实现对很多物品的意念控制，包括无人机、轮椅、耳麦，甚至机器人[8]。目前，已有研发机构成功地利用脑电波技术，通过可穿戴设备实现了对汽

图 0-13 脑电波技术

车的操控。可见，一个让人类大脑全面直接影响外部世界的时代，距离我们并不遥远了。

脑电波技术是继触屏技术、体感技术后的又一大人机交互技术。脑电波技术相比于触屏技术、体感技术，在远程控制、医疗、休闲、人脑训练、娱乐、游戏、社交网站、运动等领域具有独特的优势，被称为现代版的"读心术"。

可以预期，人脑对外部世界的直接控制如能实现，将意味着数字化技术革命发展到了一个全新的阶段，将带来人类社会一系列革命性的变化。

（4）数字世界的运行规则不同于传统的实体世界，它产生出了很多不同于工业时代的运行规则。

数字化技术的特点是，能量本身就是载体和内容，并开始脱离了物质的束缚。进入数字化时代以后，能量的数字化构建出一个独立的世界，并且按照能量化的规则在独立地运转。

例如，由于数字化生产的普及，生产者和消费者界限分明的角色定位，已经被生产与消费合而为一的角色所替代。在物质化产品的生产过程中，出现了全新的免费模式，完全不符合实体世界中"天下没有免费午餐"的常识。此外，新的社会关系也在数字世界中重新建立起来：网络约车公司依靠大量的数据分析和统计改变了传统的人与车的关系，把传统的人找车变成了车找人；社区宠物店也不再是普通实体公司，而是科技公司，它们不再遵循实体店在线下送优惠吸引初期顾客的套路，而是先在线上试水赢得大量客户，然后一家一家地建起可以通过网络APP供宠物主人与宠物进行实时交流的店面。

（5）突破了人类社会现有的各种有形或无形的疆域，实现了全球的"大同世界"。

数字化革命的重要意义在于，它逐一突破了人类传统生活当中所存在的一个个"数字孤岛"。"数字孤岛"的突破，对人类社会发展具有里程碑意义。大量的"数字孤岛"在互联互通后形成了一个人类历史上从来没有过的全新世界——数字世界。而其重要特点在于，它突破了人类历史上所设的各种有形或者无形的疆界。正如托马斯·弗里德曼在其畅销书《世界是平的：一部二十一世纪简史》（*The World Is Flat: A Brief History of the Twenty-first Century*）当中所总结的那样，这个世界正在被诸如手机、网络、开放源代码、工作流软件等数字化技术深度参与的力量所"抹平"[9]。

数字世界的被发现和发掘，被形容为远远大于当年哥伦布发现新大陆的意义。据媒体报道，谷歌公司正在自己神秘的 Google X 实验室中开展多种面向未来的探索性研发项目。Google X 实验室的宗旨是打破思维束缚并进入数字化的未来，想要以一种在过去 100 年里前所未见的方式来开发产品和进行创新。《纽约时报》报道，谷歌正试图去实现一张由 100 个宏伟的超前性想法所组成的清单。其中一项是修建可以从地面向太空输送物质的太空电梯。这个项目一旦实现，将会构建出一个立体连接的空间系统。还有一项就是在离地面 20 千米高的热气球上架设网络节点，为偏远的乡村提供稳定而且廉价的网络连接。

另外，还有一家美国的机构指出，现在全球只有 60% 的人能够自由上网，因此计划向地球近地轨道发射数以千计的迷你卫星（Cube Sat），通过无线电波传送数据的技术，将互联网覆盖到全世界每个角落，使任何电子终端都能连接上无线网络，这一无线互联网计划，被称作"OUTERNET（外联网）"。如果这类计划能够成功的话，那么现有的以国家主权形式进行的数字疆界管控将会失效，对于当今世界的政治、宗教、文化和社会习俗，都将造成颠覆性的冲击。从中可以看到，未来的数字世界将以不同的方式趋向于演变成一个无界的世界。

总而言之，数字化革命彻底颠覆了以往两次科技革命中人类社会固化形成的生产模式和生活方式。例如，数字化技术中的互联网技术就被认为不仅仅是简单的 IT 技术的延伸，更是推动人类进入另一个伟大时代——数字化时代的"蒸汽机"[5]。

数字化革命的浪潮还在向人类社会的纵深继续挺进，目前还属于方兴未艾的阶段，其神秘面纱的完全揭开还需时日。数字世界对于人类发展的历史性意义，或许还需要花费更长的时间才能完全明了。但至少目前可以看到的是，它将使人与人之间的沟通效率大为提高，同时沟通成本大为下降。人与人之间达成合作的方式变得越发简单，而且形式也可以更为多样化。

人们只有认清了这样的大趋势，才有可能去深入地透视公共空间在数字化浪潮中即将发生的历史性变化。

三、数字化革命对公共空间的改变

到了今天，人们在更加广泛而热烈地谈论着未来无人驾驶技术对城市交通的影响，谈论着物联网技术对于城市各项产业的巨大拉动作用，也谈论着云计算技术在智慧城市建设中的巨大前景，不一而足。

然而，数字化技术对于我们生活的公共空间所可能发生的直接影响，似乎被忽视了。数字化创新对于城市空间最关键性的影响，在于它从本质上改变了城市空间存在的意义及其运行的方式。而这一点，在目前已经出版的书籍中，尚未被足够充分地加以讨论。就目前而言，一方面，按照传统思路来研究公共空间的著作可谓汗牛充栋；另一方面，研究大数据、互联网等热门技术发展趋势的书籍也随处可见，但对于两者之间结合可能性的探讨专著还较为少见。

数字化时代的崛起使公共空间的作用发生了显著的变化，也为之带来了空前的挑战。

首先，数字化技术为公共空间的使用注入了新的活力。如同前面所举烂柯山的例子，如果关于樵夫王质的记载属实的话，那么将近 2 000 年前这个公共区域就已经有人类在使用了。但可以确定的是，樵夫王质和他的同伴们与今天的人们在使用同一个空间的体验方式上绝对大相径庭，尽管我们在烂柯山中都看到了同样秀美的景色，但我们欣赏景色时的便捷程度、所获得的满足感，以及深入体验的程度无疑具有很大差距。而这种体验感上的差距，在很大程度上要归功于数字化技术的出现。

同时，数字化技术还有利于协调人类个体出于自利目的而发生的行为，避免"公地悲剧"的产生。从经济学意义上说，每个人都希望出行去体验更好的公共空间，这种想法原本无可厚非，但是这种基于个体理性而产生的行为汇集在一起，就容易产生群体的非理性，从而造成群体福利的损失。因此，一到法定节假日各大公共空间和景区所出现的"人看人"现象，就成了令国内外很多城市相关工作人员头疼的问题。

从被誉为"欧洲最美客厅"的威尼斯到中国的丽江古城，均饱受人流超出负荷之苦。威尼斯 2009 年 10 月刚刚公布的常住人口总数还不到 6 万，但一年中接待的来自世界各国的游客居然高达 2 000 万；面积仅为 7.279 平方千米的丽江古城，游客接待量也超过了一年 2 000 万人的峰值。以至于威尼斯和丽江古城的政府部门不得不先后宣布采取控制游客数量的措施。

值得庆幸的是，数字化技术的出现为解决这个难题提供了便捷的通道。通过在网络上预先收集人们出游的意向和需求，能够提前预测游客到来的时间点和规模，从而让各大景区未雨绸缪，做好接待工作，或者及时发布游客预警，引导游客转向其他目的地，从而缓解景区的压力。这就是当前流行的智慧旅游发展趋势。

同样，数字化技术在缓解城市交通拥堵、避免公共资源过度使用等容易造成群体非理性行为方面发挥着不可或缺的作用，因此，智慧城市建设成为非常重要的发展方向。

就人们生活的舒适度和体验感而言，当下无疑是数千年来人类历史上所到达的一个高峰，而这一切都要归功于数字化技术进步所带来的红利。

此外，对于由现代主义遗留下来的许多城市空间发展弊端，数字化技术引入了新的解决曙光。例如，在功能主义思想主导下采取的城市规划方法，造成了在全球范围内千篇一律的城乡空间环境趋同现象，进而出现了被罗杰·特兰西克形容为"失落空间（Lost Space）"的景象。

失落空间是令人不愉快、需要重新设计的反传统的城市空间，对环境和使用者毫无益处；它们没有可以界定的边界，而且未以连贯的方式去连接各个景观要素[10]。

罗杰·特兰西克认为，造成失落空间的原因主要有：汽车，建筑设计的现代主义运动，城市更新及城市用地区划，私人利益高于公众利益，以及旧城区土地用途的置换等。尤其是汽车的使用，对当代城市面貌的影响是巨大的。高速公路、高架道路、大面积停车场，在全球各个角落营造出同质化的空间，使场所独特的个性和意义被迫让位于汽车的工具属性。

这种空间识别性的普遍丧失，使得人们对于当代所规划和塑造出来的城市面貌普遍感到失望，因为人们在其中很少能够体验到让人欣喜的愉悦感和久久回味的历史烙印，取而代之的是乏味和消极的感受。

为了扭转这一状况，城市设计师们可谓不遗余力，先后研究提出了图-底理论、连接理论、场所理论等一系列用于指导城市空间恢复宜人特征的重要理论。

事实上，尽管城市规划界和非规划界的有识之士对当代城市空间弊端的关注有增无减，反思城市空间问题的专著也堪称连篇累牍，但人们依旧感到相当迷茫。

数字化时代的出现为扭转这一局面提供了重要的契机。正如后文将要详细展开分析的那样，互联网和以虚拟现实为代表的人机交互技术营造出一个高度仿真的网络新世界，在很多方面开始取代现实世界的功能；无人驾驶技术更加颠覆了人们对于汽车的传统依赖惯性，使得公共空间的人性化营建重新回归大众的视野。

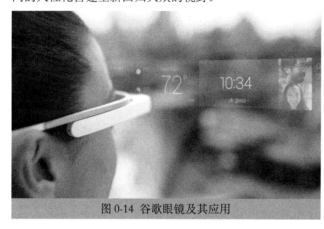

据报道，在谷歌公司对外高度保密的 Google X 实验室里，于 2012 年开始研制一款被命名为"谷歌眼镜"的智能电子设备（图 0-14）。它具有网上冲浪、电话通信和读取文件的功能，目标是取代智能手机的体验，让使用者不用动手便可以方便地拨打电话、拍照、浏览网页并获取相关信息。谷歌眼镜的外观类似一个环绕式眼镜，其中一个镜片具有微型显示屏的功能。谷歌眼镜可将信息传送至镜

图 0-14 谷歌眼镜及其应用

片，并且允许佩戴眼镜的用户通过声音控制收发信息。

谷歌眼镜的一个主要愿景是希望由此开启随时随地、无所不在的使用境界，让人们可以从桌面计算机的束缚当中脱离出来，在任何的公共场所都能够自如地完成各项功能。谷歌公司公布的该产品视频展示了谷歌眼镜的丰富用途。在这段视频中，一位佩戴着该款眼镜的男士在街上散步，与朋友通过语音和视频聊天，看地图查信息，还进行了拍照。当他抬眼仰望天空时眼镜即自动显示天气状况。所有这一切细节，都预示着未来数字化技术将对公共空间的使用方式带来震撼人心的帮助，让公共空间成为真正的全天候办公与生活场所。

总而言之，数字化世界和我们所处的实体世界，俨然已经成为两个各自独立的领域，也许这就是把两者联系起来进行研究的难度所在。尽管有这样巨大的鸿沟横亘在眼前，本研究团队依然相信，在这个数字化技术席卷全球的年代，人们对于公共空间的使用需求一定会发生深刻的转变，同时公共空间自身在应对未来发展趋势时也需要进行面貌的重塑。公共空间与数字化革命的关系，将成为本书在后面章节中继续深入探讨的话题。

第三节 公共空间的新价值观与本书的研究结构

一、数字化时代的新价值观

新的世界将由新的力量所主导，而它将由数字世界和实体世界融合而成。虽然数字世界和

实体世界各自依赖于不同的规则而运行，但公共空间必然能够弥合两者之间的距离感，在其中既及时接纳数据流所带来的新的价值交换方式，也依然发挥传统的物流、资金流和信息流所应有的作用。

如前所述，在前数字化时代，公共空间的营建已经达到了一个相当高的水平，以步行空间为主体的各类公共空间，成为物流、资金流和信息流高速混合发展的重要推手。同样，在数字化时代，这一优良而有效的特征也需要继续保留并发扬光大。所不同的是，在其中会结合数字化时代的新趋势，注入更多有利于公共空间提升吸引力的新鲜元素。

综合前面的分析，本书的研究团队认为，数字化时代公共空间的分析应当遵从以人作为感知主体的视角，而不是传统上以实体空间作为主体的视角；应当密切结合数字化时代的特征和需求，不仅要从空间形态，更要从空间的运行模式层面进行深入分析。总而言之，应当紧密围绕人在数字化时代下对公共空间使用的新需求来进行探讨，而不是采用事无巨细、包罗万象的全方位分析方式。

同时，本书的分析将立足于公共空间在数字化时代的新价值，以及它与数字化生存方式的融合性和互补性。

根据上述分析，本书提出如下观点并将在后续篇章中加以论证。

数字化时代公共空间的新价值在于它与数字化生存方式深度融合之后产生的互补性，具体表现为：

（1）对于人们社会互动（Social Interaction）需求的深度满足。

（2）对于人们情境体验（Experience）需求的深度满足。

（3）对于人们创意趣味（Creativity）需求的深度满足。

二、研究目标

（1）根据上述公共空间在社会互动、情境体验和创意趣味 3 个方面的新价值观，本书将探索建立一个整合而非分离的分析模型，尝试将它们融合到一个评价体系当中去，以便对数字化时代公共空间的发展状态进行整体和系统的评价。

（2）探索一种可定量度量而非基于主观判断的公共空间发展评价方法，以便对上述 3 种新价值观进行量化分析。以中国和欧洲为对象，通过对比不同功能、区域乃至文化背景之下的公共空间发展模式，为城市规划和管理决策提供有力的工具。

（3）借助以上评价理念和方法，对有关公共空间的特定问题进一步展开深入探究。包括：公共空间应当具有怎样的开发强度比较适宜，如何在多种维度中进行平衡和考量？不同的功能区域应当具有不同的空间活跃度，应如何评价不同功能区域公共空间各自合适的空间活力？通过对这些问题的探讨，尝试对困扰许多空间规划设计师和开发管理者的问题给出具有启发性的答案。

三、研究方法

1. 中国和欧洲的比较

基于这些思考，本书希望能够借助来自中国和欧洲的跨国研究团队的力量，以一个更为宽阔的横向视野来观察公共空间的成长路径。

众所周知，中国和欧洲是当今世界上具有代表性的两大经济体。一个是在数字化时代展现出无限生长潜力的发展中国家，一个是在数字化时代努力转型的经济联合体。而更为重要的是，两者在发展公共空间的很多基础条件方面都存在着很高的相似性。

例如，中国和欧洲均拥有悠久的人文历史和丰富的民族构成，也是具有高度相似历史和人文背景的两大文化体。同时，中国和欧洲这两种文化体系下的公共空间开发形态、手法与方式又具有令人好奇的想象空间，基于中国和欧洲的比较就此呈现出相当有趣的意味。

2. 理论与实证的结合

为了更好地阐述关于公共空间评价法则的观点，本书在不同的章节中分别采用了理论表述与实证案例解析相结合的研究组合。理论研究主要对"赛克度"（SEC Value）的内涵、测算方式和步骤进行了阐释；案例分析则精心筛选了分别来自中国和欧洲、具有典型意义的若干个公共空间案例。这些案例的特点是，能够从不同角度体现出当下中国与欧洲在公共空间营建方面的新型价值观，并且具有鲜明的实施特点。

在研究这些案例的过程中，本团队采用了文献检索与现场调研相结合的方式，并且特别选择了中国的华侨城 LOFT 作为详细解析案例，并且进一步细致地进行剖析。

本团队在解析过程中充分利用了模型建构、定量测算等方法，力图从定量与定性研究相契合的方向去探索公共空间分析的新路径。通过这些聚焦性和定量化的实证研究，希冀能够为读者提供理解数字化时代公共空间新价值观的启发和助益。

3. 本书的结构安排

本书的总体论述结构将遵循"理念阐释—案例总结—方法描述—实证检验"的步骤展开。

首先，通过绪论部分介绍研究的背景——数字革命的降临及其对公共空间的影响。提出公共空间的历史演进过程以及价值交换方式的变革趋势，指出数字化时代对公共空间新价值观具有深刻的内在影响。进一步分析认为，公共空间在数字化时代将形成新的价值观，具体表现为：促进公众对于社会互动、情境体验和创意趣味的体验。

其次，进入理念阐释的部分。

在第一章分析数字化时代公共空间的变革趋势。首先分析公共空间在历史上的价值演变过程，然后结合数字化时代的根本变迁——社会价值交换方式的变迁，阐述数字化革命前后公共空间分别在价值交换内容和价值交换形式方面所发生的变化。

在第二到第四章分别围绕公共空间的社会互动、情境体验和创意趣味等新价值观展开论述。通过数字化时代对公共空间影响的深入解析，论证这 3 种新价值观将成为公共空间不可回避的时代要求和发展趋势。

然后进入案例总结部分。在第五章介绍中国和欧洲公共空间的典型案例。围绕以上 3 种新价值观，介绍各自的代表性项目。

随后进入方法描述部分。在第六章从理论上提出公共空间"赛克度"的评价指标。该指标将尝试融合社会互动、情境体验、创意趣味等不同维度，建构一个可以定量描述公共空间在数字化时代综合发展状况的评价方法。

接着进入实证检验部分。在第七章采用实证分析的方法，以中国的华侨城 LOFT 作为典型案例进行解析。除了介绍其发展历程、项目概况等基本情况之外，重点应用赛克度的测算方法对其中的公共空间展开详细而深入的定量评估，从而为论证赛克度评价方法的可行性提供现实的依据。

最后在结语部分总结全书，对中国和欧洲公共空间的特征及其异同性进行分析，提出以"赛克法则"作为定量分析公共空间在数字化时代发展水平的综合性方法。

参考文献

[1] 盖尔. 人性化的城市 [M]. 北京：中国建筑工业出版社，2010.

[2] 里夫金. 第三次工业革命：新经济模式如何改变世界 [M]. 北京：中信出版社，2012.

[3] 斯塔夫里阿诺斯. 全球通史 [M]. 北京：北京大学出版社，2005.

[4] 布莱恩约弗森，麦卡菲. 第二次机器革命：数字化技术将如何改变我们的经济与社会 [M]. 北京：中信出版社，2014.

[5] 闫爱明. 互联网加：数字化颠覆工业化时代 [M]. 北京：经济管理出版社，2016.

[6] 舍恩伯格，库克耶. 大数据时代：生活、工作与思维的大变革 [M]. 杭州：浙江人民出版社，2013.

[7] 尼葛洛庞帝. 数字化生存 [M]. 海口：海南出版社，1997.

[8] 李德雄. 脑电波技术新突破：读心准确率达 95%[EB/OL]. （2016-02-01）[2016-04-03]. http://tech.163.com/16/0201/07/BENJ3VJB00094O5H.html.

[9] 弗里德曼. 世界是平的：一部二十一世纪简史 [M]. 长沙：湖南科学技术出版社，2006.

[10] 兰西克. 寻找失落空间——城市设计的理论 [M]. 北京：中国建筑工业出版社，2008.

第一章　数字化时代公共空间的变革趋势

Chapter 1　The evolution of public space in digital era

·公共空间的关注视角经历了一个演变过程，从单纯的美学视角发展到重视其综合价值。

·空间的意义在于其作为人类社会的价值交换载体而存在。在数字化时代，公共空间所担负的价值交换方式从内容到形式均发生了根本性的变化。

·实体的公共空间与数字化的虚拟空间将作为两个相互独立又深度融合的世界，并行发展。

同人类社会中其他的物质产品一样，每种空间类型的出现背后都存在着对于人类社会发展的重要价值。而这种价值，在人类社会发展的历史中不是一成不变的，而是随着时代的变迁不断地进行变化。这种变化将直接影响到不同空间在数字化时代所发挥的影响力的大小及其地位的高低。

与数字化时代之前的公共空间相比，首先，其关注视角经历了一个漫长的演变过程；其次，随着时代的进步，公共空间的价值交换模式发生了重大的变化，主要体现在价值交换内容以及价值交换方式的变化两个方面；此外，一个通常不为人所注意的变化还体现在，公共空间的运营方式实际上与数字化时代的特征有着不谋而合之处。这些方面都值得我们在研究公共空间时加以深入了解。

第一节 公共空间关注视角的演变

对于公共空间的观察，人们进行了长期的探索，经历了一个由表及里逐步深入的认知过程。总结起来，相关的认识可以分为以下几方面。

一、"空间—美学"视角

人们最初认识空间是从直观的层面上开始的。空间，在日常生活中直接表现为不同功能与形态的组合。关于公共领域的描述，最早可以追溯到古希腊时期。古希腊作为欧洲文明的发祥地，在公元前5世纪就形成了众多城市集合而成的国家，市民社会开始形成。这种公共市民文化体现在城市格局上就是广场和集会等公共空间的出现。这种讲究空间构成关系的公共空间理念在著名建筑师希波丹姆设计的米列都城中得到了完整的体现——该城平面呈不规则形状，城内拥有大量棋盘式的道路网，城市中心由供市民们集会和商业之用的广场及公共建筑物构成。这种设计模式以城市广场为中心，以方格网的道路系统为骨架，充分体现了民主和平等的城邦精神。在随后的很长一段时期内，无论是欧洲古典式广场的对称构成手法，还是中国紫禁城主宰性的中轴线布局，无不彰显出这一指导思想的权威性（图1-1）。

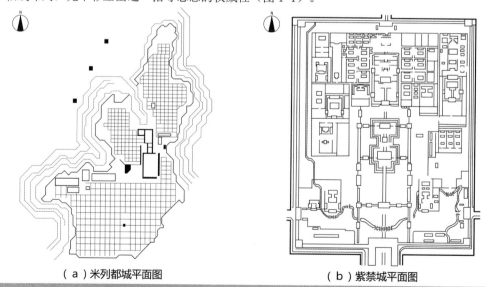

（a）米列都城平面图　　　　　　（b）紫禁城平面图

图1-1 米列都城平面图和紫禁城平面图

因而传统上城市设计师和建筑设计师往往会重点关注对这些空间的美学形式进行分析。在历史上流传下来的空间塑造原则中，美学规则如对称、韵律、节奏等成为塑造空间形态的主流术语，指导着众多古典主义城市空间的营造。

在后现代主义接替现代主义成为后工业化社会发展的主流思潮之后，尽管城市与建筑空间的塑造手法被注入了很多一反常态的做法，如扭曲、动荡、不规则、跳跃等，但始终没有从整体上颠覆人类历史上传承下来的主流空间形态。

这一现象让人们意识到，左右空间营造的因素应该是稳定的、深层次的，它们必定与人类体验空间环境的内在心理需求具有稳定的密切联系，因此不因时代变迁而发生根本逆转。所谓的后现代潮流，很可能不过是人们在长期稳定的空间审美环境下偶尔为之的调剂而已。

时至今日，基于美学观念的城市空间理论仍然是公共空间研究领域内不可忽视的一个重要内容。城市空间形态和尺度一直是研究者所高度关心的课题。例如菲利普·潘纳瑞等（2004）对城市形态和街区尺度所做的研究，就在回顾历史的前提下，对空间发展的形态构成方式进行了解读[1]。随着时代的发展，这个领域正在被新的美学观念以及技术手段所不断充实。

二、"空间—感知"视角

正因为认识到决定空间的深层次因素在于人的心理需求，所以人们的分析视野开始逐渐转向"空间—感知"之间的联系上来。1960年，日本建筑师芦原义信撰写了《外部空间的设计》一书，书中通过对比分析意大利和日本的外部空间，提出了积极空间、消极空间、加法空间、减法空间等一系列概念，对空间与人的关系进行了新的阐释。

同一年，美国学者凯文·林奇提出了"城市意象"理论，认为人们认识城市环境，是通过对5种空间元素的印象整合而成的，分别是：节点、路径、边界、区域及地标。这5种元素共同形成了城市的可识别性，即城市意象（图1-2）。因此，在空间设计中，设计师应当牢牢抓住这些元素，使人们对空间能够产生深刻完整的认识。

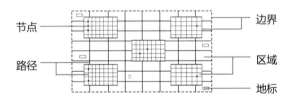

图1-2 城市意象图

不过，凯文·林奇在随后的研究中也认识到了这一理论还存在局限性。他承认自己关于居民对城市的理解的认识过于静态化和简单化，忽略了对城市更多潜在价值元素的关注，比如对秩序的强调会忽略人们对城市一些无形特质的重要感受，例如城市形态的模糊性、神秘性和惊奇性等。为此他在于1981年出版的《城市形态》（Good City Form）一书中，不再强调可识别性，而是将"感觉"作为城市行为的唯一尺度，并将可识别性看作是感觉的一种。

"空间—感知"关系的重要意义在于，将人对空间的感知印象作为指导城市空间塑造的要素，在国际上产生了相当大的影响，乃至促进了"环境心理学"的理论发展。

这个视角在后续的年代中一直引领着不少城市空间研究者继续前行。例如安纳·维纳兹·莫顿（1987）对公共街道从宏观尺度、结构体系到微观自然采光、空气循环等方面展开了分析[2]；哈维·鲁本斯特恩（1992）对步行商业购物街区从各种空间元素的组织和感知角度进行了分析，包括天气、地形、植被、街道小品等细节[3]；阿兰·雅各布斯（2009）在对城市街道空间的分析中，提出了一些衡量街道是否"伟大"的标准，包括必须有助于邻里关系的形成，在物理环境上舒适安全，鼓励大众共同参与，能够给予人们深刻的印象，具备美好和巧妙的特质等[4]。

三、"空间—社会"视角

到了 20 世纪 70 年代，空间句法作为一种新的理论首次由英国伦敦大学巴格特建筑学院比尔·希列尔提出，标志着空间认知论从"空间—感知"关系开始迈向"空间—社会"关系。

空间句法理论指出了空间与社会经济现象之间的内在关联性，认为整体空间网络的复杂性对其中的社会经济活动具有重要的影响。它创造性地使用了一系列新的概念来描述空间与人在运动中的感知关系，如凸视阈关系；又采用一系列概念来描述空间与区域的内在联系，如整合度、选择度等，并且借助复杂的空间拓扑计算方法给出了具体的量化测评路径。

因其具有与空间物理形态密切结合而且可测量的特征，空间句法在空间形态分析方面的造诣可谓开一时风气之先，很快就成了世界范围内研究者和规划设计师热衷于了解和应用的方法。在原有的理论基础上，人们还陆续应用空间句法对犯罪率与空间的联系等社会经济问题进行了拓展研究。

应该说，空间句法的贡献首先在于它指出了城市空间与其背后社会经济活动的互动关系，其次，它在城市空间的可度量方面迈进了一大步，为后续的研究提供了重要的启示。在斯蒂芬·马歇尔等学者（2011）对于公共空间的研究中，就采用这种研究方法对街道形态进行了分析，总结出了"连接性网络""明确的等级体系""易识别性""连贯性"等特征，进而得出应当为街道的构成关系"制定规则"的结论[5]。

四、"空间—效率"视角

随着资本主义经济在全球主要发达经济体的正式落地，效率至上也正式成为现代城市规划的终极追求之一。自英国工业革命之后，城市发展的迅猛失控现象为决策者敲响了警钟。为了避免人口混居、用地杂乱等无序现象带来的负面冲击，迅速地出台了一系列法规，重要的有《1909 年住宅、城镇规划诸法》《1919 年住宅、城镇规划诸法》《1932 年城乡规划法》《1947 年城乡规划法令》等若干法规，对城市规划中的用地、分区、开发方式等进行了明确而有效的规制。城市清晰的功能分区和开发管制等手段的应用，在城市的有序发展和提升运行效率等方面都发挥了重要作用。

这些法律文件由此翻开了重视城市规划效率的篇章。同时，土地的出让也在城市规划的协助下得到了快速发展。在资本主义经济借城市这个载体迅速成长之际，美国等发达国家也纷纷出台了像《区划法》这样的城市管治法规，进一步强调效率在城市发展中的优先地位。借助这些管理手段，城市开始从混乱和无序中摆脱出来，走上了稳步发展的轨道。

以汽车为导向的城市规划理念，就是在这个阶段发展成为城市规划圣典的。严整而便于出让的用地"豆腐块"、汽车引领的快速交通体系、以工业化为主要内容的大型制造企业园区成为城市效率的标志物。

到了 20 世纪 90 年代，美国《区划法》的思想被引入中国，并被改造成为具有中国特色的"控制性详细规划"，成为中国开启市场化改革的一把利器。

在这个阶段里，城市土地本身也被视为可以交换获利的资产，"土地财政"成为在中国城市里盛行的获利手段。城市空间及其规划的重要使命就是配合城市发展实现其效率的最大化，当然，这其中既包括兑现土地出让的价值，也包括提升城市空间自身运行的效能。

五、"空间—价值"视角

很快，人们发现城市的强力管控在抑制负面影响的同时，也在消弭着城市的一些重要价值。在为了提升效率而简单加之于空间之上的区划当中，人性化的体验正在悄然离我们远去。

被现代化交通体系、大体量基础设施建设、为了生产而建设的大工厂区所统治的城市，已经变成了纯粹重视生产而忽视生活的场所。随之而来的是城市活力的持续下降，人们开始厌烦在毫无个性、缺乏情调的城市空间中生活。以生产为目的的城市传统中心区开始失去其吸引力，在一些城市里富裕起来的中产阶级纷纷选择逃到较远的郊区去重建自己的"世外桃源"。这就是我们所看到的郊区化或者逆城市化的部分进程。

随着人类社会生产效率的提高，一部分发达经济体先后从工业社会升级到后工业社会，城市开始从生产中心转变为生活中心。人们开始重新审视城市公共空间对于自身的意义。

与此同时，城市设计作为一门独立学科的逐渐成熟也从另一个侧面推动着人们对于空间的认识发展。城市设计专业从传统城市规划领域中脱胎而来，其身上既存留着母体的基因，又有着独立的个性。过去，城市规划主要在二维平面上进行城市功能的设定，以及具体地块的划分、基础设施的配套等；而现在城市设计则从三维的角度在人性化场所的复归、失落公共空间的缝合、场所体验感的提升等方面弥补了传统平面型规划的缺陷。

例如，亚历山大·库尔波特等学者（2003）对城市空间的设计从历史、哲学、政治、文化、性别、环境、美学、地貌等方面进行了综合性的解读，彻底地跳出了过往单纯注重美学或者其他单一价值的观念[6]。而在马修·卡莫纳等学者（2003）眼中，公共空间设计更是一项集合了形态、感知、社会、视觉、功能等多种维度的复合过程[7]。

在这种背景下，关于城市公共空间作为一种"价值"要素的认识开始萌生。作为一种可以被"消费"的产品，公共空间不再是作为一个附属于生产目的的工具或者载体，而是第一次以一种主体的身份进入人们的视野。公共空间能够为人们提供的综合人性化体验，无疑能够成为触动各类经济产业和社会关系健康发育的催化剂，因此它被赋予了独特的重要价值。

从浅层的美学和感知意义到中层的社会和效率意义，再发展到深层的综合性价值意义，公共空间就是在这样的认知路径中完成了自身的蜕变，这一蜕变也指导着人们的公共空间观念从过去的被动认知转变为今天的主动营建。

第二节 价值交换内容引致的公共空间变化

在历史上，人类社会的公共空间一直充当着社会发展所必需的价值交换载体。在过往的实体世界中，社会的价值交换主要是通过物流、资金流和信息流3种途径实现的。物流主要表现为各种实体产品在生产过程中的存储、运输、制造；资金流表现为随物质生产而产生的各种货币的流动；信息流则是伴随物流和资金流所产生的信息交换。其中，物流和资金流是价值交换的主体，信息流则是在它们交换的过程中随之伴生的。

而人类社会在价值交换的过程中，先后使用过3种载体：实体化的物质流、模拟化的能量流和数字化的能量流。要考察公共空间的价值变化趋势，从根本上来说离不开对人类社会价值交换内容的溯源和展望。

一、数字化革命之前的价值交换内容

在第二次科技革命之前，物流、资金流和信息流都以实体化的物质流为载体（图1-3），

这也是长期以来实体世界价值交换的基本方式[8]。

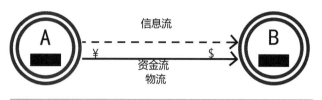

1-3 物流、资金流和信息流

从早期人类社会第一次形成城市开始，公共空间实际上经历着多次的变迁。至今保留的中国最早的城市遗址当中，公共空间的范围是非常小的，规模和数量也非常有限[9]。由于当时生产力较为低下，城池的建设目的很清楚，主要满足统治者的安全防卫和集中管理民众的需要。受到早期人类技术能力的制约，城市的范围受制于主要交通工具——马车等畜力运输范围的局限，也受到以夯土等原始方式修筑城墙的能力限制，因此城市总面积相对较小。城市中除了宫廷、衙署、寺庙、书院、塔等少量公共建筑之外，人们的日常活动主要集中在少量商肆、集市和空场这类公共空间当中。

在这些公共空间当中，除了必要的政治宣传功能之外，被民众广为使用的就是公共空间的基本商品交换和社会交往功能。

最能够形象说明前数字化时代城市空间利用方式的应数《清明上河图》（图1-4）。这幅北宋画家张择端绘制的长528.7厘米的传世名作中，形象地展现了一幅前数字化时代的公共空间利用图景——在城市当中遍布着四通八达的街巷空间和林立的建筑，如酒店、茶馆、点心铺等百肆杂陈，此外还有城楼、河港、桥梁、货船、官府宅第和茅棚村舍等。

图1-4 清明上河图（局部）

《清明上河图》表现了仕、农、商、医、卜、僧、道、胥吏、妇女、儿童、篙师、缆夫等各色人士，他们正在从事赶集、买卖、闲逛、饮酒、聚谈、推舟、拉车、乘轿、骑马等不同的活动。

《清明上河图》很好地展现了早期城市公共空间的典型使用方式，是一幅难得的世相缩影。当时的城市公共空间是人们日常生活的主要发生地，它承担着除政治决策行为之外几乎所有的公共职能，包括贸易、餐饮、交通、聚会、娱乐等。人与人之间的交往处于非常原始的面对面状态，没有电话、邮件和网络等现代化的通信方式，必须借助公共空间作为人们交往的载体和容器。

而且，从《清明上河图》中将近2 000个人物的活动里，基本上看不出他们之间存在着明显的纵向分工关系。所有人的行为，都表现为较为简单的社会横向分工模式，也都需要通过物物相易的方式来与他人进行交换。

也就是说，在人类早期这种简单化的公共空间当中，价值交换的内容相对也是非常简单的。人们从田间、作坊，或者是自家的后院当中，主要是通过徒步、骑马或坐船之类的方式，将货物带到集市等公共空间中进行交换。

在当时的条件下，资金交换主要是以当时的贵重物品为载体，比如贝壳、铜钱、黄金、白银等，资金的流动也体现为大宗物品的运动。至于信息的传输，则更加依赖于人与人之间的口耳相传，完全需要依靠实体物质在公共空间中的运动来完成。无论是城中集市上的日常交易，还是需要翻越千山万水的跨国贸易（比如今天我们所熟识的茶马古道、丝绸之路等），无不是利用这种实体运输的方式来完成艰难的交换过程。总而言之，当时公共空间所能传输的主要是实体化的物质流。

后来，伴随着生产力和经济的发展，在交易中所需要的货币用量越来越大，这种实物性质的货币在携带和运输方面变得非常不方便。这时候人们开始发明纸币、票证等相对较轻的信用凭证，来取代实体货币。例如，清朝道光年间，在中国商品经济发展较早的山西省——也就是著名的晋商起源地，当地的商人创立了介于钱庄与银行之间的旧式金融组织——票号。凭借当地票号所出具的提款证明（图1-5），商人们可以实现今天我们常说的"异地取款"，到晋商分布在全国各地的其他票号中提取同等数量的货币。在今天平遥古城的大街上，还能看到许多这类传统票号建筑的遗存。

从此时开始，货币变成了虚拟化的交易符号，"这时，资金交换实质上变为资金所有权的变更，与其所代表的实体财富的流动相分离。资金流的方向就成了所有权的变更方向。作为实体化的物质产品形成的物流，长期以来都需要有形的运输形式才能完成物品的位置移动，伴随实体物品的运动，也会有说明性、契约性的信息产生，即物流的信息流"[8]。

图 1-5 票号收据

尽管第一次科技革命使生产力突飞猛进地发展，交通方式从依靠非机械动力跃进到机械动力，同时以蒸汽机车、轮船等为象征，从行动模式上极大地拓展了人们日常行动的距离，但是依然没有从根本上转变公共空间只能实现实体化物质进行交换的功能。

这种情况一直延续到人类历史上的两次科技革命顺利完成之后。只有当电子科技取得了突破性的发展之后，人类才可以通过电子运动的模拟、识别、转化等方式将信息电子化，从而不再受到实体物品运动的局限性。在价值交换过程中，才出现了第二种载体——模拟化的能量流。

在这一时期当中，人们可以通过电子技术对信息进行长距离的快速传递。尤其是无线电技术出现之后，人类信息传播的距离逐渐突破了地域的限制，开始覆盖全球，同时随着信息交流效率的提高，资金交换的效率也大为提升。正是在这一时期，城市的发展也得到了极大的推进，人们见证了世界范围内（主要是西方）城市规模的大跃迁，一批特大型城市在全球范围内涌现。同样，越来越多的人从乡村移居到城市，拉开了人类历史上大规模城市化的序幕。

在这样的背景下，城市公共空间开始成型，并且在人们的生活中占据着越来越重要的地位。一方面，城市空间的富余和生产力的快速增长使得公共空间的建设具有可行性；另一方面，资本主义精神对权威统治的打破使得城市第一次具有了"公共空间"的意识，民众追求平等和自由意识的觉醒必然要求在城市空间上有所反映。再者，大城市人口的迅猛集聚，使得卫生隔离、防疫防灾等成为城市需要重点关注的问题，加上由此带来的资本主义工商业活动的快速发展，都对规划和设立公共空间提出了强烈的需求。

公共空间的蓬勃发展与当时科学技术的快速进步是分不开的。电报、电话、无线电等远程通信工具的发展，使得人们可以在公共空间中更加频繁地进行信息交换。生产力的提高，也增加了人们的休闲时间，公共空间也因此成为人们向往的休闲场所。

随之而来的是公共空间类型的多样化和数量的增长。比较典型的案例就是1853年由奥斯曼主持的巴黎改造计划（图1-6）。该计划大刀阔斧地对包括公共空间在内的城市格局进行了全盘式的重构。巴黎改造中先后在市内修建了12条全长114千米的林荫大道和大街，规划了城市东西两端的大型森林公园和多处广场与绿地作为市民活动的公共空间。

但是，公共空间在数量和规模上的发展并没有从根本上改变其价值交换的方式。公共空间作为价值交换的载体，其主要功能依然停留在实体化的物质交换层面，人们依然需要到集市、商业中心进行交易，依然需要到广场上进行集会和集体娱乐，依然需要到公园和景区中进行放松和休闲。不过其与之前时代的主要区别在于交通方式从依赖步行和马车转为依赖汽车。

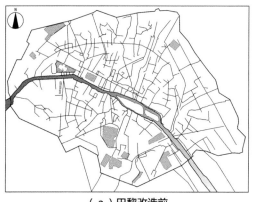

（a）巴黎改造前

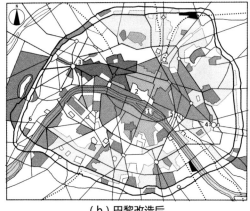

（b）巴黎改造后

图1-6 巴黎改造前后

二、数字化革命之后的价值交换内容

在数字世界出现之前，信息已经开始逐渐数字化，数字空间大量涌现。但由于这些数字空间是以碎片化的方式分布在数字世界中，以"数字孤岛"的形式存在，所以数字化的信息并未真正流动起来。直到数字化革命出现之后，人类价值交换的第三种载体才得以出现，即数字化的能量流，通俗地说就是数据流。

在数字世界中，信息流以数据流为载体进行交换，在统一的数字世界中，信息交换不但速度极快，而且使用方便。与模拟化的信息流不同，数字化的信息流所承载的信息更加准确，在传递过程中几乎没有损失，信息传递的精确性极大提高。另外，由于每个进入数字世界的人都可以使用数字化信息，人类社会的信息交换得到了"爆炸式"增长。随着数字化信息的快速积累，人类社会的信息流不再局限于点对点的方式，而是出现了很多的数据"仓库"，人们可以随用随取，如维基百科；还出现了多方同时进行的多点交流，如QQ群；还有多方非实时交流，如Facebook等。由于本身已经信息化，资金流也以数据流为载体流动。数字世界的产品本身也是数字化的，数字世界里的物流也变成了数据流[8]。

数字化时代的价值交换环节产生了巨大的革命性变化，物流、资金流和信息流均以数据流为载体运行。与实体世界中物流、资金流和信息流呈现多种形式不同，在数字世界里，价值交换只有一种形式，即以数据流为载体。交换形式的统一极大地提高了价值交换的效率，也使数字化时代空间的使用方式产生了迥然不同的特点。

一方面，数字化时代由于数据流的全方位覆盖，使得物质产品的生产可以实现生产与消费的"一条龙"。例如，通过数据的传输，用户可以把自己想要的产品信息通过数据流传输到生产者那里，生产者可以马上通过 3D 打印机把接收到的数据流呈现为可以使用的产品（图 1-7）。在此过程中，完全没有实体物质的交换，而纯粹是数据流的传输。与前数字化时代相比，这一变化无疑是革命性的，也就是说，物质化产品的传输需求将大大降低。同样，在公共空间中，用户对物质化产品的需求同样大为降低。

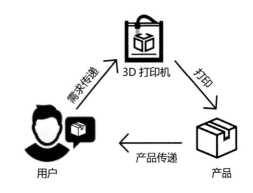

图 1-7 3D 打印机生产过程

另一方面，城市空间一直是物流、资金流和信息流进行价值交换的实际场所。在前数字化时代，由于地理、空间、时间等原因，价值创造环节与价值使用环节相对分离，在城市空间的布局和规划当中，需要相应地规划出不同的功能分区，以明确清晰地分配它们各自的使用范围。

因此，人们依据自身在生产和生活中的实际需要，将城市空间按照不同的功能划分为成片的办公区、居住区、仓储区、工厂区、物流区等不同功能区域。现代主义的城市规划，就是依据这个原则对城市进行功能分区的，也因此被称作功能主义规划（图 1-8）。

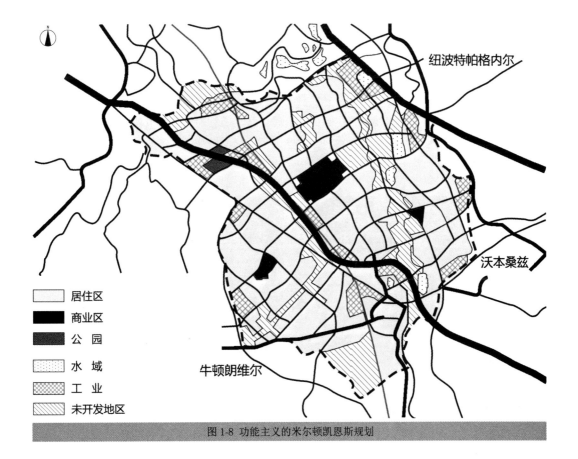

图 1-8 功能主义的米尔顿凯恩斯规划

　　从这个意义上说，很显然，在传统的实体世界中，物质化的生产以及伴随其产生的资金交换，是人们生存下去的重要依托。因此，与物质化生产和资金交换具有最直接关系的商业区、工厂区、行政办公区等自然在城市中占据了最为主要的地位。在当时的条件下，公共空间并不具有直接生产和制造人类赖以生存的物质产品的功能，在城市空间中的地位只能是甘当配角。因此，公共空间在传统城市生活中，主要被赋予的是交通连接、休闲和简单的社会交往功能。

　　早在20世纪60年代，简·雅各布斯就曾经对由功能主义导向所形成的单调街区景象进行过深入的批判，倡导借鉴传统街区的功能混合手法，恢复传统社区生活所具有的丰富性[10]。尽管她的观点是如此深入人心，也引起了国际规划界的广泛关注，然而在实践中，功能主义导向的城市规划却依然如故，公共空间的单调景象并没有因此而发生本质的转变。

　　这其中一个非常重要的原因就是，城市规划中对于空间的分配和安排，本质上是由那个时代占据主导性的价值交换方式所决定的。在前数字化时代，正如我们所分析的那样，作为基本载体的物流、资金流和信息流，客观上要求价值创造环节与使用环节在空间上具有相对的独立性。不论我们主观上如何期待公共空间应当趋于人性化和丰富化，在当时的价值交换方式主导下都是难以实现的。

　　但是到了数字化时代，这一切由于数据流的传输可能会得到很大的改观。由于设计、生产、制造、销售这些原本界限分明的环节，都可以通过数据流的传输而得到完整的统一，每个生产区所承担的职责开始从过去的单一化走向综合化，完全可以实现不同生产环节在一个区域中的高度统一。未来的城市空间，很有可能会出现功能一体化的现象——过去界限分明的各种功能区域，很有可能将被体现复合性与多样化的新型功能区域所取代。在这种情况下，公共空间显然可以担当满足这一趋势的重要角色。

　　在未来的数字化时代，公共空间所扮演的角色将会由配角一跃变身为主角。过去，公共空间主要是为工厂、办公等主要功能区域发挥配合和调剂的作用，人们在其他功能区域完成工作之余来到公共空间里，通过相互交往和对环境景观的欣赏来打发业余时间。但在数字化时代，由于生产和生活的界限已经变得不再泾渭分明，人们借助互联网和数字化技术，能够非常方便地实现物流、资金流和信息流的自由调配；借助可移动的智能化办公设备，如手提计算机、iPad，甚至智能手机，人们就可以在任何一个区域中进行生产和办公，同样也可以在任何一个区域中进行休闲和娱乐（图1-9）。由此公共空间不再是仅供交往与休闲的空间，而更进一步兼具了设计、生产、运输与交易的作用。

图1-9 同一区域的办公和休闲

如此一来，公共空间的丰富性和趣味性就有得到复兴的可能。由于价值交换内容的转变，公共空间设计的重点也将向突出人际交往以及趣味吸引度的方向转化。

第三节 价值交换形式引致的公共空间变化

当价值交换的内容发生了巨大变化之后，价值交换所需要的形式也随之发生了变化。

一、数字化革命之前的价值交换形式

正如前面所描述的，物与物的直接交换是早期公共空间价值交换的主要方式，而当时的价值交换主要通过徒步、马车等非机械交通工具进行。

从类型上看，早期的公共空间类型相对有限。就中国而言，主要是集市、街道等类型；就西方而言，由于历史文化的差异，比起东方国家增加了广场这种类型。在物与物直接交换的时代里，人们主要依靠少量的公共空间类型即可满足需要。

从空间格局上看，由于徒步和马车都属于慢速交通，在行进过程中能够充分地体验到公共空间的秩序感以及各方面细节，因此当时的城市规划设计对于公共空间中的比例、尺度关系甚于街道立面、细部装饰等，都采取了极为审慎和用心的态度去设计。无论是东方还是西方，古典主义时期的主要公共空间或者都市中心区均采用了严谨而宏大的格局。中轴对称和几何形式的构图，成为那个时代的空间特征。在中国古代著名的城市建筑史文献《周礼·考工记》当中就记载着"匠人营国，方九里，旁三门。国中九经九纬，经涂九轨"的做法，这就是一种标准的几何构图形式（图1-10）。

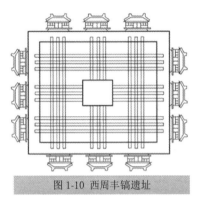

图1-10 西周丰镐遗址

从尺度上看，东西方的古典主义城市空间都是非常符合人行尺度的。除了少数用于展现皇家威仪的城市主干道（如中国的朱雀大街）之外，绝大多数街道两侧的宽度都控制在人们自街道两侧往来穿梭而不会感到疲惫的尺度之内。这也与当时主要进行着物与物之间的直接交易相关——过于宽阔的街道尺度并不利于人们在携带大件物品的时候来回奔波。

而且，今天我们所为之惊叹，同时也为之迷惑不解的一个问题，从这个角度也许能够寻找到答案——为何很多古典主义城镇空间都呈现出迷宫一般的路网体系与面貌？这方面的例子如意大利的威尼斯（图1-11）、锡耶纳小镇，以及中国的凤凰古城、喀什古城等。

图1-11 威尼斯平面图

假如从价值交换的方式去理解，其中一个原因很可能与当时实行的是物物交易的方式有关——人们需要在具有一定规模的建成区范围内开辟出众多便捷而不拘于常规的路径，以避免在纯粹依靠人力运输货物的时候所产生的诸多不便。

人们常常说是汽车的出现改变了城市的面貌，这是因为到了工业革命之后，随着人类当代最伟大的发明之一汽车的出现，公共空间的尺度和规模得到了空前的拓展。然而，按照本书的观点，这背后最关键的原因还是价值交换方式的改变。

如果梳理一下第二次科技革命前后若干重大发明的时间次序，就能更好地认清它们之间的关系。

早在第二次科技革命前，有线电报就已经问世。美国人莫尔斯于1837年制成一台电磁式的

电报机，后来他在华盛顿与巴尔的摩之间架设了一条 61 千米长的实验性电报线，并于 1844 年 5 月 24 日正式完成了电报传讯的重大实验。

第二次科技革命期间，通信工具又获得了长足的发展。1876 年 3 月 7 日，贝尔获得电话发明专利，次年开通了在波士顿和纽约之间架设的第一条 300 千米的电话线路。也就是在 1877 年，《波士顿环球报》第一次收到了用电话传送的新闻消息，从此开始了公众使用电话的时代。1880 年，贝尔电报公司成立，它就是今天美国电话电报公司（AT&T）的前身。

1885 年，德国机械工程师卡尔•本茨制成第一辆现代汽车，次年他为其申请了专利，因此一般都把 1886 年作为现代汽车诞生元年。

可见，人类社会的重大变革，实际上首先是以价值交换的方式拉开帷幕的，而不是交通运输方式。电报、电话等通信工具的巨大进步，使得模拟化的能量流传递成为可能，也使当时的价值交换方式从最原始的实体物质流演变成资金流和信息流主导的模式。价值交换方式的拓展，使得人类社会的生产力大大提高，以往单家独户为主的小农经济跃变为依靠大型机械化流水线和大规模人员合作的工厂化生产方式。物质和人员的大规模输送，使得作为这种价值交换方式载体的汽车，顺理成章地成为现代城市空间的主宰者。

自汽车降生之日起，城市的道路系统、基础设施、功能分区、空间尺度乃至建筑形式等，无不为满足汽车这项新技术的使用而进行着大幅度的调整。城市道路从过去人车混行的状态变为人车分流的形式，按照汽车的尺寸和行驶需要重新确定了不同等级道路的尺度，并在城市中建立起了横平竖直的棋盘式格局，以便汽车行驶；在基础设置中增加了大量室内外的停车场、加油站；由于汽车的快速行动能力，城市的格局在迅速拉开，城市功能从传统的高度混合状态变成了鲜明的大尺度分区，居住区、办公区、商业区、工厂区等井然有序；同时城市尺度也在汽车高速奔驰的影响下由紧凑变得开阔疏朗，甚至在美国这样的发达国家还有进一步向外蔓延的发展态势；建筑的外形也由于汽车的使用而变得趋于规整和模式化，同时古典主义大量烦琐的细部也被一概省去，促进了现代主义当中"国际式"风格的流行。

汽车时代在促进人类社会新价值交换方式成型的同时，也引发了一系列负面的社会效应。在纯粹的物物交换模式不再独占人类社会价值交换的主流地位之后，很多富于历史性的城市空间和适合步行的传统街道，也在汽车横扫一切的气势下被拆除重建，或者重新塑造成适合于汽车行驶的空间形态。

此外，汽车对城市生活的一个隐形破坏作用，就是对人们的社会交往设置了无形的障碍。在物流、资金流和信息流都伴随着汽车的轮子飞速运转起来之后，人类的生产力空前提高，但是留给自己的休闲和社会交往时间却并未得到同步延长。在传统公共空间中，每个行人都可以在自由的行走中与熟人或者陌生人相遇、致意或者停下来聊天，公共空间承载着高度复合的社会功能。但在汽车时代，这些在交通过程中自然发生的社会交往纽带都被割断了。人们从古典主义时期公共空间开放的、可以随意交流的步行方式过渡到自我封闭在一个狭小的车厢内，在每天行驶在道路上的大量时间里基本上处于独处的状态，使得驾驶者和乘坐者都缺乏与他人深入交流的机会。汽车时代的城市交通以及空间体系，基本上就剩下了明确的行驶功能，而不再是城市丰富生活的孵化器。

这些现象引起了当代历史保护主义者和环境保护主义者的反思与疾呼，要求应当遏制汽车在城市空间中肆无忌惮地发展，城市空间特别是公共空间的规划不应完全让位于汽车，应着力恢复城市的步行人性化特征。同时，公共空间不仅被视为具有历史保存和人性化的重要意义，也被视为具有重大的生态价值意义。公园、绿地等公共空间能够对汽车所带来的环境污染起到遏制作用。

在这种情形下，公共空间又有了新的发展趋势。

首先是公共空间的类型有所变化。为了适应城市规模日益扩大以及人口快速增长的现状，城市空间中增设了绿化带、公园、滨水开放带等多样化的公共空间。

为了平衡汽车以咄咄逼人的气势对公共空间造成的负面影响，很多城市也开辟出专供行人步行使用的步行商业街。

据称，位于丹麦哥本哈根的斯托耶步行街（Stroget）就是世界上第一条步行街。它位于哥本哈根市中心，长达 1.2 千米，始建于 17 世纪，也是欧洲最长的步行街。步行街东起国王新广场，西至哥本哈根市政厅广场，全街约有 200 多家商店，店铺鳞次栉比，既有百年老店、皇家商场，也有众多风格古朴的小店。斯托耶步行街连接着一个又一个广场、著名建筑和特色商场，是贯穿着哥本哈根最重要的建筑物和政治、商贸中心的"心脏地带"，在丹麦举足轻重。在汽车时代，斯托耶步行街也被完好地保存下来，成为人们重要的休闲空间。其中间的大型露天广场——阿麦广场是步行街的中心点，广场中心有一座建于荷兰文艺复兴时期的鹳鸟喷泉（Storke Spring Vandet），是人们进行集会的重要场所。

值得注意的是，在这些被保留下来的步行商业街中，大宗商品的交易已经了无痕迹，取而代之的主要是以生活奢侈品为代表的小件商品零售。这也从一个侧面说明，步行公共空间恢复的只是部分的传统价值交换方式，而不可能是全部。

在恢复公共空间平衡价值的过程中，更多的形式不断被创造出来。在中国城市里，正在努力尝试的一项举措是广泛开展的"绿道"建设。所谓绿道，即通过利用城市中的绿带、河流水系沿岸等线状空间，限定为行人和非机动车驾驶者所使用的空间，主要用于人们日常的散步、休闲和观景。

这个起源于国外的舶来品之所以能够在中国城市得到热烈的共鸣，就在于它很好地弥补了长期以来中国工业化城市的公共空间遗憾。尤其是在经济发达的珠江三角洲地区，也许是过久沉浸在工业发展的语境中，城市公共空间的缺失一直是富于争议的公众话题，而绿道的出现则在一定程度上破除了这个困扰。各类绿道被按照省级、市级、区级的不同层级详细地规划出来，在城市内部乃至城市之间连成了一张绿色的网络（图 1-12）。其中，河道、山体、水系、滨水区、步行道等被巧妙地编织为一体，形成为市民所认同和向往的休闲空间，取得了积极的社会效果。

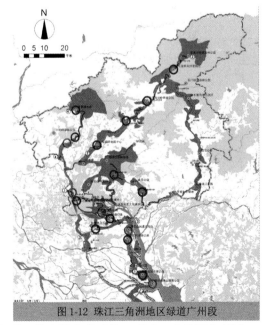

图 1-12 珠江三角洲地区绿道广州段

其次是公共空间所处的位置发生了变化。从单纯位于地面转为向立体方向发展，分别延伸到地上（立体步行系统）和地下（地下步行系统）。

例如，巴黎的列·阿莱地区把一个交通拥挤的食品交易和批发中心改造成一个以绿地为主的多功能公共活动广场，拥有商业、文娱、交通、体育等多种功能，形成一个总面积超过 20 万平方米的 4 层大型地下综合体（图 1-13）[11]。

图 1-13 列·阿莱地下综合体

位于广州珠江新城中轴线之下的地下公共空间设计，则格外突出了综合系统化连接的设计构思。在该城市中轴线地面上建有占地 70 多万平方米、绿化面积超过 40 万平方米的城市广场和生态公园，由北向南贯穿整个珠江新城，构成一个宝瓶状的城市中央景观广场，成为广州新的城市中轴线。其地下空间总占地面积约 78 万平方米，总建筑面积 44 万平方米，地下 2 层、局部 3 层。地下空间采用下沉式景观广场、下沉庭院、步行台阶、大型坡道等，将不同水平层的地上地下空间连接起来，使整个核心区形成一个多种交通流相汇合的大型交通枢纽，包括轨道交通、公交系统、步行系统、停车系统等。其中地面层为大型绿化景观广场，供步行者使用；负一层为公交旅游大巴总站和出租车停靠站，以及商业设施所在地；负二层为小汽车停车库；负三层为旅客自动输送系统（APM）。地下空间与周边 39 栋建筑及地铁站全部连通，串联为一个整体。核心区地下空间可提供超过 20 万平方米的地下人行、车行公共通道，约 15 万平方米的商业街和约 1.4 千米长的绿色景观走廊。

而中国香港的空中步行系统则世界闻名。它将商业网点、交通枢纽和开放空间相互连接，地铁站、公交车站等交通枢纽和商场网点形成的综合建筑体与步行环境衔接自然，流线清晰，使用起来非常方便。这种深具活力的网络系统对于高集聚状态的市中心区功能的有效运行发挥了重要的作用。

当新的价值交换方式诞生之后，汽车成为左右着公共空间塑造的重要元素。在此背景下，公共空间的发展趋势主要呈现出两个方向：一是顺应时代发展的潮流，呈现出多样化、立体化和全方位连接一切城市空间的趋势，以便利城市的生活，推动物流、资金流和信息流更加全面快速地相互融合；二是弥补时代发展的不足，通过强调步行化和人性化体验的回归，从反面来纠正单纯由汽车主导城市生活所产生的偏差。

二、数字化革命之后的价值交换形式

1. 数字时代价值交换方式的变化

数字时代价值交换方式之所以与之前的时代存在重大的区别，主要体现在以下几方面：

首先，用于价值交换的基础设施不同。在汽车时代，用于价值交换的基础设施主要是城乡道路系统。在数字时代，基础设施主要由运算、存储和传输设备 3 部分组成（图 1-14）[8]。

运算就是对数据的分析、计算，它为数字世界提供了数据的运算服务，是数据使用和转化的直接推手，其在实体世界中的物质载体就是通常说的 CPU，由大规模集成电路组成；存储是对数据的静态保存，它记录和保留数字世界中的各种信息和运算结果，是数据存在的重要载体，在实体世界中，存储的物质载体是各种介质的硬盘；传输则是数据在数字世界中的交互流动，其实体世界就是互联网。在今天，联网方式甚至可以采用无形的高频无线电信号方式，常用的Wi-Fi就是这样的无线网络。这3种基础设施，共同支撑起了现在的数字世界。与汽车基础设施相比，它们最大的特点是传输的便利性和建设的便捷性。

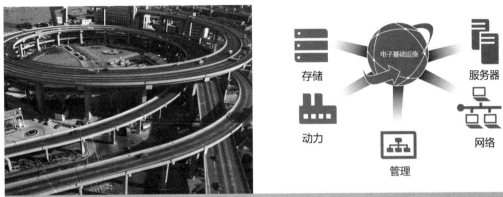

图 1-14 传统基础设施和电子基础设施

此外，数字基础设施与汽车基础设施的另外一个重大差别在于投入和产出的优势。众所周知，汽车基础设施所涵盖的高速公路、各等级道路和停车场等均属于重大投入项目，资金投入大、建设和回收周期长，同时需要付出较高的生态环境代价。而数字基础设施则遵从著名的摩尔定律，其性能和速度处于快速上升通道当中，其价格成本则相反，处于快速下降通道当中。同时，它的建设速度相对较快，并且在数据的传输过程中不会产生任何的环境污染。

其次，开展价值交换的空间范围不同。在实体世界中，无论汽车的速度有多快，始终要受到道路基础设施延伸范围的局限；而在数字世界中则呈现出无远弗届的态势，它的空间可以与任意多的其他数字空间相连接，而所接触的内容范围完全不受时间、空间和地理条件的影响。目前可以称得上制约因素的主要是带宽问题，而到了即将来临的5G时代，这也将不再成为一种局限。

总之，这两点决定了数字时代价值交换的方式要比之前任何一个时代都更加具有便宜、便捷和不受限制的重要差异化特征，这使得其具有更为广阔和深远的应用前景。

价值交换方式的变化，将直接导致公共空间使用方式的变化。

2. 公共空间将体现与数字世界深度融合的特征

由于数字化技术俨然成为主导这个时代的关键性力量，因此公共空间的发展必然无法脱离以数字世界作为发展的依托，需要与其实现深度的融合。

公共空间的数字化将经历不同的发展阶段。首先是正在深度推进的阶段——实现人与人之间链接的阶段。今天，在很多公共空间，比如绿道或者滨水带当中，越来越多的人在享受着每天跑步或者快走的乐趣。根据一项大数据分析，人们对于在绿道中跑步或者徒步行进产生了日益浓厚的兴趣。

显然，跑步或者徒步这种自古就有的运动形式并不是今天突然吸引大量人群投入公共空间的根本原因，这种兴趣骤然增长的主要动力其实来自于数字化技术的有力支持，包括运动手环、智能手机中自带的运动统计软件等在内的各项新兴运动类设备，它们带给人们前所未有的新鲜

图 1-15 微信运动和 GPS 运动软件

感和兴奋感；由社交软件主动分享到社交圈中的每天运动数据能够对本人及所有朋友的运动情况进行自动排名，又进一步激发了每个人相互竞赛的好胜心；由此形成的许多以跑步或者徒步行走为主题的网络社群让人们可以很方便地找到志同道合的运动爱好者相互鼓励、结伴同行，使得原本寂寞枯燥的长距离运动变得轻松愉悦；而且人们在运动过程中还可以利用手机或其他设备实时拍下各种美景或者记录运动的路线、时长、速度等数据与朋友分享，从而赢得更多的关注（图 1-15）。这些由数字技术带来的新型乐趣，在方方面面激发着人们主动利用公共空间开展多样化活动的愿望。

最近，一款新型手机游戏 Pokémon GO（图 1-16）的横空出世，更加印证了虚拟世界与现实世界走向融合的趋势所在。

图 1-16 Pokémon Go 游戏截图

近日，在澳大利亚、新西兰及美国，都因为一款游戏爆发了"群体性事件"：游戏玩家和技术宅三三两两地聚集在一起，走路的同时还通过手机不断地扫描周围，从海边山里到街头小巷，到处都有这些玩家的身影。澳大利亚达尔文警察局还为此特地发布了一条声明，提醒广大玩家不要试图混进警察局——因为这个警察局所在的位置是游戏中一个重要的据点。

这一切都是因为这款让你"上街抓皮卡丘"的增强版现实手游——Pokémon GO。

Pokémon GO 由 Niantic、任天堂、口袋妖怪公司共同开发，如今几乎刷爆了社交网络。在 Twitter 上，Pokémon GO 相关推文超过 95 万条；官方 Youtube 发布的宣传视频浏览量超过了 2 800 万次；Pokémon GO 谷歌搜索结果也超过 2 600 万条，即便是在还没有上线的中国，微博＃ Pokémon GO ＃话题阅读量也超过了 1.9 亿次[12]。

Pokémon GO 的引人入胜之处就在于它很好地将增强现实技术、真实世界场景与角色扮演进行了结合，创造出了一种独一无二的游戏体验。增强现实技术（Augmented Reality，AR）是指将真实的环境和虚拟的物体实时地叠加到同一个画面或空间，可以令使用者充分感知和操控虚拟的立体图像。

游戏的核心玩法，是将现实世界作为游戏中的地图，将玩家所处的地理位置作为游戏中真实的坐标，只要打开手机摄像头和 App，一个个曾经只在动画片里出现过的宠物小精灵就好像散落在你的身边一样。玩家可以借助自身的智能手机屏幕，在自己日常所处的真实环境中追踪到现实的宝可梦（Pokémon）。从各地玩家发布在社交平台上的图片来看，有在自家卧室衣柜里发现胖丁的，有在马桶边捕到独角金鱼的，还有在课堂上看到坐在老师头上的皮卡丘的。

由于需要走动起来才能玩，这款游戏被玩家们戏称为一款健身 App。它的出现，成功地打破了传统数字游戏只能在室内静坐进行的方式，让人们在真实的生活情境中随时随地体验数字精灵与真实环境的叠加。由于这款游戏的前瞻性设计，Pokémon Go 在美国推出一个星期后，已经成为美国历史上每日活跃用户数量（DAU）最多的手机游戏，短短几天时间就已经登上 App Store 和 Google Play Store 的榜首。就美国来说，目前 Pokémon Go 每日活跃用户数量达到 2 100 万，已经成为美国历史上每日活跃用户数量最多的手机游戏[13]。

在未来，公共空间的数字化将进一步推进到实现人与环境之间链接的阶段。当物联网技术发展到更为高级的阶段时，公共空间中将遍布着连接数字世界和真实世界的传感器等设备，使得人们可以随时随地与环境进行对话。在智慧城市的语境下，就连公共空间中的路灯上都装有可以随时提供无线网络连接的设备，以便公众随时随地都能不间断地与虚拟世界保持同步状态。

这样一来，人们或是随时将自己的位置、行动路线等信息传输到周边空间中，或是随时通过周边的传感器来了解自己所关心的电影院上座情况、相关沙龙的讲座内容等信息。而周边的传感设备可以通过用户出现的地点和偏好，来智能化地判断他此行的目的，从而自动筛选周边公共空间中用户可能会感兴趣的信息加以推送，比如哪家咖啡厅能提供符合用户口味的卡布奇诺、哪个书店中刚到自己喜爱的诗集等。

而且，数字化技术不仅从具体的空间使用方式上，更从全新的运营理念或模式上在深刻地影响着公共空间的可持续发展，比如免费经济、共享经济、社群经济等新型经济的运行方式等。这一点在后面的章节中将详细地进行论述。

总之，公共空间作为数据流聚合体的特征将成为其未来最为重要的发展方向。可以预见在这一过程中，公共空间自身的价值也将得到巨大的提升。由于数据流的汇聚极大地提升了人们参与公共空间活动的兴致，反过来人们使用公共空间频率和深度的增强又将大大增加数据流的交汇，这种人与空间环境通过数字设备进行互动的方式将催生出许多重要的人际交往、产业发展和商业机会。因此，公共空间将因为数字化时代的到来而获得更为蓬勃的发展动力。

3. 公共空间将体现与数字世界的相辅相成特征

（1）一方面，公共空间将随着数字化技术的进步而同步发生显著变化。

比如无人驾驶技术的出现，将有望彻底改变由汽车主导人类城市空间格局的固有模式。目前，由谷歌、特斯拉等先锐公司开发的无人驾驶汽车已经通过了多项测试，预计 2018 年投入使用。据估计，无人驾驶将在 2030 年之前成为全球主流的驾驶方式。届时，人们将不必自己拥有或者驾驶车辆，而是可以通过手机等智能设备，随时呼叫无人驾驶车辆来满足自己的出行需求。为此，汽车的总需求量将急速下降 90%～95%。由于汽车需求量的急速降低和智能交通指挥技术的发展，对道路和停车场的需求也将大为下降。有预测表明，目前建成的道路和停车场 80% 以上将不再具有使用价值。同时，由于可再生能源的广泛使用，加油站等汽车时代的基础设施也将逐渐退出历史舞台。

可以预见，正如在早期价值交换时代中发挥过重要作用的邮局（用于信息流传递）、老火车站（用于物流传递）已经成为今天用作怀旧的遗迹一样，由各类主次道路、停车场和加油站等共同构成的汽车时代典型景观，也将很快成为可见未来中的城市遗迹，被今后的人们所怀念和感慨。

根据本研究的预测，届时这些前数字化时代所留下的冗余空间，很有可能会被设计转化为更受公众欢迎的公共空间。每一个时代的遗存，都会在新一代人的手中得到重生。就如同在中国台湾地区的高雄市，上一个时代建设的城际铁路由于对社会生活的干扰较大，因此当地民众宁愿花费很大的成本代价，也要将其转为埋设到地下，而将地面上的空间重新设计成富有趣味的公共开放空间。类似的情形，很可能也会在汽车时代的遗存物上重演。公共空间将借助城市更新或者复兴的形式，在城市空间中重新获得辉煌的地位。

（2）另一方面，公共空间将体现出与数字世界的深度互补性。

数字的世界很精彩，数字的世界也很无奈。虚拟现实和人机交互技术能让人在高度仿真乃至超越个体想象力的虚拟世界中体验从未有过的精彩，物联网等技术能让人与万物几乎毫无障碍地实现互联互通——尽管数字世界在人类面前徐徐打开了一扇神奇的窗口，让我们能够窥见窗外无比迷人的风景。但不可否认的是，数字世界毕竟存在于虚拟空间当中，而人类迄今为止生活的方式，始终不能摆脱对于真实情境的依赖。

真实、面对面、可触碰的社会交往，自由、开放、空气清新的大自然，这些元素，过去是，今后依然是人们生活中的刚性需求，并且不随时代的变迁或者价值交换方式的变化而有所改变。就像人们今天可以在家中的虚拟球场中挥舞高尔夫球杆开出一个个高球，或者在健身房的跑步机上锻炼到汗流浃背，但无论如何，这些行为与在真实的高尔夫球场和绿道上的体验仍然具有许多细微的差别。哪怕是跑步这个最为简单的行为，在室内跑步机上的人体发力部位、力度和感受也与在自然的开放空间中具有很大的差异。更不用说微风拂面、花香袭人、虫鸟和鸣以及球友互动等，这些虽然细小但非常重要的感受，是机器永远难以全然仿制的。

而且，数字世界越发达，人们反过来对于真实世界的依存感就越强。可以想象，当数字化时代推进到以脑电波技术作为交流工具的那天，城市空间中人与人之间的互动和交流就会越发强烈。人们将比以往任何时候都更加渴望与他人的直接沟通。在这样的情形下，作为直接交流载体的公共空间必定将迎来一个黄金般的发展契机。

在现实生活当中，可以看到人类社会实际上已经开始探索线上世界与线下世界的兼容性：以O2O（线上线下一体化）为主体的运营方式正在成为新兴的主流商业模式（图1-17）。这种模式的产生就是在试图结合两个世界的运行法则，创造出一种兼具两者优势的新兴产业模式。人们可以在网上商城中去随意比选自己喜爱的冰箱品类，但最终确认购买之前依然会选择先到线下的商场中去进行实物体验。这样线上世界作为提供丰富选择度的来源，而线下世界则作为提供真实感知的渠道。

总之，新时代的公共空间将为满足数字化技术的大踏步前进而转变自身的内涵以及使用方式。在这样一个背景下，公共空间的变革将延续人性化、步行化和链接化的方向，同时加入互动性、体验性和趣味性等新的内容。

图1-17 O2O 的含义

参考文献

[1]PANERAI,CASTEX,DEPAULE.Urban forms: the death and life of the urban block[M].Princeton：Architectural Press,2004.

[2]MOUDON.public streets for public use[M].Reinhold：Van Nostrand Reinhold Company,1987.

［3］RUBENSTEIN.pedestrian malls, streetscapes and urban spaces[M].New Jersey： John Wiley & Sons,1992.

［4］雅各布斯 . 伟大的街道［M］. 北京：中国建筑工业出版社，2009.

［5］马歇尔 . 街道与形态［M］. 北京：中国建筑工业出版社 .2011.

［6］CUTHBE RT.Designing cities: critical readings in urban design[M].New Jersey：Wiley-Blackwell，2003.

［7］CARMONA,HEATH,TIESDELL. Public Places Urban Spaces[M].Princeton：Architectural Press，2003.

［8］闫爱明 . 互联网加：数字化颠覆工业化时代［M］. 北京：经济管理出版社，2016.

［9］张驭寰 . 中国城池史［M］. 北京：中国友谊出版公司，2009.

［10］雅各布斯 . 美国大城市的死与生［M］. 北京：译林出版社，2005.

［11］GEOECIDI. 国外地下空间开发利用的状况及发展趋势［EB/OL］.（2009-04-22）［2016-08-15］. http://blog.sina.com.cn/s/blog_537653500100cref.html.

［12］尹子璇 . AR 手游 Pokémon GO 为何火爆全球？了解下核心问题［EB/OL］.（2016-07-10）［2016-08-15］. tech.163.com/16/0710/15/BRKFLSUP00097U7V.html.

［13］CnBeta.Pokémon GO 成美国史上日活跃用户最多的手机游戏［EB/OL］.（2016-07-15）［2016-08-15］. techweb.com.cn/data/2016-07-15/2361247.shtml.

第二章　数字化时代公共空间的社会互动价值

Chapter 2　The social interaction value of public space in digital era

· 数字化时代给社会生活带来了前所未有的变革，包括共享经济、"产消合一"、多维社交等新颖的概念，形成了颠覆传统公共空间使用方式的深厚土壤。

· 传统城市功能和空间受到数字化时代的巨大冲击，公共空间的功用被重新定义，呈现出与数字世界既融合又互补的态势。

· 社会互动成为公共空间中人们的主要行为目的，人们需要借助公共空间在虚拟与现实这两极世界中重新寻求平衡的社会生活。

据媒体报道，近日在德国的奥格斯堡市发生了一幕因过度使用数字手机而导致的悲剧：一个 15 岁的女孩在穿过一个路口时，由于低头看手机闯红灯而不幸被电车撞死。

这个事件的发生为世人敲响了警钟。随着智能手机等移动终端的普及、无线互联网的发展，尤其是各类社交软件的出现，在全世界范围内催生了一个新的群体——"低头族"。甚至国外还为此造出了一个全新的英文单词 Phubbing。这个单词由 phone（手机）和 snub（冷落）组合而成，形容那些只顾低头看手机而冷落身边亲友的人。

图 2-1 德国为低头族设计的地面信号灯

为了让这些无处不在的低头族更加安全，奥格斯堡市政府甚至想出了将电车信号灯嵌入地面的办法，来预防不幸事件的重演（图 2-1）。这样低头族们在看手机的时候就可以同时看到地面上的信号灯，不会再次酿成惨剧。

在数字化时代，类似的由于过度沉浸在虚拟世界中而导致的悲剧在世界各地都屡屡上演。许多人因为沉迷在虚拟世界中，而导致了在现实世界中的各类事故，包括坠落河塘、遭遇车祸、掉进路沟等。一项调查结果显示，在欧洲主要城市，有 20% 的受访者都表示曾经在过马路的时候看过手机。英国媒体称，城市空间中时常出现一边低头看手机一边急着赶路的行人。这些人经常被路缘石绊倒，有时还会撞到其他行人的身上。

图 2-2 边发边走软件截图

而对于这种现象，欧洲人提出的解决方案颇具"以毒攻毒"的黑色幽默——采用更为新颖的手机应用程序来解决这一问题。据《每日邮报》网站报道，一款叫作"边发边走"（Type n Walk）的应用程序（图 2-2）被研发出来，它可以运用手机摄像头将使用者面前的景象作为打字的背景显示在手机屏幕上。使用者可以在这一实时背景上输入信息，同时并不耽误关注面前的道路景象。然而我们要问的是，这类事件的最终解决之道难道只能是寄希望于提升数字技术本身吗？

这些发生在公共空间中的悲剧，令人遗憾地用这种方式将数字技术与公共空间联系到了一起。人们展现出的过度沉湎于虚拟世界中，无疑是一种非常危险的行为。同时，这些悲剧也在提示我们，在数字化时代应当致力于寻找更为有效地发挥公共空间作用的积极途径。

第一节 数字化时代对社会生活的深远影响

一、从分工经济走向共享经济

数字化时代促成了经济模式的重要转变，以协同共享为特征的众多新型合作模式正在成为颠覆性的生产方式。"众筹""众包"等一系列基于互联网特点的新术语正在推动着人类生产模式的转变。通过众多志同道合者的协商，共同以较小的投资额度来参与一个需要较大投资的项目，并且已经在咖啡馆、餐厅等领域中取得了成功。这种历史上未曾出现过的生产方式，被经济学家命名为"共享经济"（图 2-3）。它是指依托互联网为共享平台整合人们的闲置资源并实现物品使用权暂时转移来获得经济利益并满足市场需求的商业模式。

由此，人们看到了很多新鲜的事物。例如可以通过优步或者嘀嘀打车，随时召唤周围的出租车甚至私家车为自己提供出行服务；可以通过 Airbnb（中文译作"空中食宿"）这个多样化房源共享平台预订世界各地的不同房源[1]。在该平台上，各类客房类型应有尽有，从每天 90 美元的巴士底玛莱区迷你工作室，到每天 120 美元的纽约哈林区私人公寓，再到每天 275 美元的泰国波普山上的整幢别墅，范围几乎覆盖了所有的房源形式。2015 年，Airbnb 在全球 190 多个国家拥有 1.2 亿个房源，平均每晚有 40 万人入住 Airbnb 提供的房间。目前，Airbnb 的估值已经达到 255 亿美元。

（a）传统经济

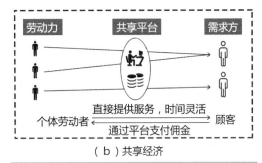

（b）共享经济

图 2-3 传统经济与共享经济

乃至在非营利性领域，也有很多陌生人开创性地通过互联网来同心协力完成一件工作，这在从前是"不可能完成的任务"，但在今天的世界里已经成为普遍流行的新方式。例如从全世界不同角落汇聚而来的志愿者组成了"字幕组"，义务为共同感兴趣的外语电视剧提供翻译和字幕服务，而这样的任务在过去如果没有大量专业人员组成的翻译小组进行长期工作是不可想象的。

未来，我们还会看到遍布世界各地的设计师们通过网络为同一个甲方提供从室外到室内的联合作业；不同的业余作者们通过网络共同完成一本悬疑小说的撰写；黑客们暗中联合起来，共同征服号称固若金汤的网络防线……

总之，在互联网共享的语境里，一切皆有可能。它用自身强大的凝聚力，重新恢复了被汽车时代所割断的人与人之间的联系。

"为兴趣而生产"很可能成为未来人们在义务提供相关产品时的口头禅，由此所造就的协同共享已经成为新时代的重要特征。在这一基础之上，甚至有人预言新科技时代将颠覆已经占据统治地位几个世纪的资本主义经济[2]。由于协同共享工作模式所具有的志愿性和免费性，以及大量生产将从传统的集中专业型转为分散业余型，各类商品和服务的生产成本骤然下降，直至接近零，因而所涉及生产物品和服务的利润将无从附着于其上。

在这个趋势的冲击下，公共空间也将被注入共享的强大基因。更能够被大众所分享、所互动的公共空间形态将成为未来的重要发展方向。

二、从"产消分离"走向"产消合一"

更重要的是，在人类历史上生产和消费领域从来都是界限截然分明的，而人们在其中充当的角色，则被明确地分为生产者和消费者。一个人可以既是某种产品或服务的生产者，也是另外一种产品或服务的消费者，但从来不会在同一种领域兼任两种角色。

在数字化时代，这一定律已然被打破，"产消者"成为人们的新身份。这种身份意味着一个人既可以是生产者，也可以同时担任消费者。在人类历史上，原始社会以及农业社会初期就是一种"产消合一"的阶段，只不过当时主要以家庭作为生产单位，实行自给自足的生产模式，因此家庭自身既是日常物品的生产者，同时也是消费者。到了工业社会，生产者和消费者分化的趋势就很明显了，人们在作为生产者生产某种物品的时候，基本上不会同时作为消费者去消费同一种产品，而是通过市场同他人进行交换。

到了数字化时代，"产消合一"在更高的层面上复归。这个概念源自互联网的 UGC 使用方式。UGC 是 User Generated Content 的缩写，即用户生成内容（图 2-4）。它的本意是一种用户使用互联网的新方式，即由原来的以下载为主变成下载和上传并重。每个使用者在互联网上下载自己所需资源的同时，也在无形中扮演着提供者的角色，同时为其他人提供上传的种子。人们借助互联网，可以在听歌的同时自己也创作歌曲上传，在看小说的同时自己也构思小说上传，甚至在消耗能源的同时自己也通过家中的太阳能等设备发电与他们共享……因此，从事这些生产和消费的群体被称为"产消者"，以区别于以往的生产者或者消费者。

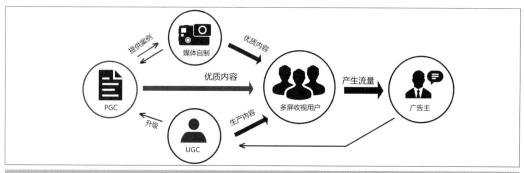

图 2-4 UGC 内容形成圈

这种"产消合一"的新模式，与农业社会早期生产方式的不同之处在于，所生产的产品和服务主要不是为了满足自己的消费需要，而是基本都用于与他人共享和交换。可以说，数字化时代的这种新型使用方式，真正体现了所谓"我为人人，人人为我"的境界。

在 UGC 理念的影响下，很多领域受到启示，开启了新的使用模式。在旅游领域中，UGC 型旅游网站陆续出现并成为一种趋势，如蚂蜂窝、驴评网、一起游、游多多旅行网、百度旅游、穷游网、到到网等就属于这类平台。在 UGC 类社区或网站中，相当比例的内容是用户义务提供的，而不是由社区负责人或网站运营商提供的。游客可以无偿浏览这些旅游信息，或者提出自己关心的问题。出游前先登录相关网站查找相关旅游信息和攻略已经成为新一代的旅游消费习惯。在数字化时代，共享消费理念被越来越多的旅游者了解并接受[1]。

延伸到城市其他领域也是如此。在电力使用上，过去人们通常都是消费者，电力的生产是统一由发电厂负责的。但在今天，由于各种绿色楼宇设计技术的出现，新建的每幢大楼将有可能被太阳能板等立体发电技术所"装饰"，从而自身就转变成为一个微型的发电厂。每幢大楼不仅消费着电能，更时时刻刻为自己和其他大楼提供着能量。这就是未来学者所预测的由从集中式走向分散的生产模式。

在中国的厦门，目前已经有 3 个小区申请了光伏发电，分别为三安电子、太古飞机和五缘湾小区。其中五缘湾小区 1# 楼的楼顶均装有大面积的太阳能板，可基本满足小区的公共照明等用电需求。

在此模式下，每幢大楼的业主将从单纯的消费者角色一跃变为兼具消费和生产能力的人群，从而打破横亘在消费者与生产者之间数千年不变的角色界限。推而广之，未来的每个人在不同的领域中都既可能是读者，同时也充当作者；既可能是听众，同时也充当作曲家。

在传统经济模式下，基本运营的思路很清晰，就是依靠低买高卖来获取中间的差价。放在空间的运营上，就是地主依靠出租房屋或者土地来赚取收益。在传统的运营模式中，尽管也有打着"免费"旗号的营销行为，但本质上都是一种"羊毛出在羊身上"的转移支付行为，消费者并不能真正得到实惠。

但在数字化经济的背景下，一切都发生了实质性的变化。数字化经济的一大特点是并不依靠低买高卖获取差价，而是通过"产消合一"生产模式的变革，真正实现零利润甚至零成本的产品或服务供应。

在这种模式下，可以想象，假如人类社会在短期内释放出如此庞大的产能，并且生产时间可以突破传统的 8 小时工作制限制，在业余时间也不断自我制造和更新各类产品，生产力必然会得到极大的提高，同时生产成本也会大幅下降直至趋近于零。在零利润甚至零成本成为可能的情况下，低买高卖的模式将失去存在的理由。因此，数字化经济必将开启一个新的空间利用时代。

三、从平面社交走向多维社交

城市发展至今，已经经历了农业社会—工业社会—信息社会的变迁。历史上，城市公共空间一直充任着除私人宅邸中私密行为之外其他一切活动的发生地，而今天其中很多的功能已经被互联网及其他高新技术联合剥离，成为仅在家中就可以完成的行为。在大数据传输、虚拟现实、人工智能、3D 打印等众多新技术的联合冲击之下，人们的生活发生了翻天覆地的变化。

由于以机器人为代表的人工智能开始逐渐走上人类工作的前沿，逐步取代传统众多的体力劳动岗位，甚至在第三产业的服务性行业中也开始出现机器人的身影，因此在以往充斥着大量就业机会的农业、工业等体力型行业中，人类的位置越来越少。

这样的情势带来了如下后果：

第一，劳动力开始向其他非体力行业转移。人们开始从传统行业向主要以脑力和服务为主体的行业寻求工作机会，因此以文化、创意、消费、服务等为特征的行业得到了全面发展。

第二，生产力在科技的带动下得到前所未有的增长，人们从必须谋生的压力中解脱出来，开始拥有大量可供自由支配的时间。

历史上，人们的工作时间已经经历了多次变化，而总的变化趋势是逐渐减少的。从奴隶制时代不分昼夜地被迫谋生，到封建时代胼手胝足地劳作，再到资本主义时期工业革命带来的 40 小时工作制，人类活动中工作与休闲时间的比例一再下降。

工业革命之后，大量家庭电器的普及使人们为生存而忙碌的程度大为下降。目前，机器人正在各国的实验室中为最终进入家庭开展清扫和其他必要服务展开最后预演，物联网所带来的"万物皆可互联"的便利也即将成为现实。

与此相生的是，每周 35 小时或 5 天工作制已经成为常态，而更短的工作制度已在酝酿当中。在中国的一些地区，每周只工作 4 天半已然变成了现实。同时，假日的数量也在增长当中。包括欧洲、美洲和亚洲的一些地区，每年有超过 1/3 的时间属于人们可以任意挥霍的假期。与过去数千年人类终日谋取温饱的艰辛相比，今天的生活堪称奢侈。而这些结果，都得益于高新技术的迅猛发展。

业余时间的增多和互联网使用的便利性，使得人与人之间的关系出现了空前强化的趋势。在这一人类前所未有的新阶段，空间的价值实际上在重塑过程当中。其中一个重要的维度，就是空间的交往性成长为主导空间价值的重要因素。同时，其他非交往的功能正在被逐步从公共空间中剥离出来。

交往，本身就是数字化时代的重要特征之一。互联网的主要功用就是将以原子化面貌存在的个人，通过无形之手链接在一起，形成一张多维立体的人际网络。很多以前互不相识、相隔万里，按照传统生活模式可能终生不会结缘的人，在互联网之手的巧妙安排下，居然就此结识甚至相伴终生。

在数字化时代，许多新兴产品不断涌现并占据了人们生活的主要时间，其主要依托的就是社交功能，如 Facebook、Twitter、微博、微信、QQ、Skype 等。如果可以按照互联网出现的时间对其前后的人际交往方式进行划分，那么在互联网出现之前的，可以称为"平面社交年代"；而在其出现之后，则可以称为"多维社交年代"。

在平面社交年代，社会学里有一个著名的"六度空间理论"，实际上借鉴自数学领域，该理论认为，任何两个陌生人之间所间隔的人不会超过6个，即一个人可以通过不超过6次的联系，搭接上跟另外一个生存在这个星球上的陌生人的联系。这个理论已经被多次的社会学实验所证明。例如在1967年，哈佛大学的心理学教授斯坦利·米尔格拉姆根据这一概念就曾经做过一次连锁信件实验，实验结果证明，平均只需要5个中间人就可以联系起任何两个互不相识的美国人。

不过，其中隐含的一个不确定性是，在一个人所有的人际关系中，他本身并不知晓究竟从哪一个渠道发散出去的信息有可能最终以最短的方式（6次传播之内）抵达他的目标人选。更何况，在这个唯一的方向上，很可能会因为某种未知的原因而打破信息传递的进程。例如居中传递的6个人之一因故未能继续往下传递，则这个唯一的渠道就此中断。因此，在实践中，人们不但无法真正通过穷尽自己所有的人际关系来实现交往的目的，更无力保证这种理论能够真正具有可实施性。

而在互联网之后的多维社交年代，人与人之间的联系渠道已经被以前所未见的方式彻底改变，原来的"六度空间理论"很可能已经被打破。互联网所提供的自媒体、社交群等新颖的功能，已经把人与人之间的距离大为拉近。

举个例子，一个中国普通乡村青年在过去要想联系上印度前总理辛格（辛格本人就是互联网的热衷者，以亲自运营个人社交页面著称），很可能要尝试不同的联系途径，还不能确保这些方式真正有效。而今天，他只要在辛格本人开设的微博上留言，可能就可以直接引起辛格的关注，从而产生互动。

每天有数不清的名人、明星通过互联网上自己的自媒体发布信息，与"粉丝"们互动，进而形成了一种被称为"粉丝经济"的现象。这种现象第一次把以往遥不可及的名人与普通人以一种直截了当的方式链接到了一起。

或者，人们还可以通过互联网所提供的社交功能找到自己想联系的对象。在中国腾讯公司开发的"微信"里，人们根据不同的主题、爱好、群体等自发组建了一个个聊天群，同时也可以邀请自己的好友加入由其他人创建的聊天群，由此一个个原本隔着无数个体的陌生人一下子被无形的链条链接到了一起。在其中往往能够偶遇已经多年不见的同学、朋友，也能够邂逅久闻大名却一直无缘得见的著名人士，更可以借助共同的爱好和话题等与陌生人一见如故。

此外，互联网产品还携带了众多精心设计的信息传播功能，如信息分享、转发，以及各类信息发布方式，如公众号等。它们一起将人与人之间的联系概率成指数地增加了，从而构建出一张无形的、多维的社交网络。

值得注意的是，数字化时代社交的特点是打破了农耕时代、工业时代等的交往规则。在前数字化时代，人们遵循的是熟人社交规则——农耕时代主要的人际圈局限在自己的亲人、老乡、邻居、日常交易者当中；工业时代稍有扩展，主要加入的是由产业链变化所带来的同事和生产者/消费者关系。这些关系的共同特点是都属于在身边较近地域、较为熟悉的人之间发生联系。而数字化时代的一个重要社交特征则是陌生人社交。这里的陌生人不仅指认知关系陌生，也包括地缘关系陌生。这种陌生人社交的出现，把人与人之间的联系链条缩短了许多，进而把"六度空间理论"中的人际距离极大地压缩了。

可见，人类社会第一次迈进一个"多维社交年代"，在这个时代中人们的社交需求和热情因为互联网的出现而得到了无限放大。

第二节 公共空间传统功用的消解与重塑

一、数字化时代对城市规划的冲击

1. 传统城市功能向新兴数字功能的转型

在数字化时代，城市发展的一个重要特征就是传统的空间使用功能开始让位于新兴的数字化功能。在中国，许多城市中开始兴起的老旧工业区改造就是一个典型的缩影。过去，传统产业区域的转型通常是将其改造为一般性的新功能，如常见的房地产、居住等；但在新的条件下，这种转型的步伐开始转向具有前瞻性意义的数字化产业。

以成都为例，该市积极推动产业结构调整，淘汰了一批产能落后的产业，而一些相对有价值的工业遗产资源被保留下来并得到了新的利用。成都国营红光电子管厂便是其中的一处，它承载了一座城市和工业文明融合的斑斓记忆。经过重新规划，这里以国内首个由工业旧址改建的主题音乐商业街区和产业园区的面貌呈现在公众面前[4]。

2012年11月，在原成都国营红光电子管厂旧址投资50亿元以上改建而成的"东郊记忆"公园（图2-5）正式更名，它位于成都市二环路东二段外侧，是具有"音乐全体验"和"音乐产业聚集"特色的文化创意产业园区。人们在此可以欣赏歌舞、观看话剧影视表演、品味艺术沙龙，同时见物思景，回想红光电子管厂的岁月年华，体会到时代的变革与发展。

图2-5 成都"东郊记忆"公园

其中的功能主要围绕数字音乐而设立，目前的功能范围包括现场音乐会、明星签售会、珍藏版黑胶唱片、发烧音乐器材、顶级视听间、明星衍生品售卖、先锋小剧场、音乐酒吧等。其中推出了18个主题场馆，全年推出800多场各类文化展演活动。

该园区将与音乐有关的所有产品，包括音乐创作、音乐展演、明星、音乐经纪、音乐版权、传媒等产业链上各优势品牌集聚在一起，进而形成上下游产业链的完整。此外，园内还设有音乐消费商业街区，可以实现消费者在园区内体验各种流行音乐和音乐衍生品的愿望，并让消费者通过现场体验、参与、互动娱乐等方式全方位感受音乐的魅力。

由此该公园物理空间中的受众与虚拟平台上的明星实现了互动。音乐公园作为各个企业活动、演出活动的物理平台，承载各类明星粉丝互动活动、演出活动、品牌发布活动、音乐庆典、娱乐活动等。同时，主办方还与中国移动公司签订了合作协议，明确"中国移动无线音乐基地"的入驻。目前，中国移动核心业务板块中的无线音乐平台已在市场上形成优势销售渠道，年产值逾 300 亿元，占据全国无线音乐市场份额的 80%。

无独有偶，本研究团队目前也在为国内某知名文化产业集团策划以新一代数字技术——虚拟现实为主题的产业区域。该集团目前已经在北京、厦门、深圳等多地选择别具特色的厂区、村落等历史遗存区域，力图将其从被淘汰和遗忘的边缘，一举改造成为汇聚各类数字产品上下游产业、最为时尚和领先的数字文化产品研发基地，并面向公众开放，形成城市新兴的公共活动集聚地。

2. 线上产业对线下产业的替代

在互联网引领的数字化时代，人们的生活因此发生了巨大的变化，公共空间的功用也因此被迅速消解。

SOHO 办公、"宅男宅女"现象、互联网生存大赛、公司小型化、联合办公、实体店倒闭——这些貌似互不关联的现象其实都共同指向同一个方向，即我们的生活和生产模式正在发生重要的变化：人们可以脱离传统的实体集聚空间，仅凭一根网线或者 Wi-Fi，便可以实现独立生存。

图 2-6 餐厅的虚拟现实技术应用

同时，虚拟现实技术（图 2-6）的快速发展，也为人们足不出户就能独立生存提供了重要的技术条件。虚拟现实是一种可以创建和体验虚拟世界的计算机仿真系统。它利用计算机生成一种模拟环境，是一种多源信息融合的交互式的三维动态视景和实体行为的系统仿真，能够生成一种高体验度、完全沉浸式的、媲美真实的虚拟现实环境，使用户能够沉浸其中产生身临其境的感觉。由于它具有的这种独特体验感，使得这种技术一经面世，就引发了广泛关注和深入研究。

下一步发展虚拟现实技术将迎来新的开发热点——增强现实和混合现实。由于比目前 4G 技术快几百倍的 5G 技术即将投入应用，以后人们将能在手机上非常方便地观看和体验虚拟现实的应用。也就是说，不远的将来人们可以坐在家里，通过计算机、手机或者可穿戴设备对众多原本只发生在户外的活动进行身临其境的体验。

最近的消息表明，虚拟现实技术已经被广泛地应用在众多的生活领域。例如虚拟旅游，可以让人从水、陆、空等不同高度观赏平常所不能及的景点，甚至驾驶直升机空降珠穆朗玛峰顶，完成在真实世界中根本无法想象的壮举；例如虚拟教育，可以让人在模拟课堂与同样是虚拟的各位同学一起听老师讲课；例如虚拟购物，可以让人在虚拟的商场中穿梭，借助控制屏幕中的人偶去代替自己试穿各种类型的衣服（图 2-7）；例如虚拟会议，可以让人在模拟会议室中与千里之外的客户或同事一起热烈地展开讨论等。这些虚拟现实技术将把人类的想象力推向一个新的极限，突破传统世界生活的体验，甚至把虚拟世界和现实世界无缝链接在一起，产生亦真亦幻的感觉。

同样，在这个高新科技一日千里的年代，以人工智能、物联网、3D 打印、无人机、飞行器等为标志的新技术，正在不断刷新人们的生活视野。而能够将这些科技手段缝合到一起，使之再度大放光彩的，则非数字化时代莫属。

图 2-7 虚拟教育和虚拟购物

可见，在数字化时代，人们的生活模式和内容均发生着天翻地覆的变化，随之而来的就是传统城市空间的功能性价值也在发生着颠覆性的重构。

在这个背景下，建筑空间的意义被"消解"或者"重构"了——以往建筑空间曾被赋予的单纯而明确的功能性，在今天可能退居到次要地位，而用于共享或交往的空间功能却在显著上升。今天或未来的人们完全可以在自己的住所借助远程视频乃至 VR（虚拟现实）设备满足几乎今天所有的功能要求。面对用户能想得到的服务需求，今天的网络差不多都可以毫不犹豫地说"是"了。比如：办公和商务谈判——有远程会议系统；娱乐——有联网游戏；看病——有远程诊断系统；运动——有家庭健身系统，甚至可以提供教练；教育——有远程教育系统，包括新兴的慕课（MOOC）；购买生活日用品和大宗家电——有京东、天猫、ebay、亚马逊等众多服务型网站。甚至，人们已经开始尝试通过网络来谈情说爱——"网恋"作为一个热词在 2000 年之后迅速蔓延，到今天已经通过"世纪佳缘"之类的网站为众多的单身男女缔结良缘了。

而更为让人不安的是，在可预见的未来，这一势头很有可能继续在其他的一些功能领域内蔓延。比如，有人就提出由于网络教育的崛起，像慕课这样的网络课堂大行其道，传统的大学很可能会因此而不再受到青睐。以前曾有人宣称，世界上最长寿的文化机构就是大学。在 1520 年以前西方世界建立的公共机构中，有大约 75 个仍旧有着从未中断的历史，其中 61 个都是大学。然而时至今日，这种长寿的惯性第一次遭到了公开的挑战。未来 10 年间，我们将有可能目睹世界范围内大学的兼并潮，其中最重要的推手就是网络慕课的大规模普及，它使得青年学子们对于大学机构和师资的需求明显降低。

在这种趋势下，数字化时代对公共空间最直接的冲击表现为空间功能的逐步衰退、空间活力的持续下降。当网络电子商务的鼻祖亚马逊从美国的西雅图兴起之后，人们逐渐把传统的购物行为从真实世界转移到了网络世界中。因此，很多城市中的实体商业空间顿时失去了存在的意义，甚至纷纷倒闭。据统计，2016 年初，世界性连锁店沃尔玛宣布要关闭全球 269 家实体店，MANGO 关闭了全球 450 家店铺，中国的著名城市综合体开发商万达关闭了近 40 家店铺，玛莎百货关闭了中国所有门店。近年来，SOHO 办公、互联网生存大赛、公司小型化、联合办公——这些貌似互不关联的现象开始指向同一个方向，即人们的生活和生产模式正在发生重要转变：人们可以脱离传统的实体集聚空间，仅凭互联网就实现过去的办公、交易和生存功能。

这些现象的发生，对传统城市规划无疑是一个重大的挑战。过去我们在实体空间中所遵循的城市规划法则是根据人口在空间中的分布，通过设定不同的服务半径或者规模，来进行公共服务设施的配套。比如，依次按照居住组团、住宅小区、住宅区等不同的规模层级来规划其中所各自需要的幼儿园、中小学校、商业服务设施等。

然而，数字化时代的出现打破了这种被沿袭已久的模式。因为传统规划模式的前提是所有的价值交换方式都在线下进行，包括人们所购买的物品、消费的服务均发生在实体空间里。但是，在今天几乎每个人都进行网上购物的情况下，规划师再也难以预测还有多少商业交易是需要通过住宅区里的实体服务设施来提供的。同样，对于其他城市区域而言，许多传统的功能规模都已经越过了经验值所能够预测的范围，成为当下城市规划师们急需研究和思考的问题。

二、公共空间中传统功用的剥离

图 2-8 虚拟试衣镜

在数字化时代，以往很多要依托公共空间或场合来完成的事情，比如工作、会议、谈判、购物、销售、娱乐，甚至包括看病、上学，都可以通过远程体验的方式来完成。在虚拟现实所营造出来的仿真世界里，人们可以轻易地穿梭在逼真程度堪比真实情境的商场、办公室、运动场、电影院、游乐场内，可以随心所欲地在三维世界里创造出更多炫目的产品（图2-8）。这些新颖而极其接近真实的网上生活让人们沉浸其中不能自拔，一方面它让人们不再需要每天上班，频繁出行购物，摆脱了很多日常出门的需求；另一方面也造成了人们对外部世界兴趣的下降。以 SOHO 办公、网络电商为代表的"在家工作模式"已经成为很大一部分新生代青年的选择，也成为很多新兴企业的偏好。除非必要，否则人们出门的意愿已经大为降低。

同时，互联网与 5G 数据传输技术、物联网、虚拟现实等技术的进一步深度结合，更加生动地给人类的未来描绘出一幅无比美妙的场景[4]：

"通信技术的发展就是带宽不断增加、速率不断提高的过程。1G 网络实现电话通话，2G 实现数据传输，3G 实现手机上网，4G 实现在手机上看高清电影。"江苏省物联网技术与应用协同创新中心主任朱洪波教授介绍，"到了 5G 时代，带宽速率将更强快，和 4G 每秒 100 兆 BT 的速度相比，5G 可达到每秒 1 亿甚至 10 亿 BT。如果 4G 网速下，下载一部高清电影要 1 秒，那么，5G 网速下，只需 0.1 秒甚至 0.01 秒，或许你根本就没有感觉到。"

朱洪波还表示，5G 时代不仅是速度快，在通信领域，将更注重其对于人们生活的服务。"过去是人和人的交互，未来则将通过网络把所有事物联结起来。衣服、背包、家电，甚至是房子、大桥、公路等，都可以成为网络终端。"朱洪波说："当然，5G 运用的主要场景是物联网，将人工智能嵌入信息系统，'没有大脑'的事物也可以像'有大脑'的人类一样进行数据收发、处理、分析和决策，之前的人机大战就是典型的人工智能。"

未来的 5G 生活到底会如何？朱洪波也向记者进行了描绘："健康方面，比如你戴的一件首饰上面就可以装上传感器，心跳、血压等相关的数据都会传给医生。生病了不用去医院排队，在家就能通过各种物件接收信息得到治疗；再比如，你想关闭校区里吵闹的喷泉音乐，不用出门，只需要缴费该项服务，各种传感器就能根据你的习惯帮你自动关闭……"朱洪波表示，在 5G 时代，5G 将与交通、医疗等各个方面相结合，很多实体也可走向虚拟实现。

在这些高新技术的综合冲击下，城市空间在无声地经历着重要的变化。很多原先占据城市主要区位的功能实体一下变得不再重要，甚至失去了存在的价值。例如不少商场、购物中心由于受到互联网电子商务的冲击，而纷纷倒闭；不少办公楼由于公司数量和规模的减少，出现了大面积的闲置现象。

因此，城市公共空间的价值实际上正在经历着一场严峻的挑战：当传统赋予公共空间的那些内容都被一一剥离之后，今天的我们还需要去公共空间做些什么呢？

三、公共空间功用的重塑

1. 公共空间的基本功用

既然数字化技术将以万钧之力主宰我们的时代，那么几个重要的问题就出现了：

第一，城市原有的功能空间会因数字化时代横扫一切的气势而消解吗？

第二，在这样的情形下还有什么动力可以促使人们走到户外呢？

值得庆幸的是，对于第一个问题的回答，我们始终是乐观的。固然，在数字化时代，很多传统的城市空间将面临生存危机，但这并不意味着城市空间将因此而走出人们的使用范畴。相反，数字技术的广泛使用，将更为深入地挖掘出城市空间的内在使用价值，尽管这些新的价值可能以区别于《清明上河图》时代的方式呈现出来。

其实，自从人类首次发明电话以来，类似的对城市空间消亡的担忧就曾经出现过。后来，随着远程通信手段的进一步完善，包括电子邮件、实时通信软件等的大行其道，人们更加发现，有很多传统行为在当代已经不必通过面对面的方式来完成了。加之由于汽车广泛进入千家万户，汽油等交通成本的下降，在欧美等发达国家的城市中甚至一度出现了"反中心化"或者"逆中心化"的趋势，即人们不再像以往那样倾向于集中生活在城市中心区域，而是更乐于选择居住在空气相对更为清新、环境更为优美宜人的郊外。因此，城市空间迅速地由过去的中心化内向式发展变为无边际蔓延式的外向扩张。发达国家城市中甚至出现了所谓的"中心区衰退"现象——由于人口的过度外流，中心区公共空间的活力显著下降，税源急剧减少，进而城市面貌出现了破败景象。为此，西方学者一度惊呼，城市是否要因此而"消亡"了？

但过不多久，人们就发现原先的担忧有点杞人忧天了。远程通信技术的发展，固然降低了一部分人们会面的需求，但反过来通信成本的降低又促进了人们约会的需求。此消彼长之后，人们利用城市公共空间进行交流的机会不是减少了，而是增加了。

这是因为，人们之间的交际行为实际上可以简单地分为两大类：表面化交往和深层次交往。所谓表面化交往，即由于不得不开展的信息或物质传递需要而进行的比较简单的沟通行为，如公司之间相互递交商业合同、到超市去购买生活用品等；而深层次交往，则是指人与人之间基于重要的事项或者复杂的合作需要所进行的较为深入的沟通行为，例如寻找商务合作伙伴、市场扩展、约会寻找终身伴侣等。

实证研究表明，人们交际行为中所减少的部分只是原先比较表面化的交流沟通行为，而提升的正是深层次的交往行为。在通信及相关成本大幅下降的条件下，人们能够从烦琐的日常沟通中解脱出来，腾出更多的时间和精力开展更多深层次的交往活动。因此，在远程通信技术的帮助下，人类社会的联系广度和深度不仅没有下降，反而大大提升了。

而对于第二个问题，根据数字化时代的发展趋势可以判断，未来户外活动的吸引力一定来自于它与室内活动内容之间的互补性。只有那些在独立的居所中难以依靠一根网线或者 Wi-Fi 实现的需求，才有可能推动人们走到户外。

从前面对于数字化时代家居生活的丰富性描述可以看出，几乎所有的领域都得到了数字技术的眷顾，貌似已经没有任何"被遗忘的角落"了。不过，如果仔细观察一下，就可以发现，尽管数字技术满足人类各种需求的能力已臻登峰造极的境界，但始终无法取代一项人类最为基本的需求——面对面的交往。

生物学和社会学的实验已经从不同的层面证明，人与人之间的接触对于双方之间的相互认知有着重要的、不可取代的作用。

首先，人区别于自然界其他种群最重要的特征是他具有强烈的社会性，而这种社会性的载体不仅在于人与人之间存在社会分工、精神交流等无形的联系，更包括人与人之间存在着各种丰富的感觉作为最为直接的联系体。这里所说的感觉，其内涵是丰富而综合的，包括触觉（身体上的接触）、嗅觉（人体的气味）、听觉（人说话交流时的气息、语音、语调、语气等）、视觉（人们交流时的表情、微表情）等多个方面。人们正是通过这些综合性的感受，由感性至理性地去判断他人的情感与思维，从而产生对事物及人物的认知。

科学家通过对人体的测试，发现当人们面对令自己产生不同好恶的对象时，会不由自主地产生不同的生理反应，包括皮肤电、内分泌、心跳、血压等指标都会发生微妙的变化。人们之间的好感或者厌恶，就是基于这些微妙的生理变化而产生的。

而这些感觉的产生，是由双方见面时综合的印象而产生的。这种印象，可能来自于对方的整体仪容仪表、举手投足的行为举止，也可能来自于对方的气质气势、表情态度，还可能来自于对方的语言表达、情绪流露。有分析指出，在人们握手时短暂的接触中，通过手掌温度、力度的传导，就可以有效地感受到对方的敬意、诚意和善意。甚至有实验发现，一些不为人所注意的细节，其实对他们的印象会造成深刻的影响，比如说话时的声音频率高低，决定了能否引起倾听者的共鸣；人体难以察觉的气味，也会传导影响另一方的感受。

在这方面，文学就是一面人类自己最好的镜子。从古至今，多少文人墨客就对人与人之间见面之际各种复杂的感知过程精炼地进行了概括。所谓的"一见钟情"，从生物学意义上说，很可能是这些微妙的生理变化在左右着人们的感情。两个青年男女相见，即使双方并没有肢体上的触碰，但是这种无形的生物电的传递，改变了双方之间的物理气场，足以让双方在一瞬间就能确定对方是不是自己梦寐以求的终身伴侣。还有"目送秋波""眉目传情"等，都是形容见面之时难以言表的情愫。

重要的是，这里所说的诸多感觉是如此的丰富、微妙而难以捕捉，其中的介质其实就是空间。它的关键是需要双方在同一个真实空间里相互感受、相互作用。尽管其中系统性的科学原理还有待继续总结，但不容忽视的是，这些情感的综合传递是任何一类虚拟现实设备都无法完整模拟，也无法复现的。

图 2-9 人工智能不能取代人际交流

同时，不论人机交互的技术进步到何种程度，都不能完全取代人际交流的情感价值。人们面对冰冷的屏幕，是始终无法产生真情实感的。哪怕未来人工智能的发展，使得逼真的机器人能够进入千家万户，但他们依然缺乏人类与生俱来的亲缘、血缘关系，缺少对于人类复杂思想和情绪的把握，缺少能够寄托思想和情怀的深度交流能力。凡此种种，决定了人工智能最终也无法完全代替人际交流（图 2-9）。

此外，从社会学更宏观的层面上看，人与人直接的交流对激发创意具有非常重要的作用。这一点，麻省理工学院教授阿莱克斯·彭特兰依据其提出的"社会物理学"理论，进行了相当深入和前瞻性的研究，并取得了世界领先的成果。他先后建构了一系列实证性研究，通过对大量人群的实验印证了上述观点。

彭特兰教授认为，人与人之间的直接互动能够形成"想法流"——"想法流是想法通过案例或故事在公司、家庭或城市等各种社会网络中的传播。这种想法的流动对传统，以及最终对文化的发展都非常关键，它促进了人与人之间以及时代与时代之间风俗习惯的传递。此外，融入这种想法流能够让人们不必冒个体实验的风险就可以学习到新的行为，不必进行烦琐的实验就能获得大量关于行为的集成模式"[5]。

彭特兰教授进而认为，想法流的交换和传递对于激发社区、群体和组织的创造力至关重要；人们从相互接触中去直接模仿、跟随和学习别人的行为和思考方式，从而促成了集体行动的一致性（图2-10）。他的若干精彩论断摘录如下：

图 2-10 想法流交换和传递示意图

我发现充满活力和创意的公司里存在不同种类的想法流，并进而产生了多样化的从社区内外学习的能力。在每一个例子中，相对于具体的管理技巧或者公司工作本身，导致兴奋、无聊或狂热的原因与人们彼此耦合的紧密程度以及部门之间的分歧程度更为相关。

……想法流依赖社会学习，这也正是社会物理学的价值所在：通过我们与他人示范性行为的接触预测我们自身的行为。事实上，人类太过于依赖从周边的想法中学习的能力，以至于一些心理学家将我们称为同类模仿者。通过社会学习，我们形成了一套共有的、在许多不同的情景中行动和应对的习惯。

……一个社区的组织智慧来源于想法流：我们从自己周围的想法中学习，而其他人又从我们身上学习。久而久之，一个成员彼此积极互动的社区就成为一个拥有共同、集成的习惯和信仰的群体。当想法流吸纳了外界想法之后，社区中的个体就会做出比独自决策更好的决定。

……尽管当代社会倾向于赞美个体，我们绝大部分的决定其实是由常识，即我们和同伴共有的习惯和信仰塑造的，而这些共有的习惯又是由与他人的互动塑造的。通过观察并仿效同伴的共同行为，我们几乎自动习得了常识。正是由于这些集体偏好和决策体系，我们才自动地在聚会上举止得体、在工作时恭恭敬敬、在公共交通中顺从安排——正是社区内的想法流"建造"了让社区成功的智慧[5]。

因此，不论科技发展到何种程度，人机交互等技术上升到何种境界，都无法彻底取代人与人之间密切的接触需求。可以说，人与人之间最直接的接触始终是人类社会性的终极寄托所在。科学技术可以为完善这一需求而服务，但永远也不可能彻底取而代之。

2. 公共空间的互补功用

更重要的是，数字化生活也有其特殊的"阿喀琉斯之踵"。正如月亮明亮的背面是阴影一样，数字技术有利的一面也正是它存在缺失的一面。在数字技术主宰的生活中，其显著的优点之一是它赋予人们以非常广泛的自由性。人们可以随心所欲地通过网络，自主选择自己喜欢看的节目或者直接点播，而不必像收看电视节目那样，只能在电视台提供的有限的节目范围内进行选择。甚至如果兴之所至，人们还可以选择自己成为节目的提供者，将自己制作的视频、音频等直接上传，让千万人能够马上知晓自己。因此，互联网世界一度造就了众多的"网络红人"，他们有的本来就是名人，而更多的是原本平凡而默默无闻的普通人。这种生产者与消费者合二为一、选择极为广泛的自由生产关系，彻底颠覆了传统的媒体传播模式。人们甚至认为，选择性较为单调的电视台将因此而退出历史舞台。

然而，自我裁量权过高的弊端也日益暴露出来。寄居在虚拟世界之中的"点播式生活"固然让我们一下子似乎拥有了主宰自己偏好的能力，但也因此失去了很多生活中由偶然性造就的惊喜。直奔主题的点击固然让我们在很多抉择面前能够迅速跳过那些不为我们所喜爱的内容，提高得到自己所爱内容的效率，但实际上也在错过很多也许可以为我们所发现的有趣内容。

因此，数字化生活可能产生的一个后果就是人们的品位和生活方式的日益单调性。个人的趣味总是有限的，同时又有着强大的惯性。正如人们在选择餐厅时会习惯性地选择自己喜好的类型一样，吃惯了中餐的人是很难强迫自己转去吃西餐的。同样，在付出必要的时间成本的情形下，人们也不容易在拥有选择权的情况下，在网络上欣赏原本不在自己兴趣箱中的内容。

这种惯性的结果，就是个人的原本喜好日益得到固化，不论这种喜好是阳春白雪还是下里巴人，都难以得到改变。"我的地盘我做主"曾经是一句移动通信网络公司的广告语，但用在这里正好能恰如其分地描绘出虚拟世界寄居者们的心态。

因此，我们可以看到，数字化生活实际上也产生了一些负面的社会现象。比如说都市中出现了很多低头族。特恩斯市场研究公司（TNS）最近的一项研究显示，全球 16～30 岁的用户每天使用手机的时间平均为 3.2 小时，而中国用户的平均使用时间为 3.9 小时 [6]。在中国，调研数据显示，低头族的手机依赖现象已经非常严重，乃至影响到他们的现实交际以及身体健康。77% 的人每天开机 12 小时以上，33.55% 的人 24 小时开机，65% 的人表示"如果手机不在身边会有些焦虑"，超过九成人表示离不开手机。其中，学生族和上班族是对手机最依赖的人群，他们表示跟自己的手机短暂分开就会感觉难以忍受。60.39% 的上班族明确表示手机减少了与身边人的当面沟通，45.11% 的上班族表示手机影响了个人的学习计划，68.56% 的上班族坦言自己醒来后除了睁眼就是摸智能手机，63.59% 的上班族习惯于在睡觉前玩手机，且经常占用睡眠时间 [7]。

"数字媒体成瘾症"正在成为这个时代的流行性疾病，来势凶猛而且悄无声息。在世界各地，很多青少年由于过度沉迷于网络，患上了人类过去从来没有发现过的病症"网络成瘾症"。他们终日沉湎在虚拟世界中，不愿走出家门去参加社会和集体性的活动。

为此，世界各国也在反思和与这场无声无息的症候抗争。

电子产品的使用越来越便利并渗透到了人们日常生活中的每一刻，包括用餐时间。用餐时，人们往往只顾着拍照、晒照片。为了让顾客找回"用餐的初衷"，专注享受美食，和亲友共享美好时光，越来越多的意大利餐厅发起了"禁用手机"运动。据报道，位于意大利摩狄纳郊区的露比亚拉小馆已有超过 150 年的历史，该饭馆有个特别的规定，顾客在进餐馆时必须把手机放在门外的更衣柜内，以确保客人用餐时不受打扰，专心享受地道的传统美食。

位于米兰的"修道院自助餐厅"装潢极其简约。为了让客人细细品尝食材的天然风味，与好友共度美好的用餐时光，餐厅建议客人吃饭时不要使用手机。

还有位于意大利中部恩伯利亚自然保护区的艾瑞米托饭店，它是由修道院改建而成的休闲农庄。在这里，移动电话收不到任何信号，顾客在此可以摆脱世俗的羁绊，享受宁静、放松的氛围，专心品尝中世纪的菜色以及古老的修道士素餐。

此外，意大利北部的乌汀内的市政府和商业局联合发起了"无手机"就餐计划，加入该计划的餐厅和咖啡馆，可以要求客人就餐时不要使用手机，其后很多餐厅纷纷刮起了一股"宁静风"，还会在餐厅显眼处张贴宣传海报。其中一位餐厅管理者马里奥表示："这不仅是对用餐同伴的尊重，也减少了电磁波对人体的伤害。"[8]

近日有一张拍摄于国外一家咖啡馆的照片，发布到微博上短短几天就引发了网友们海量的转发并掀起热议。在这家咖啡馆的公告板上赫然写着一行字："No, We don't have Wi-Fi, TALK to each other!（我们没有 Wi-Fi，和你身边的人说说话吧！）"（图 2-11）。这张照片实际上表达的正是在数字化世界横扫一切的背景下，大众舆论开始思考"如何打破数字技术进步而带来的社交障碍？"这个话题。

图 2-11 We don't have Wi-Fi

而这种个体狭隘偏好的打破，实际上需要从外界注入破解的力量。这种力量，就来自于城市现实生活中所能给予的丰富性和真实感。

第三节 与数字世界互补的公共空间社会互动行为

一、公共空间行为的重新定义

在数字化时代进入我们所在的时空之后，人们活动的方式也随之发生了巨大的变化。其中一个非常显著的变化，就是数字化世界剥离了很多原先必须在公共空间或者外部空间中发生的功能用途，转为通过线上方式即可实现。相当多的社会交往行为、商业贸易行为等都已经转移到了虚拟空间中，而实体空间中所被寄予的将是截然不同的使用期望。因此，依靠人们在线下世界中进行交往的频率、强度等，已经不能完整和确切地描述数字化时代人们在公共空间中活动的实际情况。

因此，在数字化时代中必须明确认识到公共空间存在的新价值所在——公共空间需要发挥较为强烈的互补效用，与数字化生存方式形成相辅相成的发展趋势。

扬·盖尔认为，按照人们在日常活动中的不同强度，公共空间中的活动可以划分为 3 种类型，即必要性活动、自发性活动和社会性活动[9]。

必要性活动包括了那些多少有点不由自主的活动，如上学、上班、购物、等人、候车、出差、递送邮件等。换句话说，就是那些人们在不同程度上都要参与的所有活动。一般来说，日常工作和生活事务属于这一类型。在各种活动之中，这一类型的活动大多与步行有关。

因为这些活动是必要的，它们的发生很少受到物质构成的影响，一年四季在各种条件下都可能进行，相对来说与外部环境关系不大，参与者没有选择的余地。

自发性活动是另一类全然不同的活动，只有在人们有参与的意愿，并且在时间、地点可能的情况下才会产生。这一类型的活动包括散步、呼吸新鲜空气、驻足观望有趣的事物以及坐下来晒太阳等。

这些活动只有在外部条件适宜、天气和场所具有吸引力时才会发生。对于物质规划而言，这种关系是非常重要的，因为大部分宜于户外的娱乐消遣活动恰恰属于这一范畴，这些活动特别有赖于外部的物质条件。

社会性活动指的是在公共空间中有赖于他人参与的各种活动，包括儿童游戏、相互打招呼、交谈等各类公共活动以及最广泛的社会活动——被动式接触，即仅以视听来感受他人。

显然，以上的行为划分方式属于前数字化时代的经典定义，它主要是依据传统时代人们日常活动的范式来划分的。从中可以看到，这些活动内容基本上涵盖了人们在实际生活中所有的外部行为，其中主要的考量要素包括行为发生的环境、频率、必要性和交往强度等。在前数字化时代，这些要素能够全面地覆盖人们生活中的现实行为状况，但在数字化时代，这一标准体系可能已经不再适用了。

在今天这个时代，离开数字化世界固然万万不能，但是数字化世界毕竟并非万能。虚拟空间的力量再强大，也不能完全代替真实生活，而只能成为真实生活的延伸。因此在数字化时代，能够促使人们离开家门、走出在线生活的动力，必然来自于户外公共空间与虚拟空间的功能互补性。只有在数字世界中无法寻求或者得到满足，而在现实世界中可以得到很好实现的内容，才能吸引人们自发地来到城市公共空间中。

按照这个理解，我们可以看到，数字世界固然强大，但并非已经覆盖人们基本需求的方方面面，有一些重要的需求是无法通过虚拟空间来解决的，而这些恰好是现实当中公共空间的强项。

这些难以被数字技术所取代的需求包括以下几方面内容：

1. 社会性的群体活动

交流，是人类的基本生存需要。人类之所以区别于其他动物，关键的一点在于人类具有社会性。语言和文字就是人类为了满足社会性交流需要所创造出来的工具。交流具有分享个体思想、经验和感情的丰富功能，是人类日常生活中所不可或缺的养分。没有了交流，人就如失去了养料的花朵，很快就会枯萎。

鲁滨逊在独自置身荒岛的过程中，就意识到离群索居会导致自己精神失常，为此特意训练自我对话的能力。直到他找到了仆人"星期五"才算是在某种程度上解决了这个问题。同样，少年派在海上漂流的日子里，也是因为有了与老虎理查德·帕克的精神交流，才避免了长期远离人群可能导致的精神崩溃。

尽管发达的数字世界为人们提供了广阔的信息和交流渠道，但不可否认它也存在无法克服的内在缺陷。数字世界的生活方式是独立的，一个人可以完全按照自己的喜好去选择性地了解外部世界。这种方式乍看之下非常自由，有利于个人在信息海洋中漫游，随意攫取信息的浪花来感知洋流，但实际上这当中有着很大的局限性。

一方面，基于个人的选择会受到自己狭隘的偏好和选择性的制约。在广阔的信息海洋中，一个人恰如缺乏导航图的船长，只能依靠经验选择自己认定的某个方向前进，因此很可能在漫游的过程中错过很多美好的风景，甚至走向错误的方向。在这种时刻，如果没有他人的讨论、指点和知识经验的补充，漫无目的地遨游注定将是无效的。正如中国著名的寓言故事所指出的那样，这种状态跟"盲人摸象"没有什么区别，都是一种片面的认识方式。

这就是为何尽管未来网络教育如慕课等会成为现实教育模式的重要补充，但始终难以彻底取而代之的原因。因为在确定学习计划的过程中，刚入门的学生非常需要有经验的老师对其进行必要的指点，把自身对于知识学习的经验与暂时处于无知状态的新手进行分享。假如都由学生们根据自己的喜好来选择课程和进修方式的话，可以想象，绝大多数学生都会出现偏科的现象，只会选择那些自己喜欢听和感觉比较容易通过的科目去学习。

一个人如果在真实世界中偏食，最终会导致营养不良；如果在数字世界中"偏食"，最终则会导致精神方面的发育不全。

况且，在这种貌似自由自在的漫游过程中，还存在重大的风险。众所周知，媒体是主导我们当前世界的一种强大力量。插上了数字翅膀的媒体，更是如虎添翼，对于在数字媒体笼罩下成长起来的新一代年轻人更加具有强大的影响力。实际上，号称客观、公正的媒体往往也是有其内在偏颇性的。不同的媒体声音，代表了不同利益群体的观点，也代表了不同阶层、文化、立场人士的态度。即使对于已经步入成熟阶段的成年人来说，对此也是需要有高度辨识力的，何况大多数涉世未深的青少年，很容易受到某种媒体观点的左右。

所谓"兼听则明，偏信则暗"，教育学的研究表明，终日沉湎于网络的青少年，很容易受到部分媒体观点的蛊惑，选择性地吸收网络所提供的相关信息，从而失去对于现实世界的判断力。要认识真实社会的面貌，最好的方式还是走出去亲身进行体验。

另一方面，有很多个人成长所需要的素质是网络交流所无法赋予的，只有在人与人的交往当中才能得到恰当的发展。人们只有在与他人共处的行动中，才能全方位地得到健康成长的机会。在群体中，人们可以获得与他人打交道的能力，克服由于经常上网所养成的羞怯和不善交际等毛病，并且锻炼团队合作的能力；可以了解他人对于世界的直接观感，从而突破自己相对狭窄的价值观和世界观来认知广阔的外部社会；可以在群体中学习共同处理同一件事务，从而懂得和比较自己与他人对待同一个问题时的不同处理方法，了解求同存异的重要性，等等。

这些宝贵的群体经历，能够弥补个人在独自成长中无法弥补的缺陷，获得诸如情商、团队意识等重要的精神资源，同时更能够在无形中懂得摒弃傲慢与偏见等负面态度，理解包容与妥协等不可或缺的处世之道。

因此，无论社会如何发展，人与人之间的集体活动始终是人类生活中的必需品。它们不但能提升个人的信息获知能力，更能获得精神上的抚慰和团体精神的锻炼。

此外，人类社会中还有一些特殊的活动或者仪式，如音乐会、运动会、广场舞、集体祷告、宣誓仪式、集体婚礼等，这些活动通常都具有特殊的群体意义与价值，不能或不方便由个人在家中独自完成。还有必须经由集体来培养的独特功能，如幼儿园、中小学校等，对尚处于未成年状态的人群具有不可缺少的抚育和保护作用，也是不能通过虚拟世界来实现的。

2. 需要进行深层次交流的活动

人与人之间的交流大体可以分为两个层次：浅层次交流和深层次交流。所谓浅层次交流，即通过打招呼、一般性聊天、通信软件和电话沟通即可完成的信息传递过程。而深层次交流则延伸到情感的传输、不同观念的协商与争鸣，以及重要事项的确认等。

可以看出，浅层次交流的特点是其涉及的事务相对简单明了，不涉及复杂情感的表达和辩解，采用文字或者语言即可完成，对交流时表情、神态、动作的综合要求不高。而深层次交流则相反，需要对较为复杂和重要的事宜进行深入探讨，往往包含了对于个人形象、气质以及观点态度的综合性认知，因此需要通过面对面的方式来全方位展现当事各方的表情、神态、语气、举止以及对于各种观点的即时反应。

因此，即使互联网及虚拟现实等技术手段已经高度发达，完全可以满足浅层次交流的需要，但对于深层次交流所需的各种元素还是无法完全囊括进去。更何况，如前所述，很多群体聚会可以形成的或热烈，或欢快，或悲壮，或慷慨激昂的氛围，也是面对冰冷的屏幕所无法实现的。因此，机器非常强大，但机器并非万能。这方面的活动包括酒会、俱乐部、沙龙、发布会、剪彩仪式等重要场合的社交活动，以及一些非常重视当面交往的活动，如重要的商务接洽（为了更好地建立信任关系）、重要的会议讨论（为了更准确快速地决定重要事项）、相亲（为了更好地确认终身伴侣）、亲朋聚餐（为了更好地体验亲情）等。这些活动的特点是，或者由于事关重大非常依赖于综合性的深入了解与判断，或者需要营造一种隆重的集体氛围，很难仅仅凭借网络就能实现，需要借助当事者当面交流以及集体在场参与的形式来实现。

同时，还有一部分活动呈现出与网络相辅相成的趋势，这就是通常所说的 O2O 活动。O2O，即 Online-to-Offline，意味着线上与线下活动的相互带动。人们在线上开展的一些活动，很可能延伸为到线下见面的需求。譬如，在线同玩一款游戏的青少年可能就此认识，相约到线下会面；甚至网络黑客在隐秘世界结识后，也可能彼此约定到线下当面交流技术秘诀。

中国第一个电子邮件系统的开发就是一个很好的案例：20 世纪 90 年代末期，一位年轻的计算机爱好者在读大学一年级时就开始加入当时刚刚兴起的各大计算机论坛，并且频频发表专业言论。孰料在这些论坛里面就"潜伏"着当时重要的门户网站的负责人，他在发现了该年轻人的才华后，欣然邀约。两人在线下一见如故，就此走上共同创业的道路，联手开发出第一个电子邮箱。可见，线上与线下，已经构成新时代彼此共生的两种交往途径。

3. 维系个人身心健康的活动

数字化时代尽管在人们面前展开了一个前所未有的绚烂世界，但不可否认也带来了一些负面作用，其中对人们健康的影响就是一例。长期久坐在计算机面前，极易引发肥胖、近视、高血压、高血脂等疾病。因此就算网络世界再精彩，也不能从根本上满足人们健康生活的需要。

在这方面，室外公共空间的作用无疑是巨大且不可替代的：一方面，人们先天具有对于广阔大自然的热爱和依赖，这是室内环境无法提供的；另一方面，即使已经可以在家中实现对于部分小范围运动的需求，但人们还是需要到室外开展更多的大范围运动和锻炼，比如足球、游泳以及其他群体性项目，离开了室外空间是不可想象的。

其中，根据科学研究，步行是对所有人群最为健康和自然的锻炼方式，人们对于室外放松性步行的偏好是与生俱来的。这种既能愉悦心情又能强健体魄的漫游行为，可以保证人们的身心处于一种平衡而健康的状态，不仅是不分男女老幼都比较适宜从事的轻度运动，更加可以与逛街、购物等行为结合起来，因此一直是城市外部空间保证持续性吸引力的重要源泉。

因此，在历史上，我们可以看到不论中外知名城市，丰富而迷人的街巷及小型开放空间体系一直是它们共同的特征。从 20 世纪 80 年代开始，国际上更兴起了一股"慢城"运动，有近100 个国家和地区加入了世界性的慢城运动联盟，共同提倡在这个以快节奏著称的时代里放慢生活的步伐，以抗拒汽车主宰的生活模式，转为采用以步行和非机动车交通为主的体验方式。这一运动作为对工业革命以来城市公共空间失落的反思，直接带动了大量城市慢行系统和空间的建设，很好地促进了步行空间系统的发展。

图 2-12 帕萨亚海湾改造

这些空间包括步行街道、公园、绿道、滨水开放空间等，不仅有连续而不被车辆干扰的悠长路线，更有宜人的景致，人们可以在其中慢跑、健身、散步、聊天，成为身心健康的保障性场所。

位于西班牙的"Bahia de Pasaia"（帕萨亚海湾）占地 70 公顷，在工业化时代主要用于开展港口业务，而今计划改造成新的海湾滨水公共活动区（图 2-12）。该海湾对丰富多彩的群岛海岸线进行了开发，创造各种条件为当地社区发掘出多样性的活动魅力。滨水区域通过围绕码头和林荫大道的公共空间，将不同类型的区域统一起来，形成灵活的公共空间网络，还建造了文化中心和海洋博物馆等新的地标性建筑，为居民的亲水娱乐休闲活动创造了多元化的条件[10]。

在意大利的奥维托（Orvieto），整个城市成为行人徒步观光区，所有的车辆都只能进入一个隐藏在市中心的公园和广场的巨大地下停车库。传统的城市"慢性格"决定了生活方式的各种"慢"，造就了一个"最富戏剧性"的慢城，每年吸引游客约200万人（图2-13）。

图 2-13 慢城奥维托

4. 需要高度创造性的活动

时至今日，尽管很多功能已经可以经由互联网通过线上方式来实现，但有一种类型的工作始终无法脱离线下人与人之间的交流，那就是创意设计及其相关类别的工作。

这类活动的特点是：首先，它们需要交流；其次，它们需要分享。

作为依靠头脑进行生产的创意行为，艺术家或者设计师在艰苦的创作过程中必须从前人或当代的作品中寻求灵感，汲取理论或者技法上的借鉴。因此，观摩、参观与交流是必不可少的，这些都需要走出宅门，到特定的场所如展览馆、美术馆等地方进行现场的体验和研讨。

特别是对于很多大师的作品，哪怕在网络上已经广泛流传，但"百闻不如一见"，没有亲身体验过和近距离观赏过原作，是无法真正体会个中滋味的。不论是法国卢浮宫中的《蒙娜丽莎》，还是意大利威尼斯教堂，抑或是中国的长城与故宫，没有亲自到现场感受过这些不同尺度经典作品的真容，永远也无法充分体会出其切实的伟大和震撼性魅力所在。而这些展示现场，往往都存在于城市中最为辉煌的公共建筑或者公共空间当中。

在创作过程中，艺术家们也需要进行群体性的脑力激荡，因此扎堆工作、交流、研讨和观摩等就成为艺术设计界的必修课。在创作之后，艺术家们同样需要一定的场所将自己的作品进行必要的展示和推广，这样才能吸引社会大众、媒体和市场买家的关注。

因此，我们才会在现实中看到如纽约SOHO区、北京宋庄艺术村等艺术家们扎堆的案例。特别是宋庄，从一个不为人知的村庄，一跃成为吸引超过上千名艺术家居住创作的宝地，当中私人美术馆和博物馆林立，人们可以随意走进其中的展示厅，细细揣摩各位艺术家的自得之作，更可以借此研究和比较他们不同的技法，或者现场比选订购自己满意的作品。

无独有偶，在深圳同样有一个画家集中营，只不过区别在于这里的从业者都是所谓的"草根阶层"——画匠。这个叫作大芬村的地方仅有0.5平方千米左右，可以说是一个袖珍之地，却云集了数千名以模仿名作为生的画师，形成了一条独特的创意产品的流水生产线。在这里的大街小巷，随处可以看到就地摆开架势、描摹名画的画师（图2-14）。一圈走下来，一个绘画爱好者可以毫不费力地寻找到包括油画、国画、书法等在内的不同表现形式，并自由地加以观摩和研究。

图 2-14 大芬油画村

可以说，艺术家和设计师们工作的特殊性质，决定了这类人群非常需要有一个集中的区域进行交流。这种现象在经济学中可以用一个专有名词来形容——集聚效应。它特指某些产业需要形成一定的从业者或店面集中的规模，才能达到相互促进经济收益的目的。这些无处不在、无时不有的切磋形式，正是造就创意集聚区蓬勃兴起的内在吸引力所在。

推而广之，其实还有其他一些尚未被人所注意，然而同样具有创意性质的活动非常需要集中式的线下交流，比如武术的传播。作为兼具形体操练和气息调运的活动，武术非常依赖于面对面、一对一地传授，同时也需要成规模地演练和切磋。

艺术创作以及这些创意性活动，都具有凝聚脑力和形体、集表演和表现于一身的特点。这一类型的创作活动，都无法采用互联网的远程方式进行有效传播，而必须沿用近距离的观摩、探讨和现实交流来完成。

二、公共空间中社会互动要素的考量

1. 重新寻求平衡的未来社会场景

值得注意的是，在可以预见的未来，城市公共空间的互动价值很可能还会进一步放大。种种迹象表明，空间全面智能化时代的来临也许就在旦夕之间。我们已经看到，在大城市，除了大量的公共建筑内部可以使用 Wi-Fi 上网之外，出租车和公交车已经装上了互联网分享设备，在道路两侧新型的带有互联网设备的路灯正在安装并准备投入使用，未来人们在出行途中，不论是乘车还是步行，随时上网都是件非常容易的事情。

"智慧城市"的出现使得整个城市都会被免费 Wi-Fi 系统所覆盖，从而把从前只能在室内实现的生活内容进一步拓展到室外空间中来，这将在某种意义上促成公共空间的复兴。

当整个城市的室外空间都被互联网无缝覆盖的时候，就相当于人们可以把办公室、商店甚至游乐场转移到公共空间当中了。只要天气条件允许，人们可以在户外的喷泉边惬意地处理办公文件，可以在树荫下在线经营自己的生意，或者带上虚拟现实头盔在一片开阔地上与同伴一起在线玩真人 CS 的野战游戏。

而另一方面，公共空间也在对于虚拟世界的反思中重新寻找到了自己的价值位置。据统计，在法国超过 97% 的人拥有手机，其中 59% 的人表示对数码设备有"依赖症"，并且一想到没有手机的生活便会浑身冒冷汗；47% 的法国人在睡觉的时候将手机放在身边，起床第一件事就是上 Facebook 和查邮件；还有 22% 的法国人甚至表示不能一天没有手机。而近两年一场关于"断网"的讨论正在法国兴起，越来越多的法国人开始尝试从无时无刻、无处不在的网络中解脱出来。

在法国，每年暑假是传统的度假季，很多家庭会选择举家出游到法国南部享受阳光和海浪。然而，频频现身沙滩的智能手机、平板计算机等移动设备打破了法国人原本宁静的假期。28 岁的弗朗克从沙滩包里拿出 ipad、iphone 和一台笔记本，习惯性地在 Facebook 上发照片、刷推特、回邮件。但是，很快他便觉得无聊了。"为什么在假期我还要带上所有这些设备？我的家人就在我身边，这么美的风景为什么要第一时间和网友分享？这太可笑了。"这位年轻的公司职员自嘲道。

暑假让越来越多的法国人开始尝试"断网"：关掉无休止的消息提示，取消订阅 RSS 信息，甚至像文森特一样，将"无所不能"的智能手机彻底抛到一边，重新拿起了只能打电话、发短信的功能手机。很多长期习惯于新科技的法国"低头族"开始进入"数码暂停"模式，彻底"断网"。据一家法国网站统计，在刚刚过去的这个暑假，只有 35% 的法国人"在线"，该数据低于英国人（39%）和德国人（73%）。

"现在，所有人随时随地都在盯着手机屏幕，似乎在焦虑地等待着什么，生怕错过什么新奇的事。"一位专家表示，"人们正在忽视'真实的世界'，不再关注自己身边发生的事，宁愿和万里之外的网友分享新鲜事，也没有时间和身边的人交流，逐渐失去了交流的能力，这种趋势值得警惕。"

法国知名博主克鲁泽曾经尝试度过了彻底"断网"的 6 个月：没有因特网、远离社交网络。用他自己的话说，通过这次经历，他重新发现了日常生活中各种琐事的"趣味"，并且希望更多的人重回没有网络的现实世界。

据法国媒体调查，有 11% 的法国人已经做好了远离网络的准备。与克鲁泽彻底断绝网络不同，他们选择"断网 2.0 版"。这部分人介于 25 岁到 49 岁之间，他们不想让个人信息遍布网络而遭到滥用，想要"逃离"无处不在的科技，愿意寻找新的信息来源，与网络保持一种"合适"的距离[11]。

同时，公共空间的设计越来越有意识地为人们创造进行线下交流的机会，尝试用丰富的空间设计来吸引人们离开虚拟世界重返现实生活。

中国厦门艺术西区就是一个较为成功的案例。艺术西区是厦门沙坡尾避风坞边上兴起的年轻文化艺术区，位于厦门市沙坡尾 60 号，它的前身是沙坡尾冷冻厂，利用旧厂房改造而成，占地面积近万平方米[12]。

艺术西区包含了雕塑、陶艺、版画、服饰设计、手工木艺、动漫、音乐、纸艺、影像等艺术元素，以工作室的形式免费向公众开放，并且在艺术节期间由各个领域的艺术家亲自教大家创作，还允许每个人把自己创作的艺术品带回家。

艺术西区每周都有免费的艺术工作室活动，每个月都会举办大型主题文艺／潮流活动。例如厦门首个专业 Live House——Real Live 就设在艺术西区，每月有十余场演出。除此之外，艺术西区还提供自由滑板、音乐现场、复古市集等城市潮流元素。公众在这里的每一次体验，都将感受到生活与艺术的交融。

这里的空间设计充分考虑到吸引公众参与的需要。在建筑外部，建筑师用多片不同高度的混凝土墙将场地进行划分，创造出一个时而半围合、时而半开敞的广场空间。同时，这片混凝土墙还可以组合为滑板场地，为年轻人提供小型的休闲活动场所。自由延展的广场空间可以用来举办演出、创意市集等，吸引人们广泛地使用和参与，丰富了艺术西区的多样性。在当中，一个以"二叉树"为基本结构的复杂受拉钢索结构被用来连接混凝土墙和建筑主体，为广场创造了一个视觉中心，使得原本分散的元素以特殊的方式联系在一起。

在室外场地上，它还拥有厦门岛内唯一的专业滑板场——Haven Skatepark 极限滑板场（避风港滑板场）。这里不仅是极限运动爱好者平日的娱乐和训练场所，还能够为专业比赛和大型活动提供专业场地（图 2-15）。

2. 社会互动要素的构成

从前文的概括中可以看出，无论是其中某一种公共空间行为，还是这些行为的复合性组合，它们的共同点都属于个人与他人共享度要求非常高、对公共空间需求非常明确的活动，恰恰这个方面正好是数字世界的弱项。因此，当数字化时代的人们再举步走到户外空间进行活动的时候，往往是参加一些与他人互动性非常强、社会交往程度很高的活动，这样就引发了对于城市公共空间规划和设计的新型要求。

图 2-15 趣味自行车运动会和万圣狂欢夜

为此，本书认为，"社会互动"这种新兴的价值将从线上延展到线下，成为城市公共空间设计和开发的主题词。一处公共空间的活跃程度，是由被吸引到该处进行线下活动的人群所决定的。这些人群的到来，归根到底是受到这处公共空间所能提供的社会互动功能的吸引。所以，对于公共空间在数字化时代活跃程度的考察，不能脱离对于其中社会互动效应的度量。

因此，对于社会互动效应的度量可以从理论解析和定量测算两个层面来展开。本章已经从理论层面对社会互动行为的意义、类型和表现方式等进行了解析，在后面的章节里将从定量测算的层面，结合具体公共空间的案例进行量化研究。

在开展定量测算之前，需要对社会互动层面包含哪些要素进行明晰。就一个区域而言，可以看作是由 3 个子系统联合构成的，分别是：室内空间、室外空间和纯粹的步行系统。室内空间和室外空间都是人们日常线下交往的实际发生地，它们均是由步行系统串联起来的。从这个意义上看，单纯的步行系统实际上扮演着穿针引线的角色，就如同一条走廊，将不同的"房间"（室内、外空间）联系到一起。人们通过这条走廊，分别到不同的房间里去与不同的人进行实际交往。因此，定量测算一个区域的社会互动效应，离不开对于不同"房间"和"走廊"相应方面的度量。

从社会互动的角度来度量，以下因素需在测算时加以考虑：

（1）功能。

在现实生活中，室内、外功能的种类可谓数不胜数。仅就室内功能而言，从人们日常工作涉及的办公、制造、商业、展览，到平时使用的餐饮、娱乐、交通、居住等，不一而足。随着时代的发展，还有更多新的功能不断涌现。面对如此之多的功能，如何才能找到恰当的标准对它们进行分类和测算呢？关于这一点的探索，有待于本书在后面章节进行解析。

（2）分享度。

不同的室内、外功能具有不同的社会交往覆盖面、频率和深度。根据前面对于公共空间行为的重新定义，不同的活动牵涉不同的人群。比如办公，通常只涉及自己与同事之间的交往；而购物，则涉及自己与较为亲密的家人或者朋友之间的交往。因此，需要对各种室内、外功能所造就的分享度进行度量，用以表征它们各自涉及的人群范围大小。

（3）开发强度。

对于室内空间而言，开发强度就是某种功能所具有的建筑面积，比如 1 000 平方米的餐馆；对于室外空间而言，开发强度就是某种功能所占据的开放空间面积，比如 100 平方米的行为艺术表演场地。不同的建筑或者空间面积会带来不同的社会互动容量，在功能既定的前提下，开发强度决定了这种功能所能带来的实际人群数量。

以上要素，将以参数的形式体现在后面章节的实际测算当中。

参考文献

[1] 李庆雷，蒋冰 . 国外旅游共享经济的发展及其启示 [EB/OL] . （2016-04-14）[2016-05-07] . http://travel.ce.cn/gdtj/201604/14/t20160414_3712474.shtml.

[2] 里夫金 . 零边际成本社会 [M] . 北京：中信出版社，2014.

[3] 唐小涛 . 东郊记忆 18 个主题场馆投用今年文化展演将超 800 场 [EB/OL] . （2014-04-03）[2016-05-07] . http://e.chengdu.cn/html/2014/03/03/content_456798.htm.

[4] 汪洁，张前 . 5G 时代 2020 年即将到来 0.1 秒下载高清电影？ [EB/OL] . （2016-05-18）[2016-06-10] . http://tech.btime.com/it/20160518/n150945.shtml.

[5] 彭特兰 . 智慧社会：大数据与社会物理学 [M] . 杭州：浙江人民出版社，2015.

[6] 封扬帆 . VR 真正的革命性意义：杀死低头族，拯救人类！ [EB/OL] . （2016-04-15）[2016-06-10] . http://www.cyzone.cn/a/20160415/294173.html.

[7] 钱玮珏 . "手机依赖症"造成安全隐患 低头族请小心！ [EB/OL] . （2013-12-12）[2016-06-10] . http://www.chinanews.com/it/2013/12/12/5609703.shtml.

[8] 杨飞婷 . 手机不离手 "低头"危害多 盘点各国治疗手机依赖症的方法 [EB/OL] . （2015-10-29）[2016-06-11] . http://mt.sohu.com/20151101/n424844574.shtml.

[9] 盖尔 . 交往与空间 [M] . 北京：中国建筑工业出版社，2002.

[10] 网友科技创新 . 西班牙 Bahia 海湾滨水区景观 [EB/OL] . （2016-04-15）[2016-06-15] . http://bbs.zhulong.com/101020_group_691/detail30015152/.

[11] 中国青年报 . 法国："低头族"减少 "断网"渐流行 [EB/OL] . （2013-09-22）[2016-06-15] . http://info.xineurope.com/show-11-38494-1.html.

[12] 海峡导报 . 厦门首个年轻文化艺术区"艺术西区"拟 6 月推出 [EB/OL] . （2014-04-29）[2016-05-20] . http://site.douban.com/216501/、http://xiamen.xmtv.cn/2015/01/21/ARTI142185307 2972446.shtml、http://site.douban.com/224038/room/3762622/.

第三章　数字化时代公共空间的情境体验价值

Chapter 3　The environmental　experience value of public space in digital era

· 数字化时代的公共空间，从工业化社会中"失落的空间"开始向多元化、弹性化、碎片化和自由传播等方向发展。

· 情境体验性成为公共空间发展的新内涵，数字化精神与公共空间的营造迈向深度融合。

· 公共空间的情境体验性体现在对于反差度、交互性和历史感的追求当中。

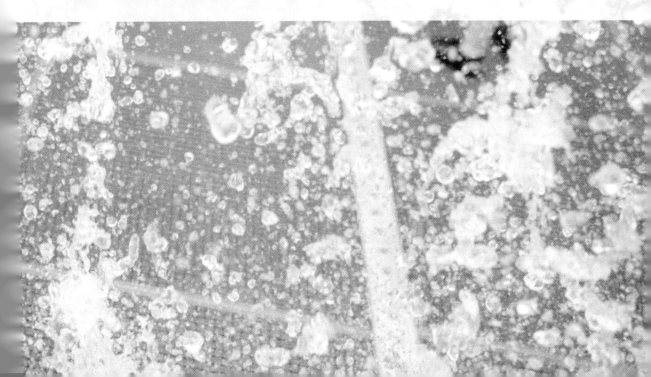

2015 年 12 月 19 日，上海地铁 13 号线新区段正式投入运营。这天，在地铁 13 号线汉中路站的站厅内，许多第一次踏入的乘客先是惊讶，继而惊喜，再是激动——能够引发他们如此反应的不是其他，而是在站厅内展现出来的极具体验性的动感设计，开创了新媒体艺术进入国内地铁空间的先河。

在这处拥有一个颇具魔幻色彩名字——"地下蝴蝶魔法森林"——的公共空间中，设计者因地制宜，将整个空间赋予"地下森林"的寓意，将地下换乘大厅长达 140 米的核心筒及 5 根结构斜柱设计为 5 道形似"丁达尔现象"的"阳光"，从地面引入温暖的光感。设计者还从中国蝴蝶中选定了凤蝶、蛱蝶、绢蝶、斑蝶 4 种共 2 015 只体态优美的蝴蝶，象征着到 2015 年上海地铁经历了非凡的蜕变。每一只蝴蝶都配以光电数码技术，2 015 只形态各异的 3D 打印蝴蝶围绕核心筒翩翩起舞，变幻出 18 种颜色，魔法般飞散开来并环绕在乘客的周围，在圆形立柱投射下来的阳光映射下翩翩起舞。沉浸在惊喜当中的乘客们纷纷争相与这幅长达百米的蝴蝶墙互动与合影。

地下森林

鹅卵石灯箱壁

远古的回响

图 3-1 上海主题站厅

实际上，这种富于体验感的公共空间设计理念在本次上海地铁建设中并不鲜见。和以往不同的是，本次上海地铁建设中营建了许多别具意味的主题站厅，它们像一座座流动的小小艺术馆，让普通的地铁空间变成了有趣的体验场所（图 3-1）。

例如自然博物馆站，车站主题被定位为"远古的回响"，站厅墙壁仿造丹霞地貌，由五彩斑斓的陶土棍拼接而成；同时在车站出口处设计了表现大自然动态的壁画，以呼应自然博物馆的主题。

13 号线的淮海中路站，则洋溢着浓郁的老上海怀旧色彩。站台两侧镶嵌着鹅卵石的灯箱壁上陈列着淮海路周边的历史建筑图片，咖啡色的椭圆形站牌，以及老洋房式的小地砖与红砖装饰，展现着老上海的情怀。同样，在素以老上海情调著称的新天地站。站厅在青砖墙上嵌入由 7 座石库门组成的大型显示器，在老式壁灯的映射下，滚动播放展现着上海的晨昏景象与民俗风情。乘客在步履匆匆之间，也能透过这些数字媒体跨越时空，与老上海神交。

所有这些独具匠心的设计，都是当代公共空间注重体验性和场景性思潮当中的一个缩影，它们鲜明地反映出公共空间在深度融合数字技术的情景下，在提升人与环境互动性和体验感方面的积极尝试。

第一节 数字化时代公共空间的形态发展

一、公共空间体验性的失落与反思

数字化时代一个重要的发展趋势是，它被形容为一个"体验经济"的时代。在这样一个时代里，人们不再是简单地通过广告、推销来实现产品或者服务的推广，而是更为倾向于通过创造情感联结来构建与客户之间的纽带（图 3-2）。

图 3-2 体验经济

　　当客户和你的产品有某种联系后，他们就会对你的产品感兴趣。当客户和你的服务产生某种联系后，他们就会非常欣赏你的服务。当客户和你提供的某种体验产生某种联系后，他们就会着迷，他们会想去重温你所提供的这种体验；他们会变成你的产品的忠实客户[1]。

　　斯科特·麦克凯恩所提出的这一观点，不仅可以应用于体验经济环境中的企业，而且对于城市空间也具有同样的借鉴意义。当城市公共空间被视为一种可供消费的产品时，它也因此而承担了创造体验、建立与使用者情感联系的使命。无疑，公共空间需要用自身具有丰富情感性的氛围情境，将使用者和体验者的情感充分激发出来，形成一个人们乐于与之沟通和关联的场所环境。

　　长期以来，公共空间的单调和无趣已经成为广受诟病的城乡规划问题。在数字化时代，由公共空间体验性失落而积聚已久的反思终于促成了城市发展的变革，而促成这一现象的原因比较复杂，主要由以下因素相互重合拉动而成。

　　（1）由于必要劳动时间的持续性下降，人们开始把因工作时间压缩而富余出来的时间用于发展自身素养，或者提升生活品质上。对公共空间的使用时间开始迅速上升，对其空间的体验感需求也不断攀升。

　　（2）前数字化时代的城市空间忽视了人性需求，给人们的情感留下了太多未能满足的罅隙，对其进行革新和完善的呼声日盛。

　　（3）单纯生活在数字世界中的"点播式"生存方式降低了人们遭遇不确定性的惊喜感，而传统城市空间与数字化生活的乏味性产生了双重叠加，导致人们更为渴望具有一定不确定性和趣味性的空间。

　　具体而言，上述因素影响表现如下：

　　业余时间的增加使得旅游和休闲成为人们生活中新兴的内容，到城市和乡村的各种趣味空间中漫游的人数不断上升。旅游业正在代替一众传统产业成为国民经济新的增长极。鼓励"带薪休假"、推动黄金周小长假发展等成为当前的工作重点。"全域旅游"概念的提出，更是将以往聚焦于少数景区景点的旅游发展思路，拓展到全面覆盖城乡各个区域，主张有条件的城市区域都应当成为休闲度假的旅游目的地，为推动全民旅游和休闲旅游助力。旅游，正在从一种产业形态演变成为一种生活方式，并且渗透到百姓的日常生活当中。

　　而且，全球化的进程使得各个城市的决策者意识到，当今时代不仅是一个城市生产力激烈竞争的时代，更是一个城市吸引力全面竞争的时代。全球化的资本正在追逐那些具有良好品牌形象和城市生活魅力的城市，因为这些城市往往是高端人才和产业的首选之地。这其中，公共空间的魅力构成了城市综合竞争力的一个非常重要的方面。这一思路促使地方政府开始关注城市空间趣味性和体验性的开发。

以往的城市主要被视为生产工具，而不是生活居所，更不是旅游目的地，因此很多城市的空间缺乏应有的趣味性和服务功能。尤其是在长期的计划经济和现代主义规划思路熏陶下，城市的规划设计基本秉承明确的功能分区，用途比重也以工业和生产空间为主。

改革开放以后，出于政绩追求和对"土地财政"的偏好，为了促进土地招拍挂市场的发展和以汽车为导向开发城市，引入了美国的区划手段，并改造为具有中国特色的"控制性详细规划"。

从内容上看，控制性详细规划可以视作中国版"区划"。然而，尽管它具备了美国区划的表现形式和内容，但从本质上却不具备区划的实施前提。美国区划方式的前提是土地的私有制，而核心渊源是由此产生的产权平等以及自由交换理念。但在实施者眼中，这些关键性的前提都退化为可有可无的点缀，而其可为土地市场化出让提供的操作性手段却成为最具有吸引力的技术手段。

在这一思路指导下，中国的控制性详细规划将美国区划的形式模仿得非常到位，从"定性""定量"和"定位"3个方面把土地出让以及开发必需的控制要素都标志得非常清晰，极大地推动了土地招拍挂流程的规范化和清晰化，在中国国有土地市场化的进程中立下了汗马功劳。然而，正是这其中唯一缺失的关键性前提，造成了控制性详细规划的先天不足，并且在后续的城市空间塑造中逐渐暴露并明显化。主要表现在中国的控制性详细规划无法具备美国区划同样的弹性导控功能，比如土地发展权转让（或称容积率转让）等。

控制性详细规划作为一种技术手段是进步的，但在错误理念的指导下，客观上造成了城市空间发展的失衡。于是，随处可见的宽马路、大广场、洋建筑构成了几乎所有地级市共同的景观特征。同时，规划中单调的功能分区也将城市切割为功能泾渭分明的工业园区、居住区、中央商务区（CBD）、行政中心区等，使《清明上河图》中丰富而交织着的生活常态就此远离了人们的体验。由此带来人们日常居住和工作地点的分离，也使得城市的一部分变成夜间的"死城"，而另一部分变成纯粹的"卧城"。

比如北京著名的望京地区，就聚居了大量每天钟摆式往返于中心区和城郊之间的上班族。规划中的望京是一个集居住、商务、行政等为一体的"副都市中心"，是一座居住人口为30万，规划总建筑面积为400万平方米，能提供30万个就业岗位、具有中等城市规模的综合性新区。建成后其建设规模将达到860万平方米，成为亚洲最大的居住区。实际上，现状的望京是一个大"卧城"。目前，望京除电信大楼和西门子等几家公司外，在建或已建成的建筑多为纯居住建筑。到望京买房的人绝大部分都是为了居住，而不是因为工作在这里。望京成了东部或北部、中关村等地区白领阶层的大"卧室"[2]。

这不仅丧失了丰富的景观地域特征，更失去了市民生活所寄望的人性化尺度和亲切感。

多年来，这些"失落"的公共空间一直被中外有识之士所痛惜，也为此进行了大量的呼吁。特别是工业革命之后，对机器及其伟力的膜拜弥漫在世界城市的上空，以机动车为主导的理念主宰了城市空间规划的工作。在此思路下，许多城市的人文环境消逝，取而代之的是汽车道、高架桥、高速公路以及铁路等交通空间。

在特殊历史时期所造就的这些都市景观，对环境品质的"杀伤力"是相当大的。例如，高架桥成为城市人文氛围的无形"杀手"。像广州的沿江路高架桥，就一度使两侧原本繁盛的商业氛围一落千丈。

二、公共空间发展的多义化

数字化时代的到来，正在剥离许多传统实体空间的功能，而且随着数字化技术的深度发展，人们很难预测未来会有哪些城市空间进一步趋向消失或者减少。因此，一种较为有效的应对手段，就是尽量考虑城市空间使用的弹性化，从传统的单一而明确逐渐转向复合而多义。让有限的空间能够尽量容纳更多的使用价值，这已经成为城市规划和设计中的一个新兴考虑点。

1. 从单一到多元

很多城市空间考虑到可持续运营的需要，正在摆脱原本规划的单一功能标签，走向多功能使用。

大型体育中心的多功能使用就反映出这一特征。大型体育中心是由大型体育场馆及其周边的开放性公共空间所共同构成的。以往，大型体育中心在城市规划中的功能定位是非常明确的，就是服务于大规模的体育赛事。但随着对城市运营效率要求的提高，大型体育中心单纯为体育而生的单一化定位已经不再能适应今日多样化城市使用的需求，正在遭遇到严峻的挑战。

以中国为例，继北京奥运会之后，各地城市纷纷举办了各类国际级的大型体育赛事，著名的像广州亚运会、南京青奥会、深圳大运会等。在短暂的热闹和激动之后，人们开始冷静下来，面对一个严峻的问题：这些大型体育场馆在赛后如何持续利用？根据媒体报道，许多场馆在一场盛事之后即陷入无人问津的尴尬境地，包括北京鸟巢、水立方等一众知名的体育建筑，都在赛后运营的低迷中苦苦挣扎。由于体育场馆在设计之初通常只考虑到体育竞技的使用，没有对赛后更长远时期内的运营、维护进行多向度的考虑，因此反而给所在城市背负上了长期的沉重包袱。

根据本团队的研究，许多城市正在警醒，纷纷对已有体育场馆的改造使用和未来场馆的赛后利用展开研究。例如深圳市龙岗区的大运会主会场（图3-3），在赛后就采用 ROT 的方式（BOT 模式的衍生产品，即 Regenerate-Operate-Transfer 改造—运营—移交方式）进行改

图 3-3 龙岗区大运会主场改造

造，将原来的体育场馆改造成迷笛音乐节、专业博览会、大型企业年庆等场地。其设想包括利用环绕体育中心的室外步行空间改造成马拉松比赛场地乃至赛车场地，并且在原先空旷的室外场地上新增了室外展示区、咖啡馆等服务设施，力图将这个单一的设计转化为能够迎合城市在展览、娱乐、聚会、休闲等多方向使用需求的综合性公共空间。

同时也开始关注商业空间对于弹性使用的研究。由于商业经营的特殊性，其内容、风格和时尚潮流的变化节奏之快往往超出人们的预料。在数字化浪潮的推动下，许多商业空间中所经营品牌和内容每年均要紧跟市场风向进行调整，甚至整个商业空间都需要不停地进行调适。特别是在互联网的冲击下，商业空间生存的紧迫感日益加剧，不少大型商场和购物中心在网络电子商务一浪接一浪的冲击下不堪重负纷纷倒闭。因此，商业空间应对快速变化的市场周期和不确定性的对策之一，就是在空间设计上尽量采用大空间的形式，以便能最大限度地容纳未来可能的调整。

中国台湾省著名的"西门红楼"（图3-4），位于台北市西门町，建于 1908 年，是台湾第一座官方兴建的公营市场，亦是今天全岛所保存最古老完整的三级古迹市场建筑物。它造型别致，平面上由八角楼和十字楼组合而成，成为西门町地区非常独特的地标性公共空间。

然而，近年来，这一片区却因使用功能的滞后几乎被人遗忘。于是，2007年11月台北市政府文化局启动对西门红楼所在区域的重新塑造。目前西门红楼及其所在的区域被改造为面向公众的开放空间，整体包含八角楼内的剧场、中央展区、百宝格、西门红楼茶坊、西门红楼精品区和十字楼内的16工房、文创孵梦基地、河岸留言西门红楼展演馆，再加上北广场的创意市集和南广场的露天咖啡区等多元性区块。注入多元化要素之后的西门红楼区域营造出丰富而新颖的功能魅力，成功转型成为台

图3-4 西门红楼

北市新生的文化创意产业发展中心，并于2008年荣获第七届"台北市都市景观大奖"历史空间活化奖。

这种公共空间的开发方式正好与数字化时代的潮流相吻合，体现了兼容、迭代、弹性的综合特征。

2. 从明确到弹性

图3-5 小洲艺术区

不少城市公共空间也在发生令人意外的"蜕变"，成为数字化时代各类城市事件的弹性容器。

在城市空间趋向弹性化使用的背景下，不少被视为"失落空间"的场所也寻找到了自己焕发新生的机遇。广州市的小洲艺术区（图3-5）就是一例。它地处珠江边，是利用广州南沙快速路的高架桥桥底改造建设而成的。之所以选择建造在这样的高架桥底，一方面是因为这里是广州万亩果园的中心地带，有着优越的自然环境；另一方面，它不用拆迁和征地，有效利用了高架桥底的废弃空地。而更重要的则是这里的运营成本相对较低，小洲艺术区的月租金在2014年时为每平方米30元，仅是同城其他创意园区的几分之一[3]。

小洲艺术区经过一年多的建设和发展，改变了高架桥下原来垃圾成山、杂草丛生，以及部分仓库、饮食店脏乱差的状况，形成了全长约1 100米，建筑面积约30 000平方米的综合艺术区。当中以原创艺术工作室为主体，同时拥有大型展厅、艺术品市场、艺术沙龙和休闲场所的综合性艺术区。

空间环境得到极大改善的小洲艺术区，吸引了大批体制内外的艺术家到此建立原创工作室，目前各类工作室已超过100间，业主包括广州美术学院、广州画院、广州雕塑院和许多社会上的艺术家们。

目前它是中国唯一的高速公路桥底下的艺术区，华南地区最大的原创艺术工作室群聚居区。它的目标是要建设成一个"原创艺术综合平台"，包括原创工作室、展厅、画廊等囊括生产、展示、销售等方面的综合性载体。

小洲艺术区基本改造成型后，每天到这里来观赏展览、购买画作、洽谈合作或纯粹观光休闲的公众络绎不绝。他们与众多在此举办展览和进行专业交流的艺术家一起，推动着这个曾经的失落空间转变为一处具有相当影响力的艺术活动场所。

此外，近期在中国很多城市兴起的城市马拉松比赛，也是一个空间弹性使用的优秀代表。马拉松比赛全长 42.195 千米的赛道是任何一个城市体育馆都无法容纳的，因此人们索性直接利用城市宽阔的马路作为赛道。以往被明确用于车行交通的马路在这样的背景下被转换为临时的体育跑道。

更有甚者，马拉松比赛本身也变成了一次全体市民的狂欢节，各种年龄、身份、性别的人士纷纷"披挂上阵"，用各种有趣的方式来打扮自己并勇敢地站上赛道，把一个本来单纯的体育赛事充满想象力地变成了一次充满创意的大联欢（图 3-6）。

在同样一个城市空间里，不同的使用方式已经为它赋予了"交通道路—赛道—创意 T 台"的不同功能，这是任何一位城市规划师在事先都无法预见到的。

这种城市公共空间内在的演变轨迹，原因就在于数字化时代长期单独在封闭的室内工作或者生活的人们产生了对于户外群体性活动的强烈爱好。

这个趋势，从近年来各大城市纷纷兴起的户外活动就可见一斑。很多城市的"夜跑族"或者"滑轮族"，通过互联网相约一起运动，将城市的街道、滨水带转换成为跑道或滑道。甚至不少地方出现了所谓的"跑酷族"，直接奔跑穿梭在城市的大街小巷、高楼矮屋之间，利用各种城市空间的构筑物如台阶、房屋、花坛、水池等辗转腾挪，尽情释放极限运动的能量（图 3-7）。

图 3-6　马拉松创意联欢

图 3-7　城市空间中的跑酷族

这样的空间利用方式，无疑已经大大超出了原本城市设计师们的想象。弹性使用与趣味使用已经成为城市空间利用中相互密切关联的关键词。

此时，城市空间的效用正从表面的观赏和日常使用交往，转移到互联网线上与线下高度共振的深层次社交。城市空间的体验价值被提升到了一个前所未有的高度。

三、公共空间发展的马赛克化

1. 从高度集中到碎片化

在宏观层面，传统城市中比较常见的空间结构形式是以行政中心或者商业中心（CBD）等形成城市的中心，然后将众多的其他功能片区围绕在其周围，即以单中心或主中心区为统领，以卫星城镇或副中心区为辅助的结构模式。传统城市研究中将其分别归纳为单中心模型和多中心模型。

这两种模式的出现，与数字化时代之前的人类社会生产方式有着密切的内在联系。按照城市经济学的观点，城市空间是由于经济活动的规模效应和集聚效应而自然形成的。在早期的人类聚落发展史中，具有原始分工的不同人类部落或者族群需要寻找到一个相对固定的地点进行剩余产品的交易，而这一地点的选择必须综合权衡不同族群从四面八方赶来的交通成本以及为此付出的其他各方面成本。因此，人们在无数次探索之后，最终会在彼此族群之间寻找到一个距离远近相对合适的地点，作为交易的固定区域。久而久之，这个区域就因为人口的相对集中和建设活动的相对聚集而发展成为人类最早的"中心区"。这个中心区由于其地理位置的便利性、交通和其他成本方面的综合优势脱颖而出，在满足人们面对面进行交易、开展物物交换或者信息交换方面发挥着重要的作用。

例如，中国唐朝时期的长安城曾经是当时世界上最大的都市，然而其官方允许的公共空间仅有东市和西市两处是用于交易的场所（图3-8）。在当时实行的里坊制中，百姓们的活动主要都被指令在各自居住的里坊中进行，而且一到晚上就要实行宵禁，生活的选择度大受限制。生活中的政治中心、经济中心和居住中心在这类规划中可谓界限分明。

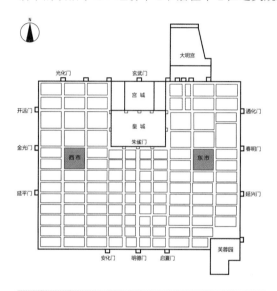

图3-8 唐长安的市坊制度

因此，在前数字化时代，尽管社会经历着从农耕文明到工业文明的巨大进步，但从本质上看，人们的交往方式并没有发生根本的变化。所有的交易、交换和交流，在长达几千年的时间里依然要依靠最为原始的面对面的实体交换方式来完成。这是一种满足前数字化时代价值交换方式的空间模式，也决定了城市空间结构的发展惯性。

在工业革命之后，虽然人类城市的规模在不断扩大，特大城市的数量及其容纳人口有了飞速发展，空间结构也从单中心逐步发展为多中心，但由于价值交换方式没有发生根本性的变化，只是加入了资金流和信息流，因此其中的形态特征并没有根本性的变迁，围绕某个中心来组织空间的内在轨迹并没有发生本质变化。因此，城市公共活动也主要在几个主要的中心或者城市广场中展开。

况且，层级化的城市管理惯性也在制约着城市的发展路径。尽管梁思成先生和陈占祥先生早在1950年就提出了建议北京行政中心跳出古老中心区外迁的"梁陈方案"，但他们的先见之明仍然未能改变当时的层级化规划模式[4]。直到今天，北京依然在以古老的故宫为中心（二环），一圈一圈地依次向外"摊大饼"，一直铺到了全长940千米、跨越周边河北省张家口、涿州、廊坊、承德等地的七环（亦称北京大外环高速公路、首都地区环线高速）（图3-9）。这也是前数字化时代自上而下的规划模式所决定的。

同时，传统城市习惯于以不同的功能作为城市区域划分的依据，例如居住区、工业区、商业区、办公区等等。这种以功能分区为手段的城市规划范式造就了大量遍布世界的"单调城市"，也造就了城市众多区域中白天人头涌动、夜间杳无人迹的巨大反差。因其摧毁了城市功能的混合性和丰富的多样性魅力，自20世纪60年代以来这种城市规划理念就受到以简·雅各布斯为首的城市学者的质疑。但囿于当时有限的技术能力，这种现象一直也未能得到系统的纠偏。

但到了数字化时代之后，单一的城市中心被网络迅速地以极快的速度抹平了。在宏观层面，正如托马斯·弗里德曼所论述的那样，21世纪初期全球化的过程表明"世界正被抹平"，而这种改变是透过科技进步与社会协定的交合而产生的[5]。在微观层面，数字传播所带来的扁平化社会已经在悄然改变着空间的使用方式。无线网络在空间中的广泛覆盖使得每个空间都变成了可以与他人进行交往、交流和交易的公共空间。从这个意义上说，公共空间的形式已经泛化，超越了实体规划中所界定的固有范围。

从实体环境视角来看，随着公共活动走向网络化，原本一枝独秀的单中心空间格局及其建构的井然有序的秩序感正在消逝；在被数字技术高度抹平的这个时代，均质化和混合化正在成为城市空间的主流趋势。

图3-9 北京道路网变迁

传统城市以中轴线为统领、以行政广场为核心的轴心式规划模式正在被散布在城乡各处、形态各异的趣味空间所取代。这些看似并没有严格遵循美学规则的"碎片化"趣味空间就如同马赛克一般，正在构成新的"拼图城市"，正在以其生机勃勃的共享效用成为无形的人气中心。

在这方面，新近兴起的口袋公园（图3-10）建设浪潮可以称得上是一个典型案例。口袋公园在不同国家也被称为袖珍公园、迷你公园、绿亩公园、小型公园、贴身公园等，指的是规模很小的城市开放空间，常呈斑块状散布在城市中，通常包括各种小型绿地、小公园、街心花园、社区小型运动场所等。

口袋公园系统的优点是具有选址灵活、面积小、离散性分布的特点，能够见缝插针地大量出现在城市中，解决高密度城市中心区人们对休憩环境的需求，其面积多在1万平方米以下。

例如到2000年前后，纽约就建成了近32.5公顷的口袋公园，以不同的空间形态散布于纽约曼哈顿核心区内的500多个地区[6]。而英国伦敦提出的"口袋公园"计划，则对城市中一些荒废的街道角落、建筑间狭小空地进行整理改造，营造出100多个面积在0.04～35公顷

图3-10 口袋公园

的口袋公园。口袋公园使得城市部分建筑被垂直绿化所覆盖，将楼宇间和街头卫生死角等微空间改善为绿化微空间。

2. 从集中营销到自由传播

同时，数字化时代无比迅捷的传播效率也颠覆了公共空间的形象建构过程。传统城市中由城市决策者和规划师自上而下"指定"的公共活动中心，在新的时代里已经失去了往日的号召力。

很多被命名为"市民活动广场"或者"公共中心"的空间了无人气，而很多遍布在城乡各个角落的边角空间，如城中村的小广场、路口的小空间，反而成为人们乐于聚集的场所。借助数字技术的传播效力，人们可以更为主动地号召和影响其他同伴，自主地选择自己喜欢的空间和活动。

俗话说的"酒香不怕巷子深"，在数字化时代得到了最好的印证。由于互联网提供了众多便利而无成本的共享途径，一个品质优良的产品可以借助人们口口相传迅速地打开市场。一个朋友圈的转发，一个大V微博的庞大粉丝群传播，甚至一个无名小辈的随手一发，也有可能在网友当中掀起轩然大波。这就是数字化时代所谓的口碑效应。

空间的消费性，决定了空间对于广大使用者来说会产生如同各种商品一般的偏好吸引力。对于优美宜人的空间，使用者自然乐于广为转发和分享；而对于没有什么吸引力，甚至惹人厌烦的空间，使用者则不会推荐甚至加以控诉。

图 3-11 较场尾民宿

一个与空间有关的传播故事来自于深圳的大鹏半岛。那里有一片以优美的民宿和海滩风情著称的区域，叫作较场尾（图3-11）。今天，它被称为是深圳的鼓浪屿，而在数年前它还是一片寂寂无名的原始地带。

较场尾的扬名，就源于一个普通的小伙子。他毕业之后在附近工作，由于偶然的机缘入住了较场尾，顿时被这片恍如世外桃源的海边风情所吸引，于是他用手机拍摄了大量优美的风景照上传在个人的博客等自媒体中。不成想，无心插柳柳成荫，这些风景照很快被他的朋友们扩散开来，并被越来越多的人所知晓。一批又一批的游客开始造访这片原本无人问津之地，并在这里租住或者直接建造心中的乐园。一次无心的分享，竟然造就了这处热闹的公共空间。

现在，较场尾的民宿群已经成为深圳这个大都市的一张名片。越来越多具有人文情怀的青年在朋友圈等社交软件的引导下结伴来此租下一幢房屋并进行改造。在较场尾海滩上鳞次栉比、丰富多彩的民宿房屋，成为这处公共空间最为抢眼的标志。

富于魅力的公共空间在东西方广袤的城乡范围里自由地萌生、发展，已经成为数字化时代一道光鲜的风景。

第二节 数字化时代与公共空间的体验性

一、体验精神在公共空间中的滥觞

自从数字化成为时代特征之后，引发了社会各个领域的深度震荡。数字化开始从单纯的技术层级上升到意识形态的高度。作为一种精神层面的追求，数字化精神在公共空间体验性方面的体现可以归结为如下几方面：①尊重个体使用者的用户导向姿态；②以免费为内核的环境增值设计;③内容的快速迭代与场所的弹性使用。这些精神深刻地影响到公共空间塑造的价值取向,成为其过程中受到推崇的方向。

1. 重视个体使用者的用户导向姿态

公共空间也深刻体现了数字化时代的另一个特征,就是以用户需求作为自己的内容导向。所谓用户导向,是数字化时代产生出来的一个重要价值观。数字化时代的一个重要特征就是——过剩。与传统经济时代产品常常供不应求不同,数字化时代的生产由于前面所说的广泛性和分散性,能够迸发出远远超出需求的能量来,因此在粥多僧少的颠倒型供求关系下,"用户就是上帝"变成了一句实实在在的座右铭,而非仅仅是宣传口号。

自后现代主义发轫以来,经过波普艺术等强调草根意识的艺术潮流的洗礼,人们已经转为以一种平视而非仰视的方式重新打量精神世界的作品。

同样,在建筑和城市空间塑造领域,传统建筑和城市空间设计中也弥漫着浓烈的"潜意识",以威权、自我表现、唯我独尊为标志的现代主义精神。这种表现手法,在古典时期是为了突出君王和统治者的威武形象与强权意识,在现代时期是用于彰显建筑师的张扬个性与自我哲学。无论哪种方式,都从根本上排斥使用者(普罗大众)的融入。

实际上,自 20 世纪中叶开始的后现代主义运动,提出回归地方特色、回归本土文化等口号,就是对这种传统潜意识的批判。两者之间的矛盾与冲突,使得今天的人们再度驻足在以中轴对称、众星拱月等各种形式主义手法来强调中心意志的传统城市空间时,除了怀有一丝对于历史的怀想和好奇之外,不太会产生更多的敬畏和欣赏之情。

在这一背景下,公共空间的继起更体现了人文精神的复归。在数字化时代,人们更热衷于在一个充满平等与活力、能够自由交流的环境中活动。用户导向在数字化经济中的重要体现,就是一切产品开发都为了牢牢地抓住用户,即所说的"增加用户黏性"。而精心设计的公共空间正好迎合了这一需求。

在许多地方,公共艺术品已经成为公共空间中的标准配置。在中国香港的空中步行系统建设当中,尽管作为交通功能的空间体系已经相当发达和成熟,但当地有关团体仍不满足,于是提出继续添加绿化平台和艺术展览空间的计划。具体做法是由中国香港运输署在步行系统之上增加建设大型绿化平台,提供舒适的行人通道;由私人开发商在北角油街十二号建设一个 24 小时开放的公共空间。该空间接通滨海空间,设有雕塑广场并展出多种艺术品及雕塑,以供市民欣赏使用[7]。

在众多公共空间类型当中,创意空间的氛围营建具有更加与众不同的特点——它可以并不单纯依靠某个主导者,而是通过群策群力的方式来完成。在这里,公众参与的精神被发挥得淋漓尽致,所有人都在积极参与公共空间的营造,而不是仅仅被动地接受城市规划的结果。创意空间往往更像是一幅永远在进行时的画作,今天被东家涂抹一笔,明天被西家修饰一笔,每个使用者都在其中找到了添加个人色彩的空间,都在为装点这个永远处在动态效果的空间而出力,其最终的结果就是使创意空间变成了一张由大众共同执笔的斑斓的油画。就连偶尔闪现的涂鸦之作,也在宣示着这里公共创作的自由。这种状态正是与数字化时代崇尚快速迭代、众包众创的精神相契合的。

这方面典型的案例当数位于北京大山子地区的 798 艺术区。这里曾经是以大工业厂房集聚闻名的制造基地,因为特殊的历史原因,被赋予隐晦的编号 798。在北京的 798 艺术区中,各类艺术家轮番上阵,纷纷用自己或现实主义或富于魔幻色彩的作品在公共空间里争夺注意力。尽管当中有的作品或者创作者在公众视角里充满了争议,但并不妨碍他们享有平等表达自我情感的权利。

所谓"人民城市人民建"，这句口号首度在城市空间里变成了现实。公共空间在这里第一次成为公众也可以释放热情的舞台。用凯文·凯利在其名作《失控》（*Out of Control*）中所说的话来形容，就是城市空间形态的营建充满了自下而上的自组织意味[8]。这里抹平了传统空间深入骨髓的等级观念，凸显的是数字化时代平等、去中心化的精髓。这种特殊的互动塑造公共空间的方式，成为创意空间有别于其他中规中矩城市空间的重要特征。

经过艺术洗礼的公共空间中充斥着当代自由艺术家和设计师们的作品，滥觞着自由平等的情怀，激扬着各种自由观点的对话乃至冲撞。每处小品或者景观的设置，都洋溢着人性化的意味，体现着设计者与观赏者之间平等交流的姿态。观赏者可以自由欣赏不同的公共艺术品，自由感受不同的创造理念、手法，甚至自主决定是否为之付费。这是一种基于自由意志的平等交流和交易行为，是一种截然不同于传统空间的欣赏模式。

在这里，没有身份、职业、阶级的区别，没有观点、流派的高下之分，只有开放、平等、共享的氛围。它不是某一个大师或者流派独占的讲坛，而是三教九流汇合的场所。因而，它对于普罗大众来说更加具有吸引力。

2. 以免费为内核的环境增值设计

在数字化时代里，互联网创造出了独一无二的运营模式。按照美国著名互联网专家、《连线》杂志前主编克里斯·安德森的说法[9]，"免费"实际上已经变成数字化时代非常重要的一种趋势，并且成为一种全新的商业模式。

听起来，免费与创造效益似乎是矛盾的，但在实践中已经成为屡试不爽的商业模式。在互联网上通过免费，一种产品或服务能够比较容易地吸引到众多用户，以此为切入点，再通过转移消费的方式，可以引导这些用户转移到其他可以盈利的领域中去。这种以免费使用为入口的运营方式，由于切合使用者的心理需求，借助互联网平台强大的拓展力瞬间就能迅速攫取大量消费者，从而夺得商业运营中的制胜权[10]。

就互联网产品目前较为成功的运营模式而言，其共同的特征都是向广大用户提供免费的基本服务，而盈利手段主要有两种：一种是依靠广告回报，另一种是依靠增值服务获得收益。前者的代表是一些主要的门户网站，如网易、新浪等；后者的代表则是新兴的一些互联网企业，如360、腾讯等。

这种模式在中国就是肇始于互联网产品本身——一款由360软件公司所开发的杀毒软件。它以颠覆性的完全免费方式，推出之后瞬间打破了过去由金山毒霸、瑞星杀毒、卡巴斯基等国内外杀毒巨头垄断瓜分市场的格局。因为在此之前，使用杀毒软件是需要给巨头公司付费的，即使有免费的试用版或者试用期，也远远不能满足用户的需要。用户必须承诺付费之后，才能得到巨头们彻底的杀毒服务。

360产品的杀伤力在于，它一反常态地祭出了"免费"这一利器，借此后来居上占据了中国国内杀毒市场的大半江山。以此为基础，360公司又迅速推出360免费浏览器，先后从腾讯等传统搜索和即时通信的巨无霸手中抢走了20%的市场份额。该公司借助这些免费策略，牢牢把握住了一大批紧紧跟随的消费者，在另外的广告、搜索、游戏等具有巨大营利性的领域中回收了所投入的成本，并取得了可观的收益（图3-12）。

比较典型的另一款产品就是大家都普遍使用的微信，它用免费使用的方式和极佳的使用体验感扩散开来，并圈牢了一大批用户。实际上，微信本身并没有收取任何费用，然而它通过针对少量的特殊用户开发出要缴费才能使用的公众号功能，成功地实现了盈利。对于想利用微信这个平台开展自我营销的企业和个人来说，每年300元人民币的付费使用代价是非常值得的。因此，微信就可以凭借自己已经建立起来的庞大用户资源，用来实现其潜藏的价值。

数字化帝国中隐藏的一种新型运营逻辑：通过免费提供的基础服务来吸引海量用户，进而构建基数庞大的用户平台；在此基础上，针对少量特定用户的痛点，利用用户平台来开发满足他们需求的产品，从而通过向少数人收费实现对多数人免费的补贴。

同时，数字化时代各种产品或服务的边际成本在不断降低直至趋近于零，为免费模式的可行性提供了坚实的基础。1975 年，英特尔（Intel）创始人之一戈登·摩尔提出了著名的"摩尔定律"，他认为，每隔 18 ～ 24 个月，人们所能得到的数字产品服务能力将倍增。这一定律揭示了信息技术进步的神速（图 3-13）。

由于生产者数量在短期内迅速扩张，产品和服务的供应数量近乎指数增长，因此供求关系迅速发生倒转。在这一背景下，自然价格呈现自由落体般的下落也就成为必然。回想一下我们所用的计算机、手机等数字产品，无不验证了这一趋势。由于有价值的思想能够以几乎零边际成本进行复制，因此，思想与科技的叠加将有可能加速摩尔定律的进程。

开启你的免费旅程 14日之内完全免费	基本版 免费会员 免费	高级版 金卡会员 $49/月	专业版 白金会员 $199/月
	现在开始	14天的免费旅程	学习更多
流媒体直播			
自定义数据	√	√	√
市场分析邮件			
股票估计	55	97	1000
数据导出		每月25兆	每月500兆
图表数据下载		100	不限
转换为PDF数据		100	不限
历史数据		√	√
保存屏幕		√	√

图 3-12 免费增值模式

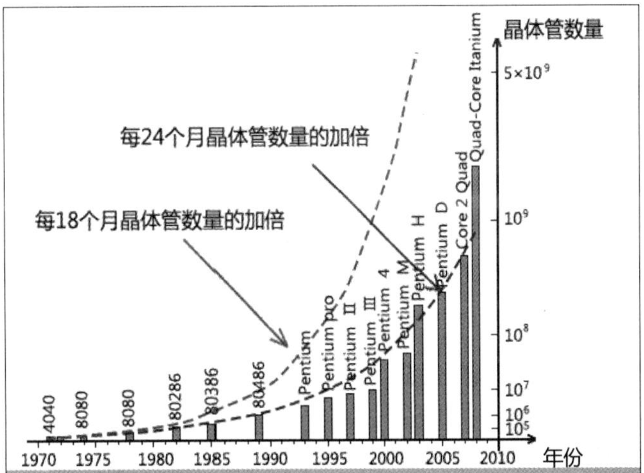

图 3-13 摩尔定律

所以，数字化时代的免费模式具有与传统经济截然不同的逻辑。传统经济也具有相当多免费的案例，比如"买一送一""免费试用"等。但这些形式上的免费实际上都不是真正的免费，而是采用某种移花接木的手法，将本该付费使用的内容转嫁到其他方面，利用免费的幌子吸引顾客罢了。因此，这些案例要么是早已将成本打入收费的项目当中，要么是在后期的使用中进行转移支付。

但在数字化经济的语境当中，免费则具有真正的内涵。这是由于存在上述生产模式的革命性转变之后，生产某种产品的成本确实在接近于零。那么，利用互联网让这类产品可以为更多的人分享，就成为可能。在此前提下，企业可以开发出新的盈利模式，即通过发送真正免费的产品吸引大量用户，从中延展出可以收费的增值性服务，从而实现盈利。

这一模式的深远影响在于，它改变了互联网的运营规则。免费就此成为数字产品的必备附件。同时，免费使用也顺理成章地成为数字化时代用户的使用习惯。一切以收费为入口的产品都不得不面临严酷的市场考验。

更重要的是，免费进一步改变了社会运行的规则。"免费体验"成为当下社会的整体习惯，也成为社会空间的重要使用特征。这一点，对于城市公共空间的影响尤为深远。

观察成功的公共空间，就会发现其中都会设置免费的艺术展览空间，或者以较低的租金作为优惠，吸引众多企业入驻，并且招徕大量的日常观众。同时，它在室内外公共空间中都尽量多地设置公共艺术品，或者鼓励使用者们也参与到公共空间的装饰与设计中来。以中国台湾信义商圈为例，在规划之初当地管理部门就规定，每幢大楼的商家必须拿出建设资金的1%作为公共艺术品专项资金，专门用于在大楼的室外空间中设置有品位的作品供大众观赏。这种做法，保证了信义商圈成为一个充满人文情怀和艺术氛围的综合空间，而不是单纯弥漫着商业气息的纯交易场所。

这种"免费+趣味"的策略，使得公共空间取得了很好的营销效果。可以看出，成功的公共空间中使用群体通常要比一般城市空间更为多样化，除了正常使用其中固定功能的人群如公司员工之外，还有很多被多样化功能，如博物馆、影剧院等，吸引而来的观众，希望在此进行展览或者推广的外来机构，以及络绎不绝的外来游客等群体。

也就是说，对于广大正常使用的用户来说，公共空间所提供的这些展览、趣味场景或者部分演出等都是不需要付费的基础服务。而在成功吸引海量用户之后，公共空间就可以通过其他增值服务来兑现其市场价值。

公共空间的盈利回报，可能有以下几种途径：第一是在免费服务的基础上通过提供餐饮等附加功能，并收取高额租金来兑现；第二是通过部分营利性活动或者广告行为，如汽车秀、商品展销等来取得收益；第三则是在更大的空间中去运作——将整个公共空间都作为免费或者低收费的场所，而通过周边地产的增值来获得超额利润。

图 3-14 华侨城 LOFT 区位示意图

在这方面，位于深圳的华侨城LOFT文化创意园就是一个典型的案例。这个创意园位于深圳市重要的中心区域，毗邻世界之窗、锦绣中华、欢乐谷等著名主题公园，处于华侨城居住片区的核心地带（图3-14）。这个片区也是经过多年发展之后形成配套相当成熟完善、生态景观优美的居住区域，在当地享有很高的知名度，在地产界的定义中属于豪宅的典范。片区内的天鹅堡、纯水岸等高级住宅区，动辄以超过每平方米10万元的价格高踞市场前茅。因此，华侨城内的办公、商业等建筑租金也水涨船高，处于很高的位置。

但在调研中本团队发现，华侨城LOFT多年来的租金水平一直保持在比同类地域应有水平低出相当一大截的水平上。从实体运营的投入产出角度来分析，它甚至处于亏损运营的状态。那么，是什么原因使得运营方心甘情愿地为之付出这么大的代价呢？

其中的奥秘，就在于华侨城LOFT与整个华侨城片区都归属于一个运营方——华侨城集团管理。而华侨城集团则看到了公共空间在集聚大量用户方面不可取代的作用，因此将其视为整个大盘的吸引点而不是一个自负盈亏的项目。通过较低的租金能够吸引和维持大量从事创意设计活动的企业和个人入驻，从长远看有利于华侨城独特品牌的树立，更有利于吸纳相关的消费者购置华侨城的房产。

事实上，这一策略是相当成功的。华侨城LOFT凭借低价策略，吸引了众多以先锋设计闻名的业界翘楚企业或者明星设计师，进而成为国内外众多品牌发布会的首选之地，再进而成为

深圳 / 香港双城双年展的固定会场，成功地从当初半荒废状态的工业遗址华丽转身为深圳市文化创意产业的一张名片。据悉，这一策略还将持续延展，从现在的华侨城 LOFT 南区推广到正在建设中的北区当中去。

假如当初按照规划将华侨城 LOFT 的厂房遗存都推倒改建为高档住宅、商业中心或者写字楼的话，那么今天的华侨城将不会从整个大盘中获取整体升值的高溢价回报。因此，公共空间局部地块以低价换取关注度是以小投入换取大收益的重要策略。

3. 内容的快速迭代与场所的弹性使用

公共空间之所以具有如此魅力，还在于其具有一个不为人所注意的互联网特征——快速迭代。快速迭代原本是一个互联网术语，原意指的是互联网产品的一种运营手法，即首先快速地推动上线，上线后通过用户反馈不断进行改进和更新，并且每次更新的周期比较短，也可以理解为快速并持续地更新和改进产品。这种手法的好处是可以不断抓住用户的注意力，根据用户不断变化的需求，持续性地提供令他们满意的服务；同时可以灵活应对商业社会未来的不确定性和周期性波动，根据不同的波动周期特征来调整自己供给的服务内容。

实践证明，快速迭代已经成为互联网产品保持市场成功的重要法门。从微软系统的定期打补丁，到杀毒软件的实时更新，再到各种应用软件的在线升级，无不体现出作为一种周到的服务方式，快速迭代对于满足用户需求的重要性。

在传统的城市规划中，一处城市空间自落成之日起，就陷入了常态化的运营模式之中，功能相对已经固定下来，很少具有更新换代的可能。少数的空间变化，主要来自于某些商业功能的调整，比如租期到了之后从餐馆变成咖啡厅而已。总体而言，一般城市空间是很少会带给人们惊喜的。

然而公共空间则不同。

首先，它具有不断更新的空间弹性。很多由大尺度厂房改造过来的公共创意空间让人们对于持续对其进行改造留下了充足的发挥余地和想象空间。这里既可以改装为办公空间，也不妨换成展览场地，或者还可以用作一间具有情调的咖啡馆，抑或可以作为仓库、宿舍、培训场地等等。这些都为公共空间的变幻给予了足够大的空间。

其次，它具有不断更新的内容弹性。一个展览场地，既可以举办当代美术史的展览，又可以举办城市规划的展览，内容可以常换常新。以深港城市 / 建筑双城双年展为例，每一年它都按照城市—建筑—城市的循环次序轮换策展主题，并且每年都会选择一些创意园区作为主要的展场。由于展览内容每次都会依据当年的主题进行策划，每次展览都呈现出全新的内容和观念，因而能够持续吸引大量爱好艺术和相关主题的观众。

这种持续性以新鲜内容来定期奉献给公众的方式，除了公共空间之外，没有哪一类城市空间可以提供同样的内容更新频率。公共空间与时俱进的内容更新手法，实际上与互联网产品快速迭代的运营手法是不谋而合的。

二、数字化时代对于公共空间体验性的重点需求

1. 重视步行系统的体验

在不同的历史时期，步行空间始终是城市中所有激动人心事件的发生地，也始终是城市公共活动的中心点。

步行是人类生活中的刚性需求，这一点在数字化时代前后并没有改变。唯一的区别是，这

种需求曾经在当下由汽车主导的城市中部分地失落过，而在数字化时代又由于其对于健康和体验性的重要意义，以及与虚拟世界的有效互补性，日益引起人们的关注。

步行空间的出现，在公共空间中处于"元老"级别。广州市是一座具有 2 000 多年建城史的历史文化名城，其著名的北京路商业步行街一带，从古至今都是广州地区最繁华的商业集散地。这一区域虽历经十多个朝代及 2 000 多年的沧桑，其中心地位始终没有改变，这一奇特现象创造了国内外城市建设中罕见的历史景观。2002 年 7 月初，北京路步行街在整饰工程中掘出了自南汉以来共 5 个朝代 11 层的路面和宋代拱北楼基址。当地政府遂决定用玻璃钢罩覆盖其上，公众可以透过玻璃看到历史上各个朝代层叠累加的步行道遗迹（图 3-15）。这一公共空间景观足以证明步行空间在很久远的年代里已经成为城市公共活动和体验的中心区域。

图 3-15 广州北京路步行街

其后，骑楼这种特殊的空间形态开始广泛出现在东南亚地区。特别是在中国大陆的南方地区，广东、广西、江西等地都分布有大片的历史悠久的骑楼街区。骑楼作为露天步行空间的衍生品，采用了一种半室外空间的形式——通过架设在步行道上的连廊，为行人提供能够遮风避雨，同时不妨碍观赏地面室外景致的舒适空间。更为重要的是，早在社会价值交换方式还处于物物交换为主的早期资本主义经济时期，骑楼空间与沿街的商业店面相结合，实际上拓展了沿途商家对于顾客的吸引力。这些骑楼起源于近代中国城市在资本主义经济冲击下的大变革年代，当仁不让地成为各自城市中最为热闹和富有商业价值的区域。

然而，在汽车诞生之后的现代主义城市规划中，车行道路成为空间的主导者。车行道路一方面将原来依托步行的城市空间切割成一片片块状不连续的区域，另一方面形成了许多被车行道路所切割，也被人们所诟病的非人性空间。比如许多城市纵横捭阖的高架桥底部，就是典型的"被人遗忘的角落"，甚至成为城市犯罪的滋生地。

机动车辆出现后所具有的速度和便利优势，提升了人们在城市中运动的效率，但从未真正取代人们之间的步行联系。相反，机动车辆作为一个狭小的容器，在某种程度上隔离了人与自然、人与他人之间的亲近感，阻断了人们之间亲密交往的可能性。

人们逐渐发现，在经历数千年的城市文明进化后，人类依然依赖于步行这种最原始的方式来体验环境并进行人际交往。步行及其叠加的交流、交往和其他各类社会行为（如购物等），对人的生理和心理健康都具有重要作用。

特别是在汽车和计算机陆续成为人们生活中的必需品之后，人们发现由久坐在方向盘和计算机屏幕前带来的健康问题日益突出。其中一个典型的标志就是肥胖症在世界范围内的蔓延。

世界卫生组织最近出具的报告称，欧洲超重儿童的比例"已达到警戒线"，并将此称为"流行病"。"超重问题如此普遍，可能需制定新规范。"报告提到。

报告撰写者在 2009 年对欧洲及周边 53 个国家就营养、肥胖和不活跃运动等进行调查后，描绘出了令人悲观的画面。在希腊、葡萄牙、爱尔兰和西班牙，至少 30% 的 11 岁儿童超重。

该国"儿童脚步"治疗项目发现，在 1 251 个肥胖儿童中，有 45% 出现了心理障碍，其中 68% 有运动系统方面的问题[11]。

在健康意识觉醒的背景之下，国际上于 1984 年首次提出了"健康城市"这一概念："健康城市应该是一个不断开发、发展自然和社会环境，并不断扩大社会资源，使人们在享受生命和充分发挥潜能方面能够互相支持的城市。"在此基础上，世界卫生组织公布了"健康城市 10 条标准"，作为建设健康城市的努力方向和衡量指标。

到 2003 年 10 月，全球共计 3 000 多个城市、社区、乡镇、村庄、岛屿加入健康城市项目。在欧洲，截至 2009 年 6 月，约有 90 个城市已通过或正在接受 WHO 欧洲区健康城市网络的认证；此外，欧洲还成立了 30 个国家健康城市网络，涵盖了 1 400 多个城市（城镇）[12]。

在城市日益重视居民身心健康的背景下，步行空间的失落不断唤起人们对于熟悉交往场景的怀念。因此，以步行为载体的人性化区域以不同的形式在世界范围内不断复现。

首先是步行街及其衍生物不断在城市中涌现。例如 2009 年台北市西门红楼公共空间区域在初步运营成功后，再度扩展接管西门町步行街（图 3-16）地区荒废已久的地块，将其改造成为"电影主题公园"。在当中规划设计了"Urban Show Case 都市艺术方块"公共艺术装置，开创属于一个城市的记忆空间，并于 2010 年获得"都市彩妆之公共开放空间类"金奖。此外还着手于"西门町行人徒步区街头艺人"表演的开发，以多点串联的方式，以艺术文化作为核心内容，整体

图 3-16　西门町步行街

带动西门町步行商圈的繁荣。2009 年，该步行区域共计举办了上千场文艺活动，累积有 400 多万人次参与其中。

再如地面步行街的孪生子——空中步行系统，也是一类非常典型的公共空间形态。像北京的 798，除了常规的地面观赏流线之外，还架设了空中连廊，形成从不同高度体验园区气氛的双层步行体系。这种手法延长了公共空间中的步行距离，增加了体验的视角，能带给人们更为深刻的印象。

从 20 世纪 70 年代开始，中国香港的地产发展商置地为方便行人来往，兴建了一条横跨今怡和大厦到遮打大厦的行人天桥，后随着更多商用大厦建成，至 20 世纪 80 年代后期首先建成了香港第一个天桥步行系统，从中环内穿过闹市区直通天星码头。其中由巴马丹那事务所专门设计的干诺道人行天桥，主线一公里多，成为当时亚洲最长的步行天桥。1998 年香港国际金融中心及机场快线香港站落成，干诺道人行天桥部分被拆卸，改为连接国际金融中心。如今仅连接国际金融中心便有 12 条步行天桥。天桥与支线、自动扶梯等组成整体长度至少 3 千米以上的网络，与主要建筑物和地铁口相互联系，使行人交通十分方便。

目前香港先后建成了长长短短近 600 条空中连廊和人行天桥，几乎都配有顶篷，与地下通道相结合，组成了一个完善的步行系统。从上环到中环，有一条全港最长也最具特点的空中连廊。这座连廊由西向东全长 1 000 多米，加上其他旁支，整体长度至少有 3 000 米以上。连廊从上环西港城的信德中心开始，跨越数个街区，连接多幢办公或商业大厦。这一带是香港的"心脏"，凭借这条纵横交错的空中连廊，人们可以轻而易举地抵达各政府部门、港交所、客运码头、著名银行、保险公司、大型商场、电影院等，交通十分便利[7]。

图 3-17 信义商圈空中步行系统

与香港空中步道体系中相当部分属于"亡羊补牢"型不同，中国台湾省台北市的信义商圈（图 3-17）则是通过预先周密的规划和引导，在公共空间中建立起了包括空中、地面和地下多层次的立体交通网络，从而为推动商圈公共空间的活力发挥了相当重要的作用。

又如，滨水空间也正在成为城市中新兴的重要角色。在工业城市进化史中，滨水空间一直是城市生产所需的码头、港口的主要集聚地，而其景观、休闲功能等长期处于休眠状态。随着数字化时代城市功能的变迁，码头、物流和货运功能在逐渐淡出，滨水空间的休闲价值重新被发掘出来，并被视为人们休闲和交往的最佳场所之一，因此，许多滨水区陆续焕发出了新生的活力，被注入了新的功能，如漫步、眺望、运动、休闲等。同时，更多的文化、艺术、商业等功能被不断充实到这里，作为附加于步行之上的增加值，为城市空间的宜人性增添了光彩。

同时，在世界范围内，出现了一批以滨水区复兴为名的改造项目，典型的如上海结合世博会所进行的黄浦江沿岸改造，中国香港西九龙艺术区的规划。本团队也有幸为深圳市提出了建设湾区城市、开发滨海地带的前瞻性设想。

在改造失落空间、使之恢复适宜步行环境方面，国家级重点文物保护单位孙中山大元帅府的周边区域城市设计可以称为一个典型的案例。孙中山大元帅府坐落在广州市珠江之滨，见证了孙中山发动护法革命的不凡历程。但是，由于历史原因，这座重要的历史建筑曾经被横跨珠江的跨江大桥及其引桥所环绕，不仅其真面貌不得为世人所见，就连周边原本开敞、连续的步行环境也被粗暴地打断了。

多年前本书作者曾经参加过孙中山大元帅府周边区域的城市设计竞赛，所在团队获得了第一名。当时获胜方案（图 3-18）有别于其他参赛方案的关键要点在于，创造性地提出应当在尊重现实的基础上保护历史，即不能简单通过拆除跨江大桥及其引桥的方式来突出大元帅府作为历史名胜的地位，而应当在交通需要和历史保护两者之间创造有机的平衡。因此，方案中设想在保留引桥的同时，在其上面加罩玻璃隔音体，并通过引桥下方的步行隧道营建大元帅府与江岸广场的联系，从而构建出一条自江滨直达大元帅府的多层次变化空间效果。这一富于创意的设想有效地化解了困扰大元帅府已久的矛盾，提出了一种因地制宜改造失落步行空间的巧妙方式，因而最终赢得了评委的青睐。

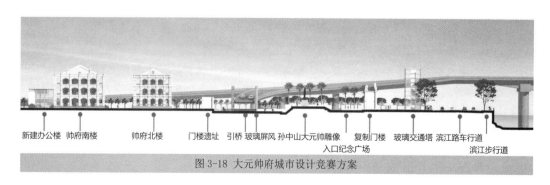

新建办公楼　帅府南楼　　帅府北楼　　门楼遗址　引桥　玻璃屏风　孙中山大元帅雕像　　复制门楼　玻璃交通塔　滨江路车行道
　　　　　　　　　　　　　　　　　　　　　　　　　　　　　　入口纪念广场　　　　　　　滨江步行道

图 3-18 大元帅府城市设计竞赛方案

还有近期正在中国和欧洲蓬勃兴起的绿道建设运动，也是这种重返步行化的尝试之一。

绿道的重要性，在于它不仅仅是出现在城市中的局部地段，而是串联起城市中原本散落各处的绿化空间、小型开敞空间和滨水地段，建构起相互连通的空间网络系统。这个空间网络，不但具有生态效益和交通作用，更具有社会效益，能够为人们提供便利的休闲和放松条件。

例如欧洲的德国鲁尔区，将绿道建设与工业区改造相结合，通过7个绿道计划将百年来原本脏乱不堪、破败低效的工业区，变成了一个生态安全、景色优美的宜居城区（图3-19）。绿道建设在改善人民生活质量的同时，也提升了周边土地的价值。鲁尔区成功整合了区域内17个县市的绿道，并在2005年对该绿道系统进行了立法，确保了跨区域绿道的建设实施[13]。

绿道的出现，打破了传统车行道路对于城市空间的驾驭感，重新确立了步行空间的重要地位。如果说前面所介绍的各种步行空间在与车行体系的较量中还处于弱势地位的话，绿道的出现则对这种久已失衡的关系进行了有力的再平衡。

目前，在中国许多城市的行政区域中，绿道规划正从早期的郊区型逐渐向中心区型转变，也就是从过去主要分布在建成区外

图3-19　鲁尔区的改造

围变成越来越趋向于向中心区域拓展。广大市民对于这类绿道建设的欢迎和积极参与，也使地方政府看到了此类惠民工程的社会可行性。不论是平时还是节假日，贯通城市的绿道网络上总是遍布着大量自发前来锻炼、跑步、嬉戏或是上下班的人群。他们正在用自己的实际行动表明对于这类步行空间建设的大力支持。

综上所述，这些形态各异的步行空间，极大地丰富了我们所在城市的体验感。特别是在数字化时代，它们为众多终日守候在计算机前，或者沉浸在网络虚拟世界当中的人们，提供了一个足够强大的起身走向户外的理由。

2. 重视偶然性的创造

到了数字化时代，城市空间的单调性问题越发突出。数字化生存的特征，在于其选择的自由性和明确性。比如在影视收看方面，人们可以在网上按照自己的兴趣随意选择想看的电视节目，选择连续观看的时间，而不必像看电视或者电影那样，必须按照电视台或电影院提供的片源、时间准时等待收看。

事物是辩证的，这是互联网的优势，但在某种意义上也是它的劣势。互联网既然为个人选择提供了无限大的主宰度，也就同时闭合了其他的可能性。

当人们能够凭借自己的意愿去点击各种页面，比如观看某类电影、下载某首音乐，或者订购某款鞋子、点某个口味的外卖时，所得到的结果是非常明确的。哪怕在论坛里"灌水"，或者在即时通信软件上与朋友聊天，尽管在此过程中可能会产生一些新的火花，或者遇到一些新的情况，但在互联网上从事任何一种行为，基本上结果都是可预期的。这也是与城市真实生活区别很大的一点。

在真实的城市空间当中，人们可能会在某个转角偶遇奇特的人或事，会在某个咖啡店邂逅

许久不见的朋友，会常常遭遇一些意想不到的情形。这些情形中既包括让人久久回味的惊喜，也可能含有让人情不自禁地悲伤，但它们都打破了生活的平淡，为一个人的生命注入了值得珍藏的记忆。正是这些意外的记忆，构成了个体生命中最值得记录的片段。

但是，这一切基本上都不会在网络世界中发生。人们貌似在虚拟空间中可以随心所欲，可以体验各种精彩纷呈的感觉，但实际上却缺少了最为重要的一点，那就是意外与不确定性。

意外和不确定性从来不存在于我们的掌握之中，恰好只闪现在我们的掌握之外。可以说，人生就是由必然和偶然所构成的。在日常规律而平淡的生活中，人们需要对未来意外的境遇有所期待，对生活临时的赠予有所希冀，才能产生更强大的生存下去的动力。而数字化世界中存在着太多的必然，却缺少了偶然的调剂，恰如人生的大餐中缺失了盐分的存在。

因此，当数字化生活以主宰一切的姿态让我们充满成就感时，生活的真实质感正在悄悄地从我们身边滑过。而这种失落，是我们在获得满足的同时必须要付出的代价。

因此，当人们在传统的城市空间和新兴的互联网空间中都无法寻找到必要的心理抚慰时，那种怅然若失的感觉会持久地在心中发酵，进而变成对于城市空间价值的追问与索求。

3. 重视场景感的营造

数字化时代公共空间重回人们视野，除了它与数字世界节拍的高度契合之外，还得益于独特的因素，那就是它成功地营造出了引人入胜的"场景感"。所谓场景感，实质上是人类生活中的一类特殊需求。在人们的生活中，无处不弥漫着对于仪式和场景感的追求。人类的"文化"，很大程度上就是在创造和发明各种场景与仪式的过程中建立起来的。从史前的巫术、祭祀、祈祷等群体性活动，到当代文明社会的婚礼、茶道、戏曲表演等，无一不需要借助特殊的场景来完成。

人们对营建场景感的心理需求，潜藏着人与环境之间建立共鸣渠道的内在需求，是人类固有的心理需要。当人们置身于某个场所时，希望能够迅速从场所环境的布置和装饰特色中辨认和把握它的"场所精神"。因此，当人们身处宗教庙宇或者教堂中时，会不由自主产生与上天对话的心灵共振；身处大学校园时，则希冀能体会到书香萦绕的感觉。每个场所的功能、用途与其环境设计之间，都被寄予着使用者深切的期望。

在数字化时代，人们所希冀的场所感用一种高科技的手段与公共空间相互连接起来的方式，除了常见的互联网等手段之外，新兴的"增强现实"手段更加拉近了人与周边空间互动的距离感。增强现实通过计算机技术将虚拟的信息应用到真实空间，真实的环境和虚拟的物体实时地叠加到了一起加以展现，两种信息相互补充和叠加，呈现出"真假难辨"的迷人效果。在视觉化的增强现实中，用户可以利用头盔显示器等可穿戴设备，把真实世界与计算机图形多重合成在一起，便可以看到亦真亦幻的混合情境。如果说，单纯的视频、数字化电影、虚拟现实已经让人们步入了一个恍如身临其境的感官世界，那么增强现实将进一步模糊虚拟与现实之间的边界，能够让人产生融入环境的感受，从而增强对于所在空间的体验。

在现实中，增强现实等已经应用到了公共空间的开发中。以联合国世界文化遗产广东省开平碉楼的展览园区为例，其中就应用了增强现实的技术，使得人们可以如托塔天王一般，看到手中明明是平面的碉楼图像瞬间变成立体的碉楼模型（图3-20）。这种充满魔幻色彩的展示方式，无疑极大地增进了人们入园体验的趣味感。

此外，公共空间的重要性还体现在它对都市景观单调性的破除方面。在现代城乡空间当中，无意义的或者是均质的空间充斥着视野，"千城一面"就是对于城市景观趋同现象的描绘。但凡是CBD，一定是方盒子林立；但凡是工厂区，一定是极简主义盛行。正是在这个维度上，公共空间提供了一种营造异质化差别的可能性。之所以说是可能性，是因为并非所有的公共空间，都呈现出了与新时代发展趋势相一致的特征。不可否认，我们目前能够看到的大多数公共空间限于各种客观原因，还停留在满足公众最基本交通或者交往需求的水平上，与其他城市空间一样存在高度的雷同性；只有其中少量经过精心雕琢的公共空间，才具有脱颖而出的气质。

图 3-20 增强现实技术

深圳的欢乐海岸（图 3-21）就是一个高度重视综合场景化体验的案例。欢乐海岸依海而建，地处深圳湾商圈核心位置，因此以海洋文化为主题，致力建设为高品质人文旅游和创意生活中心。

图 3-21 深圳欢乐海岸

欢乐海岸总占地面积 125 万平方米，由购物中心、曲水湾、椰林沙滩、度假公寓、华侨城湿地公园五大区域构成，汇聚了深圳唯一临水体验型主题购物中心、SOHO 办公及公寓、顶级城市会所、创意展示中心、海洋奇梦馆、3D 影城、水秀剧场、麦鲁小城等各具功能特色的项目。它是集文化、生态、旅游、娱乐、购物、餐饮、酒店、会所等多元业态于一体的都市商业休闲公共空间，并以区域内自然环境资源为依托，形成富于场景感的主题发展模式。

第三节 情境体验成为公共空间的新价值

一、公共空间体验需求的广泛实践

1. 转向富于反差度的体验需求

公共空间的体验感在很大程度上来源于场所感受与日常生活经验所形成的反差。场所给予人们越大的反差度，这种体验性就越强。

我国地方政府已经开始注意到后工业时代城市空间对于公众活动需求的不适性，从反差度入手提升公共空间体验性的众多改造项目由此启动。

在曾经以高度工业化著称的南部沿海城市深圳，政府有关部门提出了营建"趣城"的理念，力图把城市中具有趣味的空间逐步发掘出来，系统地构建具有高度吸引力的公共场所体系（图3-22）。

"趣城"计划一反传统城市规划由宏观到微观、自上而下的思维与操作模式，以一种新的人本主义城市规划思路，通过见微知著、四两拨千斤式的操作模式，对宏观叙事下的传统城市规划进行修正和补充。

"趣城计划国际设计竞赛"是一种提升城市公共空间趣味性的方式，它不针对深圳盐田的景观轴线、重点区域、重要节点，而是直接从具体的场地入手，填补城市微观层面设计和研究的不

图 3-22 深圳趣城地图

足。对城市生命体"穴位"——特定地点，用针灸的方式，采用小尺度介入的方法加以控制与引导，激发城市活力[14]。

在精心设计的公共空间中，从内到外都渗透着对于极致体验的追求。从数字化时代的定义来说，所谓极致体验是指能够提供超出普通预期的服务或者产品。也就是说，观众在游览或者使用公共空间的时候，能够得到远超出一般城市空间的情感回报。

首先在外观形式上，每个出彩的公共空间都追求形式的个性化。在富于数字化时代特色的大众心理助推下，与艺术和创意有关的空间成为城市中的新宠，占据了城市空间中的主导地位。特别是随着后工业时代的来临，大量冗余厂房不断在城市中闲置下来，同时大量失落已久的城市公共空间也引起了人们的注意，这些空间的改造成为城市建设面临的一个让人头疼的问题。而信息与科技时代所带来的创作能力的极度迸发，正好为这些空间的再利用提供了难得的契机。

近年来，创意型空间在全球范围内的快速增长就充分体现了这一趋势。以中国为例，截至2012年10月，各主要城市中新增的创意园区就高达1 400多处，且还在快速增长当中。根据不完全统计，目前仅在深圳就有各类创意园区56处，覆盖了建筑设计、城市规划、平面设计、珠宝展销、服装设计等诸多领域。

在深圳，快速城镇化和工业化时期所留下的城中村与厂房遗产极其丰富，它们中的多数都在新一轮的信息化浪潮中得到了妥善的转型——纷纷一扫城中村或工业厂房的刻板和乏味，变身为以新奇、有趣、活跃甚至浪漫为主题的创意园区。其中主要有3种模式：第一种，从传统工业园区改造而来，以华侨城LOFT为代表；第二种，从城中村改造而来，以大芬油画村为代表；第三种，可称为"一半是海水，一半是火焰"，兼有工业园区和城中村的混合构成，以田面设计之都为代表。

但无论是哪种模式，创意空间都极力彰显其独特的个性，将原先的建筑遗产保留其表皮，而将其内部与新的使用功能要求重新进行适配，例如利用厂房高大的空间改造为创意公司的办公室或者艺术展览空间，利用外部遗留的工业配件或设备营造出一种怀旧的情怀。

北京的798艺术区，这个昔日工业时代的编号已经变成一个闻名国际的时尚符号。众多的厂房变身为时尚秀场，并纳入了画展、汽车展等诸多时尚的活动，就连20世纪中期遗留下来的火车头、暖气管道等，都成为这个时尚基地不可或缺的怀旧元素。这种设计手法，创造了一种历史用途与当下用途之间、历史装饰与当下功能之间的反差，制造出美学意义上的张力。

同时，创意的崛起也为失落的公共空间找到了令人眼前一亮的再造方式。例如，广州市海珠区的小洲村艺术区由两个部分组成：一部分是传统岭南村落小洲村，已经变为画家、雕塑家云集的艺术创作基地；另一部分则借助了小洲村边的高架桥底这个典型的消极空间，将其改造成为艺术家们的个人工作室、展示厅和集中性的艺术销售馆。上部喧嚣的高速道路与下部宁静的创作空间相映成趣，构成了现代都市中强烈对比的情景张力。

其次，在功能设置上，与其他城市区域较为单纯甚至单调的功能相比，优质的公共空间呈现出更为丰富的功能和形式构成。

贝尼多姆市是最具代表性的西班牙城市之一。在其长达 1.5 千米的西海滨长廊改造设计（图 3-23）中，提出了一个开创性概念——这条长廊不仅仅是连接城镇与滨海地区的枢纽，还将成为吸引人们进行各种丰富活动的公共场所。方案构思借鉴海洋波浪的曲线美感，将其转化为设计的基本语言，通过加载色彩丰富的设计元素，使之构成不同层面的平台，并经过调整以使其结构逻辑更加合理。"海滨长廊的曲线式组织依据严格的几何规范编织，使其在横向和竖向上均可灵活变化，形成了大量突出的平台和凹凸相间的整体结构。这里是一处富有生命力的地方，它运用

图 3-23　贝尼多姆市西海滨长廊改造设计

有机线条，勾起人们对自然波浪的记忆，并采用蜂窝结构表面有效利用光影。凹凸相间的结构为人们提供了一系列可供娱乐、会议、休闲或冥想的平台"[15]。同时，海滨长廊的布局营造出良好的步行纽带，将地下停车场与海滩联系起来，使自身成为城市与海滩之间的综合性过渡带。

纵观城市各个区域，我们很容易看到单一的行政中心区，单一的大片居住区，单一的工厂区和单一的科技园。只有少数区域中会有部分不同功能的混合，例如中央商务区（CBD）为了商务办公之便，会布置一些配套设施，如餐饮、商业和少量文化功能，但其中办公用途所占的比例显然遥遥领先于其他功能的比例。商业区往往是城市中最为热闹的区域，繁多的商业门类能够吸引大量人流，与之配套的餐饮、娱乐和休闲功能也是应有尽有。当然，由于喧嚣的环境使然，这里也会天然地排斥一些偏好安静的使用功能，例如文化设施和展览空间。

在这方面，创意空间显然具有较为得天独厚的优势。创意是一种带很强辩证色彩的特殊产业，它既具有安静创作和观赏的需求，又具有制造热闹展销氛围的内在追求，因此它往往会形成动静兼容的综合体。再加上创意活动本身就构成了一条较长的产业链条，在其上附着了设计、创作、生产、制造、展览、观赏、交流、演示等众多行为，必然会形成丰富的功能需求。因此在一些著名的大众型创意园区中，我们不难见到多样化的功能组合，包括办公、商业、餐饮、展览、工坊、设计、沙龙以及各色服务设施等。这些功能需求构成多元化的空间并共同组成能够在多层次上满足人们需求的场所，成为城市中一处具有反差效应的综合体。

在这里，既可以带着艺术的品位来欣赏文化创意作品，又可以带着猎奇的目光看待大量丰富多彩的商品和展示品，还可以带着休闲娱乐的心情来观赏各类行为艺术或者展品。使用功能跨度如此之大、覆盖面如此广阔的空间，在城市当中可谓独树一帜。不论是多么繁华热闹的商业街区，恐怕都难以容纳如此之多的生活内容。可见，与其他各类型城市区域相比，创意空间具有功能高度混合和兼容的特色，其丰富多彩的容量正是吸引广大人群前往的重要原因。

2. 转向富于交互性的体验需求

目前最具有代表性的公共空间设计思想来自于场所塑造中的交互性。这种互动性主要来自

于内容和形式两个方面。

（1）内容方面的交互性营造。

以创意空间为例。一方面，创意场所中的艺术类功能比重较高，是其他空间区域所不可能达到的。例如从草根型城中村起步的深圳大芬油画村，也在发展过程中建设了全国第一个村级的博物馆——大芬村美术馆。美术馆的落成顿时提升了整个城中村的艺术底蕴，使之从单纯的油画"山寨基地"跻身具有创作和交流功能的艺术场所之列。同样，云集了大量艺术家的北京宋庄，也是从一个籍籍无名的郊区村庄一跃成为高级别的艺术殿堂，甚至吸引了像黄永玉这样的国宝级艺术大师在此居住。宋庄的各类空间中最令人震撼的就是林立的私人艺术馆和展览馆，在如此众多的展览空间面前让人不禁有"一山还有一山高"的感觉。

另一方面，借助拥有大量艺术设计从业人员的优势，创意空间的环境中通常都设置了众多各具特色的公共艺术品或装饰物，这也是它给观众带来的互动体验之一。实际上，室外空间既是吸引观众的秀场，更是艺术家和设计师们的自我秀场。不同风格、寓意和品位的创意作品以雕塑、景观小品、构筑物、装饰物等形式出现，在不同的空间角落里与人们突然相遇，既带给人们更具有回味价值的空间感受，又在无形中展现了相邻建筑中相关设计者的作品风格。艺术家们为了凸显自己的个性，都争相把最有特色、最能吸引眼球的作品放置在公共空间中，供大家鉴赏。

（2）形式方面的交互性营造。

当前在设计界非常流行的研究方向之一就是"交互设计"。交互设计，又称互动设计，是在数字化浪潮的推动下，由数字媒体设计等新技术手段与公共空间等领域的设计相结合而产生的（图3-24）。

图3-24 公共空间交互设计

交互设计（Interaction Design）作为一门关注交互体验的新学科，由比尔·莫格里奇在1984年提出。它是指设计者和产品或服务互动的一种机制，通过多种数字化技术的综合运用，让产品易用、有效而且让用户感到愉悦的技术。交互设计的目的包括有用性、易用性和吸引性。它与传统的静态设计思路不同，致力于了解目标用户和他们的期望，了解用户在同产品交互时彼此的行为和心理需求，并积极地加以满足。

特别是进入数字时代，多媒体技术的发展让交互设计的研究更加多元化，多学科的剖析让交互设计的理论更加丰富。例如人机交互技术，包括虚拟现实等应用性技术的开发，都是着眼于充分考虑用户的背景、使用经验以及在操作过程中的感受，以提供良好的用户体验为基础，从而设计出符合用户期待的产品。像苹果手机等智能产品，就是充分吸收了交互设计的思想，透彻地研究了用户的需求才开发成功的。

在公共空间设计中，交互设计的思想正在发展成为主导趋势[16]。例如英国的NATURE-TRAIL设计项目，是为当地一所街道医院设计的，其主旨是为了缓解儿童病人去往医院手术室的紧张感，让这段短短的路程不再充满恐惧。

设计师将病童通往手术室的旅途看作"NATURE TRAIL"，设计中别具匠心地以走廊墙面作为特殊的"油画布"，利用数码显示技术在墙面上呈现出各种各样的森林动物，让孩子们在漫步途中去发现，包括小马、小鹿、刺猬、小鸟和青蛙等。设计中利用了两种数字化技术载体：集成 LED 面板和定制图形壁纸。该设计包括 70 个 LED 墙面，72 000 块反映森林散步场景的 LED 板。LED 面板以不同高度嵌入墙面，以适应 1 到 16 岁孩子的身高和视线。

这些可以分散注意力的数码墙面中各类动物的活动采用了互动式动画的形式加以呈现。当孩子触摸它们时，LED 板上会显示多种动物并与他（她）互动，让孩子们的紧张感和恐惧感得到舒缓。

同样，在法国巴黎由意大利 METALCO 设计工作室设计的一款名为"OSMOSE"的交互性户外公交站台（图 3-25），也以其独特的互动特征成为公共空间中的亮点。这个公交站的灯光颜色会随着一天中各个时间的不同而发生变化，在夜晚尤其浪漫，整体设计在外观上相当抢眼。

设计中的钢架帐篷占地 85 平方米，分为 3 个部分：最左边的部分为光照的当地地图；中间部分为两个相对摆放的椅子，可以让等车的人们稍事休息；最后一部分为提供书籍阅读以及停放自行车的空间。站台上的其他智能化功能还包括运输时间计算、车票和书籍的贩卖等。这个空间的出现，让人们在等车的过程中随时都能感受到与环境的互动。

图 3-25 交互性户外公交站台

而在美国，最近举办的交互式游乐场专业组竞赛，吸引了超过 500 名参赛者。该竞赛的宗旨与本书探讨方向高度一致——旨在创造出有趣好玩的、具有创造性互动的公共空间，让人们可以在各种层面上与城市互动。该竞赛认为，城市的更新和再生不仅是增加有价值的公共空间，更是激发人们想象和创造力的动感场所，因此在设计中应当强调空间的可参与性和互动性。

获得该次竞赛荣誉大奖的方案认为，孩童时代是人生中至关重要的阶段，探索、社交、学习都从这一阶段开始，因此针对童年这个阶段设计出一个激发创造与想象，能让孩子们锻炼并认知自我的一个动态方案是十分可行的。该方案取名为"Plant-a-BALL PARKS"，即"植物球公园"。该方案由一系列植物球组成，主要分为 5 种：滑梯球（球内有滑梯），旋转球（球体可旋转），攀爬球（球内有攀爬网），游泳球（求内有小水池）和秋千。这些球体都是预制的，能够很快地安装并投入使用，灵活方便，适应各种情况。人们还能给球内的树灌溉和施肥，保证球内的生态系统平衡。这些球体可以任意移动，在城市任何一个空地都可以存在，是一个能够广泛互动、功能丰富和可适应性很强的儿童及成人的公共活动空间（图 3-26）。

3. 转向富于历史感的体验需求

在具有悠久历史的中国，具有体验价值的公共空间营造大多是在历史与现代的交锋中诞生的。面对城市中的众多老旧地段，地方政府和开发商也在构思和斟酌如何使之在更新后以全新的公共空间姿态融入区域当中去。

本研究团队正在策划研究的甘坑客家文化小镇（图 3-27）就具有相当的代表性。甘坑客家文化小镇位于深圳市龙岗区，总面积

图 3-26 交互性游戏

图 3-27 甘坑客家小镇

为 230.96 公顷。它是中国历史上一个独特群体——客家人生活经历的一个真实缩影。客家人是中国自秦朝开始中原人民数次向广东、福建等地区进行大迁徙之后形成的特殊族群。据称 350 多年前，甘坑村的始祖、客家人谢文明和卓美发率先在此留驻聚居。随后，邓姓、张姓、钟姓、彭姓、李姓、叶姓、刘姓、陈姓等客家人也结伴迁居至此，因此客家文化的特色十分浓郁。但随着时间的推移，这里的村镇特色逐渐消退了。当地为了复原客家文化，之前已经对整个区域进行了一次整体规划设计。规划后的整体区域主要由客家小镇和生态公园两大主题区域组成，其中，客家小镇由文化休闲区和特色产业区组成，生态公园由农耕体验、湿地科普区、农业观光区、山地运动区组成。其中的主要设计手段是尽量把现有的客家老房子生活场景加以复现，并计划将这里营造成为一处集本土客家乡土饮食、传统民居生活、土特产种植展示及乡土文化休闲观光整合为一体的公共空间。

为了营造客家生活的场景感，规划建设中不仅加建了标有"甘坑"字样的入口门楼，修复了部分几十年前的客家老屋和原有的碉楼，还不惜耗费巨资特意从闽南迁移过来具有 120 多年历史和浓郁客家特色的"南香楼"，从江西婺源迁移来原清雍正年间刘姓的府第"状元府"，从贵州迁移来"八角鼓楼"，沿水道两岸修建了千米客家景观长街，还利用京九铁路沿线建设象征性的"甘坑火车站"，用以象征当初客家人漂泊异乡的经历。

这些带有鲜明客家标志性的场景，都在力图唤醒游览者心中对于遥远客家文化的遐想。通过将发生在历史上不同时间和地点，但是都具有共同文化底蕴的景观符号重新组合到一起，用以激发人们对于这种典型场景的强烈感触，是甘坑客家文化小镇所传递出来的设计思路。这样的公共空间设计手法，应该说在当下是比较有代表性的。（当本团队考察了现场之后，综合分析了原先规划的利弊，提出不应拘泥于客家文化的形式表现，而应当从深层次的文化入手，以"新客家文化"为主题来表现甘坑这个区域独特的历史积淀。目前该思路已经得到了委托方的认同，正在深入推进当中。）

在上海，另外一种将古老城市地段改造成为商业休闲公共活动空间的做法也曾经风靡一时，其代表性案例就是"新天地"项目。它将原先较为封闭用于居住的里弄街区，通过新旧结合的手法，改造成为面向大众的商业型公共空间。这种手法，因其在保存历史的前提下注入了时尚和商业的元素，造成较为强烈的美学对比张力，因而在关注潮流的大众眼中顿时成为抢眼的亮点。继而，这种将传统街区置换成为时髦商业活动空间的做法迅速在中国城市中受到了广泛的推崇，被视为公共空间改造的不二法门——"佛山新天地""杭州新天地"等同系列的商业地产产品接踵出现。一时之间，许多中国城市仿佛旧貌换了新颜，到处一片"新天地"。

不过，这种以商业为主体的公共空间改造模式也并非所向披靡，在一些地方也遭到了质疑甚至抵制。最近，在深圳市中心的罗湖区，一片被称为"湖贝古村"的区域就吸引了大众的眼球。据文献记载，湖贝古村已有 500 多年历史，明朝时期张氏爱月、思月、怀月和念月兄弟 4 人分别在向西、水贝和湖贝立村，历史上就是"深圳墟"的发源地之一。古村包括东坊、南坊、西坊，其中南坊的东西宽约 180 米，南北深约 120 米，拥有三纵八横的巷道格局，共有古民居 500 多间。村里现仍保持有门楼、水井，以及建于明代晚期的怀月张公祠。在深圳，这是非常难得的历史遗迹，能够证明这个原本被描述为仅有 30 多年历史的小渔村实际上拥有悠久的历史积淀。

因为湖贝古村坐拥良好的区位优势，自 2012 年起，就有实力强大的开发商提出要投入 300 亿元人民币巨资，把这个村落改造成为深圳当地最为高档时尚的商业群落。最初的方案是将古村完全拆除，改造成为全新的商业大厦。但这个动议马上遭到社会大众和媒体的激烈质疑。经过多次博弈，开发商提出了妥协方案，希望能把古村保留下来，仿造新天地的模式将其改造成为商业、文化创意等产业为内容的公共空间。

然而专业人士认为，商业空间在深圳这个新兴大都市已经屡见不鲜，对于公众而言，再多一个商业活动场所不再具有让人期待的"边际效应"。因此，比较理想的做法应当是首先将古村保护下来，使其中现有的人群和生活都得到有效的尊重；其次，应当探讨合理延续历史并将其转化为当下公众乐于体验场所的保育方式，使得湖贝古村的生活能够兼容当地族群的需求和大众的体验期待。例如，本地所特有的大盆菜、海鲜食街等民俗特色就应当可以转化成为公众所喜闻乐见的体验活动。如此一来，湖贝古村就能够探索出一条告别商业逐利冲动，转向融合大众体验的改造模式，成为具有深度历史体验价值的新型公共空间（图 3-28）。

图 3-28 湖贝村改造前后

目前，这个项目还在政府、开发商、专业人士、媒体和社会各方的深度参与之下继续着协商和对话的进程。不过无论结果如何，"湖贝事件"都标志着在中国，公共空间的塑造已经步入了一个注重深层次体验的重要阶段。

二、情境体验要素的考量

1. 对传统衡量方法的反思

空间发展的多元化趋势使得要根据传统经验来判断某个建筑或者场地的使用强度、人流密度等指标，将面临越来越大的不确定性。以办公功能为例，在办公空间中可以看到日益流行的"联合办公"潮流。随着数字化时代的来临，工业化时代强调规模效应的大型企业实体已经日益被趋向小型甚至是微型的企业所替代。大量新生的产业公司纷纷以短小精干的人员构成方式、灵活弹性的运营模式冲击着传统的行业规则。在金融界，仅仅数人的团队就能够承揽高达数十亿元甚至更多的金融业务。

2012 年，在互联网界发生了一件轰动全球的事件——Facebook 公司以总值约 10 亿美元的现金和股票收购拍照分享应用 Instagram，而后者的团队才区区 8 个人。也就是说，Instagram 的工作团队平均每人的收购价格至少高达 1 亿美元。

更何况，数字技术带来的随时随地的办公便利使得弹性的工作时间成为常态。在这种情形下，过去固定购买或者租赁写字楼、雇用大量固定工作人员的办公模式正在逐渐淡化，取而代之的是由几家小型公司联合租赁办公空间或者分享一个较大的办公空间的模式。这样不仅可以节约固定开支，还有利于同类型或者上下游的企业在一个大空间里互通有无，促进信息的共享。这种情况对公共空间的分析带来了一定的挑战。研究者将不能简单地根据建筑开发强度和人均办公面积，就能测算出该空间所能容纳的工作人口。因此，城市研究中需要另行建立一套分析方法，以便对公共空间的使用效益进行合乎时代发展趋势的评价。

2. 情境体验要素的构成

关于公共空间的体验要素，很多专著已经珠玉在前，做了非常全面的论述，其中主要包括空间、生态、景观、流线等要素。结合本书的研究宗旨，本团队准备从以下两个原则入手进行考虑：

（1）所选择要素应当以人的基本使用感受为基础，同时结合数字化时代的背景，针对人的基本感受，以交通、建筑开发强度、生态等为基础的分析架构应当继续得到保留；而以数字化时代为背景，则应着眼补充从步行系统、舒适度、场地开放程度等方面的考量要素，因为它们或是与数字化时代的发展需求形成互补，或是形成直接的促进作用。

（2）应当不仅从正面影响要素，同时也从负面影响要素入手，综合起来进行分析。

基于此，关于情境体验的要素构成主要包含以下几个方面：

（1）步行系统。

步行系统作为公共空间的主要载体，对于空间感受发挥着重要作用，因此应当加以必要的考虑。其中主要考虑的因素包括：

①步行空间的连续性。一个连贯而不被车行道路所打断或者干扰的步行体系，对人们在其中活动的安全感和舒适感有着重要的影响力。

②步行空间的长度和面积。步行空间的实际长度应当满足人们连续步行 10 分钟以上的需要，面积应当满足容纳足够多参与人数的需要，这样公众从中才能获得基本的满足感。

③步行空间的转折步数。在同等距离内，具有丰富方向转变的步行空间具有更为引人入胜的特征。这与中国传统造园手法中的"步移景异"原理一致。

以上几个因素是步行系统体验性的主要来源。

（2）交通可达性。

到达公共空间的可能性，同样构成了大众体验感中的重要一环。交通可达性需要按照不同交通方式来划分，主要包括步行（对于附近人群而言）、地铁、公交、汽车等方式。

（3）建筑尺度。

建筑与空间的尺度关系对于人们体验一个场所具有很强的导向性。过于开敞疏朗的空间，予人的感觉是缺乏依靠的；而逼仄狭促的空间，则会使人们产生紧张不安的心境。因此，合适的建筑尺度，对于人们的体验也具有重要的影响。

（4）舒适度。

在公共空间中，人的感官是全面进行感知的。因此，会影响人们使用意愿的重要感知都需要加以考虑。其中主要包括：

①场地空间的荫蔽程度。对于室外活动空间而言，是否具有足够的遮阴避暑功能，是决定人们是否愿意逗留的重要条件。

②场地的噪声情况。对于很多公共空间而言，由于受到周边车行道路的干扰，很容易受到噪声等不良因素的影响。

③气味因素。像垃圾站、受污染的河流等，都会对人们使用其附近的公共空间产生负面的

气味影响；反之，气味芬芳的花园果林，又会有怡人的吸引作用。

（5）开放使用度。

正如前文所分析的那样，数字化时代空间的重要使用特征之一是以免费使用为先导的开放共享。因此，测算公共空间中免费使用空间的比重就成为一条可以尝试的比较途径。

上述各种情境体验要素的具体测算方法，将在后面的章节中详细介绍。

参考文献

[1] 麦克凯恩. 商业秀——体验经济时代企业经营的感情原则 [M]. 北京：中信出版社，2004.

[2] 余美英. "卧城"困扰家住望京的人 [EB/OL]. （2002-07-25）[2016-05-10]. http://blog.sina.com.cn/s/blog_752deabf0100sjcb.html.

[3] 梁志钦. 小洲艺术区董事长王齐坚持"走群众路线"——我们致力于发掘更多优秀年轻艺术家 [EB/OL].（2014-03-03）[2016-05-10]. http://huanan.artron.net/20140303/n573912_2.html.

[4] 王军. 城记 [M]. 北京：新知三联书店，2003.

[5] 弗里德曼. 世界是平的：一部二十一世纪简史 [M]. 长沙：湖南科学技术出版社，2006.

[6] 张倩倩，薛露露. 纽约多方参与的口袋公园 [EB/OL].（2016-07-05）[2016-08-10]. http:// money.163.com/16/0705/11/BR77CCVH00253B0H.html7http://roll.sohu.com/20121012/n354700715.shtml.

[7] 谢宇野. 地下通道、天桥几乎通达全城，香港立体步行系统让行 [EB/OL].（2012-10-12）[2016-05-12]. http://roll.sohu.com/20121012/n354700715.shtml.

[8] 凯利. 失控 [M]. 北京：新星出版社，2010.

[9] 安德森. 免费：商业的未来 [M]. 北京：中信出版社，2015.

[10] 周鸿祎. 周鸿祎自述：我的互联网方法论 [M]. 北京：中信出版社，2014.

[11] 奥戴. 儿童肥胖症席卷欧洲 [EB/OL].（2014-05-14）[2016-05-12]. http://qnck.cyol.com/html /2014-05/14/nw.D110000qnck_20140514_2-35.htm.

[12] 百度百科. 牛百叶 [EB/OL].（2016-03-18）[2016-05-12]. http://baike.baidu.com/ item/%E7% 89%9B%E7%99%BE%E5%8F%B6 .

[13] 百度百科. 绿道 [EB/OL].（2016-06-17）[2016-08-12]. http://baike.baidu.com/item/%E7%BB %BF%E9%81%93 .

[14] 新浪乐居. 趣城计划国际设计竞赛 [EB/OL].（2016-01-08）[2016-08-12]. http://bj.house. sina.com.cn/news/2016-01-08/11556091074385664585906.shtml.

[15]ZHU_ZJZJ 图书馆. 西班牙贝尼多姆滨水空间景观设计 [EB/OL].（2013-11-28）[2016-05-18]. http://www.360doc.com/content/13/1128/21/11009461_333032416.shtml.

[16] 唐亚捷. 以"文化之光泽"为主题的交互设计在城市公共空间中的探究 [J]. 艺术科技，2014（12）：134-134.

第四章　数字化时代公共空间的创意趣味价值

Chapter 4　The creativity value of public space in digital era

·创意指的是新颖事物的产生，或"真实想法的诞生"。要了解创意，首先要弄清"再造性思维"和"创造性思维"的不同之处。随着工业经济向"后工业化""以信息为基础、知识驱动的"经济转型，创意变得十分重要。"创意产业"和与之相关的"创意经济"的崛起构成了"创意阶层"和其他重要的社会变革的基础。"创意经济"其实是一个以知识产权为原料的获利系统。

·工业化的进程催生了数字革命的兴起。有赖于数字技术的进步，创意产业得以与之共同发展，后者往往代表着前者，两者之间的区别很难理清。创意和科技的协同作用极大地影响了经济、社会和城市复兴。

·改变不仅仅发生在公共空间的物质结构上，在使用空间和感知空间方面的变化更是巨大。之前感觉很偏僻的地区变成了新式活动和社会互动的中心地带。而且，创意产业往往在城市之外寻找适合创意活动的最良好的环境条件，从而产生出一种全新的公共空间形式。

图 4-1 漂浮的码头（一）

图 4-2 漂浮的码头（二）

2016 年夏天，远在意大利北部的一处风景如画的地方成了全球媒体关注的焦点，并在 16 天之内（从 6 月 18 日到 7 月 3 日）吸引了约 150 万游客。这个地方离米兰、瑞士和威尼斯不远，距离分别是 100 千米、100 千米和 200 千米。这个地方如此火热的原因是当代景观艺术大师克里斯托的新作在此展出。这件名叫"漂浮的码头"的艺术作品由"22 万根漂浮在水面上的高密度聚乙烯管道组成，上面覆盖了 10 万平方米的黄色织物。管道随着波浪起伏"。"漂浮的码头"宽 16 米，通过在水面搭建 3 千米长的走道使得湖上的两座岛同时与河岸相连。岸上还有 2.5 千米长的人行道，位于一个小村庄之内。"克里斯托和珍妮·克劳德在 1970 年一起构思了该作品"。它花费了大概 1 500 万欧元，"资金是艺术家出售绘画和素描所得"（图 4-1，4-2）[1]。

一天之内游客最多可达 10 万人，"漂浮的码头"可谓空前成功。由于建造和设计的需要，它还提供了 600 个就业岗位。而一些没有直接参与该项目的人也从中获利，因为他们通过向游客提供服务来赚钱。"在天气允许的情况下，漂浮的码头免费向公众开放。不需要门票，也不需要预定"。

尽管克里斯托的作品各具特色，但它们都有一个共同点：都是富于创意的公共空间。一个由艺术家构想的空间为人们提供了奇妙而独特的体验，其中涉及的活动为人们提供了互动的机会，而这个空间最终与自然环境和历史背景息息相关。

通过创意活动对环境进行的改造过程会涉及许多不同的人和不同的职业，他们或直接或间接，或暂时或永久地与这个过程相连。但不管怎样，他们都是这个过程的一部分，或者正在同这个过程的最终产物构建联系。

这一过程的主要目的是产生一种新的空间类型，这些类型在形式、内涵和功能上可能大相径庭，但都有一个共同的本质：既具有创意又具有公共性。这里所要讨论的重点是创意如何在特定公共空间之内改造物理环境。

第一节 创意的内涵

一、起源、发展和最近的趋势

创意一词来源于古罗马，其拉丁文词根 creō 意为"创造，制作"。不过，它的现代意义可以追溯到启蒙运动时期，启蒙运动发生在欧洲，它强调人类活动、个人自由和言论自由。仔细研究一下 20 世纪初对创意和创意活动的定义，不难发现人类在这个领域取得了长足的进步，这要感谢像韦特海默和华莱士这样的心理学家。马克斯·韦特海默的最后一本著作《创意思维》（1945）浓缩了他对于创意的毕生研究，在书中他认为创意对于区分"再造性思维"和"创造性思维"至关重要。他坚称"创意思维"涉及"在创造性过程中从盲从到理解的转变"。他还认为这一过程与"新颖想法的产生"有关。格拉曼·华莱士在他的著作《思想的艺术》（1926）中将创造性思维概括为 5 个清晰的阶段：①准备阶段；②酝酿阶段；③预兆阶段；④启示阶段；⑤检验阶段。

这些理论出现的时期也是各种抽象艺术盛行的时期，不少学者都谈到了这一点，例如海德，他很喜欢韦特海默提出的"单元构成因素"理论，其目的是研究巴勃罗·毕加索的创作过程[2]。毕加索等抽象派画家的作品与写实主义绘画作品之间存在本质差别，要理解这一差别，必须先弄清抽象艺术与创造性思维之间的关系。实际上，关于这一时期的画家，毕加索曾坦言，他们不过是写实派罢了，写实主义艺术只是模仿，与创造性毫不相关[3]。反之，抽象艺术的创作过程不仅仅是对现实的模仿，还能创作出全新的面貌。

历史学家普遍认为，今天我们所认识的"艺术"起源于文艺复兴时期，在这一时期国王和文人都在争取最优秀的艺术家。一个典型的例子当属罗棱佐·美第奇，他是 16 世纪佛罗伦萨共和国僭主，绰号"豪华者"，在意大利文艺复兴时期扮演着举足轻重的角色，推崇高尚的品德和思想，支持人文学者和艺术家。实际上，罗棱佐·美第奇对当代艺术贡献巨大，他资助着当时最优秀的艺术家，比如波提切利和米开朗基罗。在那个年代，人们对富有创造力的作品的需求日益加大，这使得艺术家们能抛开客户的要求，从而进行"自主创造"[4]。艺术自由或自主的另一个重要转折点发生在启蒙运动时期，这是欧洲文化历史上一段特殊的时期。由于工业革命和欧洲城市的快速发展，新媒体和新的传播方式应运而生，从而形成"艺术产业"。从那时起，艺术作品趋向于满足普通民众的需求，许多新的艺术体裁由此形成（例如流行音乐）。

西方对于创意艺术的理解着眼于艺术本身，但其他国家就不一样了。在古代中国，艺术品既养眼，又能表达一些哲学思想……创意艺术不仅在宫廷生活中十分重要，它还是社会生活中的动态成分。在众多非欧洲国家中，中国曾拥有繁荣的文化市场，艺术不光在民间流行，还成为精英消费的选择。[5]

近几年，"创意"这个词频繁出现。它几乎无处不在，运用于许多不同的领域：从艺术、建筑和时尚设计，到烹饪、教育和医学。纽约时报中有 3.5% 的文章都与之有关（图 4-3）。不过，也正因如此，它有可能失掉自己原本的价值和力量[6]。"创意"这一概念还影响着我们日常生活的方方面面。理解它的潜质和局限在目前显得格外重要。

创意主要关注的是找到问题的答案，或称"解决问题"[7]的过程。近几年，这一关注点似乎从解决问题变成了解决问题能力的经济价值[8]。过去几十年间，不少学者对创意这一概念下了许多科学定义，有时候他们的定义相去甚远。不过，在这些定义中有一个共性：创意即创造出新颖、有用的事物的过程。其中关于实用性的理解指出了具有创意的产物需要有经济价值。

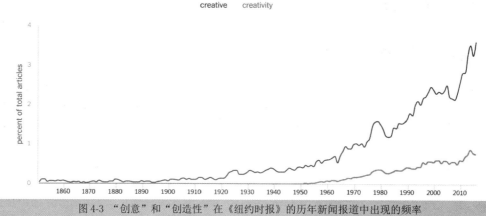

图4-3 "创意"和"创造性"在《纽约时报》的历年新闻报道中出现的频率

从 20 世纪 80 年代开始，创意开始发生转变，这一转变在英国显得尤其显著，因为一些学者明确地指出工业产品正在主导文化消费。1986 年，杰夫·马尔根和肯恩·沃波尔指出，"文化产业"这一表述十分贴切，这表明文化产物实际上是一种工业产物，这多亏了观念上层建筑向经济基础的转变[9]。

城市开始去工业化，大量职能和工作出口到第三世界国家。文化消费的目标转而指向那些国家的人民。这开始于遗产产业的兴起，尤其在一座废弃的发电站成为世界著名景点后更是达到了巅峰。遗产文化之前还是先锋文化的对立面，现在已经成为驱动国际艺术市场的虚拟资产……它是大范围的文化资本。[10]

二、从文化到经济以及从经济到社会

根据布迪厄的理论，我们可以认为，创意——在如今具有更普遍的意义——是象征资本的转化，就艺术而言就是文化资本转化为经济资本（图4-4，图4-5）。罗伯特·休伊森认为这一定义可以追溯到苏联解体时期，之后出现了无处不在、无所不包的新自由主义[10]。

由于新自由主义不只是一个经济概念，市场的操作者得以渗透进曾被视为公共区域的众多领域，并将其私有化。新自由主义是一种意识形态，通过影响其他的重要价值观念来实现文化转变。它包含有个人自由、创意和享乐主义等诸多思想。个人应该摆脱集体主义的限制，集体主义在先前的社会民主共识的作用下得到加强。个人还应该有权将市场利润最大化，能够尽可能地保留自己的所得。他们能够利用属于自己的企业创造性和技能来实现这一切，而市场能为他们的创意提供最优条件……个人的身份成为商品，文化消费正是定义他们这一身份的因素……"创意工作者"似乎拥有着个人自主性，尤其是在他们被告知自己的工作本质就是制出"新的事物"，因此自己是自由的（图4-6）。[10]

休伊森提出的文化资本分析了英国如何从 20 世纪 90 年代开始以文化为工具振兴社会和经济："文化商业化不仅鼓励民粹主义，还十分符合撒切尔夫人所说的企业文化，这种文化用艺术和遗产所带来的国内外旅游经济来提振城市形象。"[10]1998 年是英国创意的黄金时代，英国政府在当时把"创意产业"的理念灌输到 14 个经济行业中：广告、建筑、艺术、手工艺、设计、时尚、电影、音乐、表演艺术、出版业、休闲软件、玩具、电视、收音机和电子游戏。这一理念成为全球标准，几乎被所有国家采用，有些国家会做一些改动（例如，中国的行业列表上还有贸易展出）[11]。

各行各业在创意上面的崛起并不是孤立的。"创意经济"的发展不仅改变了经济形式，还改变了社会构成。从制造业到"后工业化"经济（创造经济）的转变产生了许多效应，而创意产业则体现出最明显的效应之一，它促成了社会上一个特定的个体集合，即创意阶层。正如理查德·佛罗里达在他最有名的书中所说："创意经济的崛起对社会阶层的分类产生了深刻的影响，改变了原有阶层并形成了新的阶层。"[12] 从 1973 年由石油引起的经济危机爆发以来，世纪经济就动荡不平，这在很大程度上导致了社会构成的重塑，即新阶层的诞生和旧阶层的消亡。许多在创意产业中工作的工人在很长一段时间内都没有意识到自己其实是创意阶层的一分子。他们中有些人至今都不愿承认这一点。不过知识型工人在近几十年内的崛起成为大多数发达地区的共性，这些工人已经形成一个新的集体。佛罗里达认为创意阶层由两部分构成。"具有特别创造力的核心……制造容易转移和普遍实用的新式设计……除此之外还有'具有创造性的专门职业人员'，他们工作在各种知识型密集行业中，例如高科技、金融服务、法律及保健专业、企业管理等"[12]。

创意经济具有一些特点，例如需求的不确定性、创意工作者对产品的关照、对于身怀多种技能的要求、差异产品、差异化纵向技能、产品的协调和耐用[13]。另一方面，不确定性也是创意阶层的主要特点之一，其他特点还有个性化、精英管理、多样性和开放性[14]。

在经济发达的社会，创意阶层

图 4-4 泰特现代美术馆的前身：班克塞德

图 4-5 泰特现代美术馆

图 4-6 位于皮卡迪利广场的"酷不列颠"

在文化经济生产方面发挥着至关重要的作用。以美国为例，"在2010年，创意阶层人数达到4 100万人，差不多是美国劳动力的三分之一……创意阶层这一整体还会对经济产生更大的影响，他们的薪水是全部美国人收入的一半左右"[14]。

三、创意经济的基础：知识产权

最近，世界上最有名的摇滚乐队之一齐柏林飞艇陷入抄袭事件，他们的名曲《天堂之阶》被指控大部分抄袭自 Spirit 乐队于1967年创作的单曲[15]。"据称原告提出索赔版权费和其他赔偿费用共计4 000万美元（2 800万英镑）。据《彭博商业周刊》统计，《天堂之阶》在2008年赚了5.62亿美元（3.34亿英镑）"[15]。然而，并不是全部创意产品都受到知识产权法保护的。创意主要与两种权利有关：版权和专利权。版权可以在作者有生之年和死后70年的时间内保护其作品。专利权在满足一定条件后需要注册，一般能保护专利人的发明20年。

知识财产比实体财产更依赖法令法规。如果政府不出台相关法律，知识产权根本得不到保护。我们需要法律来规定什么样的想法和作品属于财产，以此来保护财产所有者，制定相关条令使法庭能够判罚那些侵犯知识产权的人。法律具有威慑作用，它能阻止一些人违法乱纪。版权可以阻止抄袭行为，专利权可以阻止仿造行为。[15]

欧洲在14世纪开始使用版权，英国议会在1710年通过了世界上第一个版权法案（图4-7），该法案只保护著作。在1787年，英国针对设计业制定了第一个版权法，100年之后将艺术也涵盖进来。随着国际交流越来越频繁，版权法的国际化有助于保护知识产品在国境外的版权。可

图 4-7 《安妮法》，又称《版权法案》

惜的是，版权法的国际化并没有得到落实，许多国家在很长时间内不尊重版权（例如，到1989年为止，美国只保护本国作家的版权，允许出版商复印外国书籍时不需要支付版权费）。甚至在今天，许多国家都没有充分尊重两个主要的国际版权法规，即《布宜诺斯艾利斯公约》和《保护文学和艺术作品伯尔尼公约》。

中国从1979年开始保护版权，并在两年之后加入了世界知识产权组织。不过，在中国，侵犯版权的行为仍然很常见，其音乐领域的侵权行为在世界范围内处于最多之列。实际上，数字内容极易被盗版，音乐就是其中之一。

中国的音乐市场潜力巨大。但是近些年在中国，数字盗版率达到99%，这意味着只有一小部分的合法市场在发掘中国真正的音乐潜力。

中国互联网用户是美国的两倍，但是每个用户对于数字音乐的收入贡献率只有美国的1%。在中国，超过70%的音乐都是以数字形式出售的，但是市场只发掘了很小一部分的音乐潜质。在2010年，中国音乐领域的总收入只有6 700万美元，这个数值还不如爱尔兰。[16]

然而，音乐不是唯一受到版权侵害的领域：在中国大城市的中心地带，一整栋购物商城都有可能在销售仿制品。实际上，诸如北京秀水市场、上海虹桥市场和深圳罗湖商业城在内的仿制品市场都在出售知名品牌的高仿品。类似的还有深圳的大芬油画村，它之前只是一个位于郊区的小村庄，现在成了一个城中村，致力于制造世界名画主要是油画的仿制品，据估计世界上60%的仿制油画都出自该村（图4-8）。

图4-8 凡·高画作仿品，大芬油画村，深圳

尽管国际唱片业协会一直在积极地捍卫版权，但也有不少团体支持改变甚至废除版权。这些团体支持数字自由和信息自由，他们经常采用马克思主义的方法论来证明版权和专利权只是资本主义社会中的畸形产物。反版权团体在理论上取得的突破之一就是《网络共产党宣言》，由伊本·莫格勒在2013年发表，他提议说：

1. 废除一切形式的对于思想和知识的所有权。

2. 取消一切排他性使用电磁波段的许可、特权及权利。废除一切永久性占有电磁频率通路的权利。

3. 发展能够使人人实现平等交流的电磁频谱设施。

4. 发展社会公共性的计算器程序，并使所有其他形式的软件包括其"基因信息"，即源代码成为公共资源。

5. 充分尊重包括技术言论在内的所有言论的自由。

6. 保护创意劳动的尊严。

7. 实现在公共教育体系的一切领域，让所有的人都平等、自由地获取公众创造的信息和所有的教育资源[17]。

莫格勒称数字技术可以改变资产阶级经济。通过把个人的知识产品转换为公共资产，他建议"从资产阶级……手中夺回全人类共有的继承权，我们要收回所有在知识产权的名义下被盗取的文化遗产，收回电磁波传导媒体。我们决心为自由言论、自由知识和自由技术而战"。[17]

第二节 创意和数字革命

1952 年 12 月，伦敦遭遇了为期 4 天的严重空气污染，造成了大量人员死亡，800 万人口中估计有 12 000 人不幸罹难[18]。这场名为"大雾霾"的灾难产生自一系列特殊的大气环境（图4-9）。煤是当时的主要能源物质，当地居民靠着燃烧煤块以在严寒中取暖。而不少燃煤电站，例如班克塞德发电站，对这次的污染事件负主要责任。白天的能见度只有 1 米，地面交通系统因此瘫痪（包括救护车服务）。户外活动很难进行，或者压根不可能。雾霾甚至进入了室内。现在看来，"大雾霾"仍然是英国历史上最严

图 4-9 1952 年的"大雾霾"，伦敦

重的空气污染事件。这起事件的程度之深、影响之广使当地居民深感忧虑，于是在 1956 年《清洁空气法案》正式出台。

1994 年春天，泰特美术馆决定重建之前的班克塞德发电站，将其打造成泰特现代美术馆。复原工作开始于 1995 年，并在 5 年后竣工。"把废弃的发电站复建成举世闻名的游览胜地"可以说是"城市去工业化进程和向第三世界国家出口工作"的典范之举[18]。

一、去工业化和数字革命

随着许多欧洲国家在二战之后的迅速发展，大量去工业化进程（图 4-10）也包含其中，原因如下：一是 20 世纪 70 年代以原油价格崩溃为导火索的经济危机的爆发；二是平均薪水和家庭收入的普遍升高；三是市场的饱和。在此背景下，全球联系的增强使得生产活动从发达国家转向发展中国家成为可能，并为这一转移提供便利。中国是备受青睐的选择，它在 20 世纪 70年末期决定开放市场经济。在欧洲，去工业化进程给社会结构和土地结构带来了一系列改变。大量的劳动力需要再分配，大量的建筑遗产不得不被摧毁重建或行使新的功能（图 4-11）。

生产活动的转移极大地改变了整个欧洲地区，例如德国的鲁尔区，还有后来像英国的曼彻斯特和意大利的都灵这样的大型工业城市。这一转移所产生的第二个效果开始在与欧洲工业化有关的偏远地区显现。典型的例子是滨海的威斯顿，一座位于萨默塞特郡（英格兰）的海滨小镇，在 20 世纪是工薪阶级偏爱的度假胜地。去工业化还有许多其他的影响，主要包括失业率的快速增高和相关的社会问题。

为了应对去工业化带来的问题，欧洲政府从 20 世纪 80 年代开始加大对新科技和文化资本货币化的投资力度。

本书已经提到，20 世纪末出现了重大的变革，首先是发达国家向"以信息为基础、知识驱动的"[18]经济转型。"信息爆炸"[19]的余烬甚至持续到今天。有人预言自由民主将会成为所有国家政府的最终形式，从而标志"历史的终结"[20]。其他学者着眼于新型全球格局所带来的社会影响，以及在各方面变得"透明"的人类生活。最后有人发现，新的全球变革其实在说明"建筑不过是能居住的基础设施"[21]。

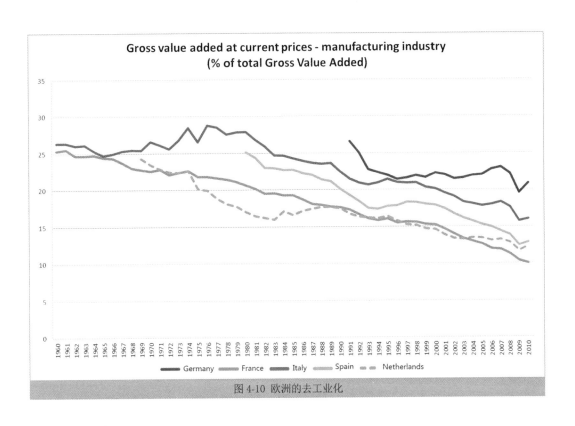

图 4-10　欧洲的去工业化

图 4-11　在伦佐·皮亚诺的创新计划中被改建的都灵 Lingotto 会展中心（前身为菲亚特工厂），图灵，意大利

　　在此背景下，创意产业崛起了，成为发达国家最具竞争力的经济资产，这多亏了新型科技的发展以及去工业化进程所释放的空间和劳动力。事实上，创意的崛起和信息化的普及绝不是偶然。在某种程度上，数字技术可以说是创意得以发展和流行的工具。显然，数字技术还加快了某个已经开始的进程，即工业生产从经济发达的国家向发展中国家的转移，这一转移还包含着生产方式的剧变。

二、创意产业和数字技术：模糊的界限

13 个之前看似毫不相关的领域被联系在一起：广告、建筑、美术和古物市场、手工业、设计、时尚设计师、影视、互动式休闲软件（即电子游戏）、音乐、行为艺术、出版业、软件和数字服务、电视广播（报纸不算）……与软件有关的活动能使创意产业显得更具规模……2010 年神州数码管理系统有限公司决定在评估创意产业年度资产时把贸易、国内软件设计和计算机咨询业务排除在外，此举使得创意产业的就业人数和整个行业的总增值急剧下滑。（1998 年创意产业）占生产总值的 4%……尽管创意产业对经济增长的贡献不小，但创意阶层这一概念仍然是妄想……自从 2001 年达到 7.8% 这一巅峰之后，创意产业年度总增值开始下降，在软件行业排除在外以后更是跌到 2009 年的 2.89%。[21]

从经济贡献的角度，把软件行业和计算机服务囊括进创意活动之内显得意义重大，但这也有可能让人们对数字技术在创意产业的发展过程中起到的作用产生误解。在创意产业崛起之前，信息经济就作为一个概念被提出了。同样被提出的还有以知识生产和消费为基础的后工业化社会这一理念，丹尼尔·贝尔在 1973 年将其命名为"信息化社会"，这一理念得以普及开来。互联网的发展改变了社会范式，曼纽尔·卡斯泰尔将其描述为"互联网社会"（1996），查尔斯·莱德贝利称其为"知识型社会"（1999）。不过莱德贝利要是能发现创意产业和信息经济的内在联系的话就更好了。约翰·霍金斯帮助我们区分了这两个不同的概念：信息型社会的特征是"人们花费大部分时间处理信息，并以此赚取大部分薪水，他们的工具经常是科技"，而创造型社会也要求我们"更主动、更灵活、更持之以恒地应对这些信息"[22]，不过两者的界限还是不易区分，而且数字语言能力的拓展显然是创意产业得以发展的基础，并使得互联网社区的创意活动成为可能[23]。

实际上，数字技术的扩散式发展和多媒体的融合现象使得明确区分创意产业和信息经济变得更加困难。举个例子，使信息更有用的一个关键因素就是设计出能被用户获取的数字资源。这就是开发信息设备和用户界面的"创意"层面，诸如斯蒂文·乔布斯旗下的苹果公司能够通过产品的设计品质独占鳌头（图 4-12），甚至是在类似的产品以更低的价格出售给顾客和企业的情况下[23]。

| 1998 | 2000 | 2002 | 2004 | 2005 | 2007 | 2009 | 今天 |

图 4-12 斯蒂文·乔布斯旗下 iMac 的演变

三、后工业经济、社会和城市复兴

数字革命发生的历史时期十分特殊，以冷战结束为显著标志。在欧洲，文化不再被当作一种直接的政治和意识形态方式，而成为某种产业生产产品的原材料，英国可以很好地证明这一点。实际上，文化的政治用途使柏林墙的倒塌成为可能，例如西方艺术家在柏林墙附近举办音乐会（参

见 1987 年的大卫·鲍伊和 1988 年的布鲁斯·斯普林斯汀），以及自由欧洲电台的广播。冷战结束后，文化成为一个用途广泛的强大工具。同时，撒切尔主义在英国也难逢对手。于是，一种新的文化资本得以自由发展，私有化"共有财产，将其纳入商品流通，赋予其商业用途"[23]。一个通过公共政策和公共财产建立的现存文化资本可以经由新型数字技术成为新的经济红利的来源。

如此看来，"创意"可以被当作由数字技术加工过的文化，这样便可以在工业生产中享受优待。换句话说，文化已经变成能够通过新技术商业化的产品。随着这一转变在西方国家中逐渐形成，创意产业在短时间内蓬勃发展，经济也相应增长。在创意产业中，创意和数字革命这两个概念有点融合的意味。实际上，哈特利在定义创意产业时强调了新媒体技术的作用（信息与通信技术）[22]。

诸如 iPod、iPhone（智能手机）、iPad（平板电脑）和 iTunes 在内的移动设备和平台极大地促成了音乐产业的转型，它们改变着音乐制作、流行和消费的方式，表明科技可以在很大程度上重塑媒体产业……不过造成或决定这些变化的是软件、硬件设备和相应的科技吗？信息与通信技术和创意产业的变化有什么关系？部分问题在于新古典主义经济模式认为可以用分析法来处理科技……然而，以约瑟夫·熊彼特（1942）为代表的一批经济学理论家提出质疑，他们认为新古典主义经济学理论无法解释为什么科技对现代经济发展和转型至关重要。[23]

而且，科技无法直接决定经济和社会发展。它们被视为一个整体，用于支撑经济和社会。根据行动者网络理论，科技和社会具有互构性[23]。未来的发展取决于我们如何"把人类的创意和机器结合起来……创意产业同时也是一个经济板块，在那里我们探索和学习富有创造力的方法来应对深刻而广泛的科技革命"[23]。

一方面——从列宁主义的角度来看——通过把生产活动向其他大陆转移，并从专利、版权和品牌中获利使欧洲成为一个食利者社会。另一方面，这些改变使现代人能够发展新的亚文化形式，促进了新型文化空间的崛起。英伦摇滚和嬉皮士很好地诠释了新式亚文化现象。英伦摇滚源于英国的西雅图，属于一种重金属摇滚。20 世纪 90 年代，不少英国乐队，如绿洲乐队、污点乐队（图 4-13）和山羊皮乐队一夜成名，在世界范围内取得成功。而嬉皮士亚文化现象与英伦摇滚不同，它源于美国的爵士乐，在 2000 年开始流行起来（图 4-14）。从创意角度来看，嬉皮士亚文化具有特殊的含义。实际上，它与所谓的创意阶层有重叠的地方，但这两者在类型和规模上都不尽相同。一方面，嬉皮士在早期被定义为"波希米亚人"（《纽约时报》）或"东村艺术家"（《纽约时间》），2003 年，在罗伯特·拉纳姆推出自己的畅销书《嬉皮士手册》后，嬉皮士似乎成为一个群体，一种亚文化形式，他们主要由来自中产阶级家庭的年轻人组成。另一方面，理查德·佛罗里达将创意阶层定义为包含波西米亚人的大群体[24]，构成了后工业社会中的新兴社会团体。这一团体对发达国家的 GDP 贡献巨大，他们不仅活跃在经济领域，还积极投身于社会活动，尤其是城市中的社会活动。

图 4-13 英伦摇滚乐队污点乐队

图 4-14 蕴含嬉皮士文化风格的达利艺术工厂的特制人行道

在一个创意城市中……人们不仅接纳新的思想，还创造新的思想。身处其中的居民既完成自己的工作，也体验别人的工作，在买卖之间切换自如。他们不仅在自己的业务中表现出创意，还以购买者、观赏者、消费者和使用者的身份接触他人的想法，而这些想法同样稀奇古怪、异想天开。这不是一个非此即彼的情形，创意人士在给予和接收事物时都表现出十足的创意。[24]

随着工业生产向新型信息经济的转型，整个欧洲突然发现自己充满了各种工业遗迹，它们

图 4-15 关税同盟煤矿工业区，埃森市，鲁尔区

已经无法发挥自己原本的功能。街道、城市乃至一整片的区域都不得不进行改造。典型的例子是德国的鲁尔区（图 4-15），20 世纪 50 ～ 60 年代，它是德国工业发展和经济快速增长（年增长率 9%）的中心区域。由于诸多原因，其中最主要的恐怕是 1973 年原油危机和采煤成本的增加，鲁尔区的重工业不再有能力与低成本供应商竞争。数量惊人的工业建筑和巨大的基础设施废弃了，成为见证过去的工业遗产。类似的情景发生在许多欧洲国家中，还有近年来的中国，生产活动逐渐远离市中心，之前的工业区不再承担生产任务。这些地区的重建满足了创意活动和文化活动对空间的需求。与此同时，艺术家、设计师、建筑师和规划人员通过成本低廉的方案将这些老建筑改造成具有新功能的场所。德国的鲁尔区、北京的 798 艺术区、上海的 M50 创意园、深圳的达利艺术工厂、华侨城创意文化园和艺象国际艺术园都展现出在新型创意经济基础上进行的城市复兴。这些改造的规模不尽相同，有的是一大片区域，有的只是单一的建筑，其中涉及的改造对象也有所差异。大多数情况下的改造活动都和泰特现代美术馆一样受到严格控制，而另外一些，如华侨城创意文化园，改造者对大部分区域拥有充分的自由改造权，有时候其内部的某个半成品反而能给这个区域带来巨大的活力和生机。

在后工业时代的欧洲，文化成为社会、文化和经济复兴的关键。但是，这个复兴过程与政策和空间息息相关。1983 年，希腊文化部长开启了"玛丽娜·墨蔻莉"计划，极大地刺激了欧洲国家对于城市复兴的渴望，而雅典则成为先驱。这个计划如今仍在进行中，鼓励着越来越多的欧洲城市走上复兴的道路，尤其是那些之前作为工业基地的城市，像格拉斯哥、科克和埃森市（代表鲁尔区）这样的城市成为大型公共投资的对象，这无疑加快了它们从工业城市向当代创意中心的转型。

第三节 创意和空间

在深圳，离人口密集的罗湖区（该城市的第一个城镇化中心）不远、离大鹏度假村相当近的某个地方，有一个小村庄，最近吸引了全球的目光（图 4-16）。这个村庄远离城市的喧嚣和尘土，四周是绿色的天然植被。在这个天然洼地的底部有一个占地面积 8 公顷的印染工厂的旧址，颇有意大利雕刻家乔凡尼·巴蒂斯塔·皮拉内西的风格。事实上，正是这个旧址赋予了这

个村庄强烈的现代主义特征，并因此吸引了新兴创意阶层的目光。皮拉内西描绘的古典遗迹在这里有了现代版本。在长达 10 年的无人问津之后，建立于 1989 年的印染厂被茂盛的亚热带植被所覆盖。复兴该区域的计划正在紧锣密鼓地筹备当中，目标是将这里改造成一个集艺术、展览、住宿和行政为一体的空间（图 4-17）。"整体计划是在 20 年的时间内建造 18 栋大楼"[25]。这片区域改名为"艺象国际艺术园"，从 2014 年开始承办各种活动和项目，它的建造仍在进行中。第一个建造计划是青年旅舍和折艺廊，都由 O-Office 设计完成。正如建筑师所说："设计从废弃的印染厂开始，逐渐与自然合二为一。"[26] 打个比方来说，在废弃的印染厂周围新修的建筑好比"分解者"，它们不是"寄生"在原址上面的，而是通过"降解"旧址的"有机成分"形成自己的"株群"。这个过程好比寄居蟹在死去的贝壳上安家。这个空间的奇特氛围不仅来源于这个遗址所具有的浪漫主义色彩，还来源于这个地区因为交通不便而具有的田园风格。关于艺象国际艺术园，还有一个有趣的现象值得注意：任何能连上网络的人都可以轻易找到许多该地区的图片，比真正到这里要容易得多。

图 4-16 艺象国际艺术园的创意氛围，深圳

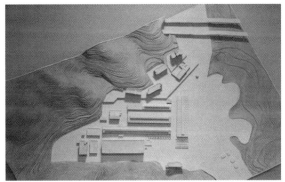

图 4-17 艺象国际艺术园的空间规划，深圳

一、一个新的美国

美洲的"发现"使得一场巨大的革命得以发生。正如卡尔·施密特在他的《海洋和大陆》中所说，空间革命与历史的根本力量紧密相关，这说明"大陆和海洋以新的面貌进入人类的视野……事实上，历史上所有重大的变化都或多或少暗示着一种新的空间观念。"[27] 新的数字技术使得革命变得来势汹汹，给世界带来了新的空间景观。新的空间格局"层出不穷"，推动这一切的动力因为新型技术的出现而发生着巨变。数字革命使那些"隐藏的"空间得以显现并为大众所知。

20世纪70年代初，一部在建筑学领域具有里程碑意义的作品在美国马萨诸塞州的剑桥大学发表了。这本名叫《向拉斯维加斯学习》的杰作由罗伯特·文丘里、丹尼丝·斯科特·布朗和史蒂文·艾泽努尔合著完成。他们提出了一种理论：在当代美国城市，影像的重要性远大于建筑，尤其是考虑到影像的交际功能。实际上，在当时汽车成为首要的交通工具，司机必须时刻关注路边的各种交通标志。在数字革命带来各种改变的今天，情况就不一样了。不仅是出行方式发生了改变（不过汽车仍然是最重要的交通工具之一），用来提醒司机的标志也不同了。信息主要通过移动设备来传递，司机可以通过全球导航系统抵达目的地。

因此，提前知会见面地点的传统也发生了变化。在信息时代之前，见面地点往往固定在城市的某个地方。每个功能都有各自的地点，但是在现代化到来之前，这些地点通常集中在某一个特定的区域。由于当时通信的落后，临时改变计划无法及时通知到位，那么固定地点和时间就会方便得多。宗教仪式、商业活动等发生在小镇或村子里的公众集会都有着固定的时间和地点。

而信息革命使人们能够及时得知某个活动的确切方位，这意味着不再需要固定的时间和地点了。从那以后网络成为新的不可或缺的事物，人们需要联网与亲戚、朋友保持通信。而在科幻小说中出现的机械人和机器革命突然说得通了。尽管科幻小说中描绘的场景仍然遥不可及，但社会行为中的某些变化却凸显出来。各种矛盾关系可以通过数字设备进行调解，人们有可能在虚拟空间中会面。虚拟现实技术同真正的现实融合得越来越紧密，Pokémon Go游戏的火热很好地说明了这一点。2016年7月，似乎在一夜之间，成群的玩家花费大量时间奔走于各种公共空间，用自己的移动设备捕捉虚拟的小精灵（图4-18）。一些不知名的小城市，如弗吉尼亚州（美国）的奥科宽，突然涌入了大量Pokémon Go玩家（图4-19）。本着"用户混合、历史标记和其他一些数据处理方式"的原则，计算机挑选小镇的某些地方作为虚拟的小精灵出没的场所。在奥科宽，Pokémon Go玩家"在市政厅门口挤成一团，涌上人行道和大街。他们盯着手机，手指不停地划过屏幕，如同行尸走肉一般，让人不禁联想到反乌托邦的混乱的未来科技社会"。这些场景似乎表明相较于新型科技带来的无限可能性，人类智能太过局限了。除此之外，我们感兴趣的还有这些变化是如何作用于空间的。可以很清楚地看到，随着新型科技的出现和经济的转型，人们使用城市的方式变得不同于以往。一些城市的中心地段因为一成不变的功能而变得萧条，而某些新的活动和事件却在其他地方随机发生。

图4-18 台北，Pokémon Go的狂热玩家们寻找稀有小精灵

图4-19 美国奥科宽，人们在玩Pokémon Go

城市的偏远地区变成了潜在的新的中心，尽管从它们的外观上丝毫看不出这一点。这一现象发生在各种层面上，作用对象涵盖各种功能。因此，对于旁观者来说，某些活动变得不易察觉。高楼大厦突然也可以进行商业活动了，例如餐馆和零售店。商家开始摒弃传统的街头和公共区域的视觉广告，转而在数字通信上加大投资，以吸引更多顾客。不同的商家会自发地选择不同的宣传活动，临街店铺的目标群体是那些不会上网的人群。街道，或者说公共空间经历了一场

剧变，变得单调乏味。

持续进行的变革在深圳这样的新兴城市中显得更加明显。惊人的城镇化进程使珠三角地区一跃成为世界上最大的城镇区域[28]，它的中心就在深圳，其人口在过去 30 年间从几十万增加到约 1 500 万。除了 100 个之前就存在的村庄，这座城市可以说是从零开始拔地而起的。近年来城市的土地变化源于社会行为的结构发生了改变，这一点在深圳尤为显著。在这个城市中，我们可以发现来自世界各地的各种各样的活动，但它们并没有发生在广场或商业区等重要公共场所，也没有沿街用广告牌进行宣传。深圳没有一个明晰的、公认的中心，不过要是那个地区无法上网，那将是无法想象的。

二、创意和公共空间

创意和公共空间的关系至少有两个。首先，创意可以用于建造更有趣、更具吸引力的公共空间（图 4-20）。从这个角度来看，创意扮演着一个重要的社会角色，它为市民建设更好的环境，在他们中间形成一种集体归属感。实际上，很多例子都可以说明公共空间是"一个重建市民文化的场所或工具……它能够让市民变得更加文明、友好，提升市民的生活质量"[29]。在公共空间上面进行的公共投资往往能改善城市居民的生活质量，而在设计公共空间的过程中创意发挥着至关重要的作用。这其实是老生常谈了，为庆祝千禧年而进行的艺术创作就包含着对公共空间的建设和装饰。

而与我们的调查相关的新思考是创意和公共空间的反向关系：公共空间是如何增强创意的呢？创意经济如今在许多国家变得越来越重要。为创意搭建一个完善的平台能够极大地促进经济的发展。很多创意企业都搬离城市以寻找更好的环境，而其他企业，如维特拉家具公司，则通过改变原有的环境来激发创意。不过，许多艺术家、设计师和创意工作者并没有受雇于公司，他们在家办公，同样为经济增长做出了贡献[30]。他们的工作环境就是他们的家居环境。那么，提升公共空间至少能取得两方面的成效：一是城市居民的生活质量提高了，市民文化得以加强；二是创意部门的条件得到改善。众所周知，城市需要不断更新来保持竞争力。同时考虑市民的幸福感和潜在的经济增长是一个不错的策略。尽管许多城市都开始重视通过改善公共空间来提升市民的生活质量，但它们并没有把通过改善公共空间来激发创意放在首位。而且这个问题处理起来相当复杂。从已有的变化和当下的趋势中我们能学到一些应对这一问题的方法。显然，新型技术使得那些远离城镇的偏远地区变得更加诱人，这不光是对游客而言，对于创意工作者也是如此。城市不得不加快转型步伐，以阻止创意人才外流，从而保证城市内部的创意[31]。

三、远离拥挤：感性因素的作用

当城市变得越来越神秘的时候，偏僻的乡村地区将成为各种新式活动的核心空间资产。我们都曾经历过这段时间——全世界大部分人口居住在城市，人们为了获得更好的工作机会、住宿条件和服务而互相竞争，程度愈发激烈。很多城市工作者，尤其是白领，不惜舍弃宝贵的休息和娱乐时间，极力获取一切网上资源，从而使自己更具竞争力。高强度的压力使这些城市居民越来越渴望更优质的生活。数字革命的兴起使得许多田园景区出现在公众的视野中，吸引着居民前来游玩。一些小镇和村庄因为承办了各种文化活动和艺术展览而一举成名。偏远的小村庄，如意大利的瓦尔苏加纳镇和萨尔梅德镇（图 4-21），以及威尔士的书香小镇海伊（图 4-22），通过提供新的创意和文化展览活动，吸引了大批游客。近年来，类似的现象也出现在中国，例如前文提到的艺象国际艺术园和达利艺术工厂。在这些例子中，文化活动与游客的体验相结合，

图 4-20 在莫尔公园唱卡拉 OK
普伦茨劳贝格区，柏林

图 4-21 插画学校，萨尔梅德镇，意大利

他们有机会接触当地的传统，并体验田园生活。而且，这些地方备受创意阶层的青睐，优质的环境条件源源不断地激发着他们的创造力。

可以肯定的是，一处规模不大的田园景观不只是用来游玩的。近几年，许多废弃的工业区都被改造成创意产业的所在地，植被、城镇家具和艺术作品点缀其间，营造出舒适的环境和妙趣横生的用户体验。其他一些产业则搬到偏远的地方。结果是，有些企业就在远离城市的地方蓬勃发展起来，如维特拉设计园区（图 4-23）。创意产业可以分为三类：第一类是与去工业化进程同步的。第二类是依赖于个人创新的，其中不少企业已经在长期发展后取得成功。第三类是最近才出现的，它被认为是创意产业的最终趋势，这一点我们会在本章的后面谈到。前面谈到的所有例子都有一个共性：根据最近的研究表明，自然环境能为创意的激发提供最佳条件。

在研究创意过程时，感性因素往往被忽视，人们常常着眼于创意过程本身，对激发创意的环境条件视而不见。20 世纪上半叶，格式塔心理学家，如邓克尔、科勒、迈尔和韦特海默，发现了感性因素在解决问题时的重要作用，并提出了相关理论。

图 4-22 海伊文化节，海伊小镇，英国

图 4-23 维特拉设计园区，莱茵河畔威尔城，德国

格式塔心理学家首次以现象学的视角描述了人们在面对难题时的情景……他们发现了两个不同的过程：再造性思维（基于经验的机械性重复，形成习惯后被不断加强）和创意思维（创造新事物的过程）。[32]

创意思维常常与感知问题的模式有关。从不同的角度去看待问题更容易形成解决方案。而且，排除掉干扰因素之后，在解决具体问题时就会更加专注。大量的科学证据也表明创意与自然环境紧密相关。不少研究都得出结论，认为沉浸于自然环境中能增强创意思维[33]。因此，许多创意产业都把工作场所安排在这样的环境中。而宁静的乡村无疑成为最佳地点，它们远离闹市，能够极大地激发创造力。

四、庄园的创意

近些年的科学研究证明了自然环境和创意的直接关系，不过人们其实很早就意识到了这一点。校园（由拉丁词 campus 转变而来，译为"田地"）作为一个独特的城市空间设施，源于新泽西州立大学（现普林斯顿大学），在 16 世纪后半叶该大学的周围是一片田地。这片田地隔开了大学和城市，提供了得天独厚的宁静而舒适的自然环境。中世纪的欧洲学院向来与世隔绝，但在 20 世纪"校园"一词有了新的含义，它不仅包括绿地，还包括教学楼。到了 21 世纪，"校园"这一概念有了更广泛的应用，它不光适用于大学，还适用于工业园区，尤其是那些把创意视为首要资产的企业。著名的例子包括美国的微软、苹果和谷歌，欧洲的不少企业也相继效仿，例如维特拉（家具设计）、贝纳通（时装设计）、法拉利（汽车生产商）和诺华（制药商）。最近中国也行动了起来，主要包括深圳的万科中心和昆明的云南白药厂。

营造一个既能激发创意又能推动企业发展的良好环境并不是全新的想法。早在 20 世纪 50 年代，随着贝特维亚工业中心在纽约开张，这一想法便开始萌芽。这一概念最早由美国提出，并在随后几年里被英国和欧洲发扬光大，直到最近才发展中国家出现。不过，一直以来人们关注的都是企业管理，而非创意过程的开发。最近在美国和欧洲，随着数千个不同类型的企业创意园如雨后春笋般冒出，这一情况有了惊人的改进。创意园从 2014 年开始成为全球媒体关注的焦点，这要归功于美国总统奥巴马参观 1776 商业创意园的举动，还有意大利总统马泰奥·伦齐对 H- 农场的访问。H- 农场是面向新成立的数字公司而建造的私人企业创意园。卡米拉·科斯塔和玛格利特·特瓦尼所做的研究表明，进行创业的物理和社会环境极大地影响了创造性思维和创新性思维的产生。[34]

H- 农场坐落于威尼斯的一个以农业生产为主的偏远地区。由于新型数字技术的出现，以及原始工业向信息工业的转型，这种新型空间得以改变其内在各部分的关系，它的功能、地点和发展都呈现出新的面貌，并成为工业、社会和空间革新的实验室。而且，这个新型空间孕育出许多科技创新产品，改善了人类的日常生活，并影响着人类生活同公共领域的关系。了解 H- 农场的建造和发展过程及其运作机制，对于开发城市公共空间的发展潜力来说至关重要。

第四节 新型产业空间作为可持续发展的社区：以数字创意园为例 [34]

一、思维模式的转变

在过去 10 年里，经济和土地发展的"思维模式"逐渐向一种全新的经济和企业系统转型，后者以知识、"无形资产"和创意为基础。在全球化和企业重构的背景下，创新、创意和经济实践互相联系，形成了一种全新的物质以及非物质"产业空间"。这些空间中的硬性资产和软性资产使思维模式的转型成为可能，而不少学者和政策制定者对此表现出极大的兴趣。那些抽象却常见的概念，例如区域竞争力、创意阶层和人力资本，得以具象化，为创新人才、青年企业家和创意工作者提供一个稳定的发展平台。

创新型人力资本的聚集成为促进城市经济增长、激发城市活力的关键因素，因为它能够提升和刺激创新意识。这种趋势表明，知识在经济发展过程中越来越重要，过去用来提高产生效率、确保经济、社会和城市发展的福特制面临着危机，而知识则是对该危机的回应。从目前的文献资料来看，城市环境常常被认为是孕育思想、创意、创新性和人类福祉的理想场所。创新型人力资本和知识创造与分享的过程相互联系，它们的关系常常被拿来分析，其结果大多指向城市环境，并强调这些过程的空间维度（波特，2003；帕诺佐，2007；波特和米兰达，2009；乌尔夫，2009；格莱泽，2011；歇尔马，2012）。城市成为知识型经济和知识资本的关节，在全球经济这张错综复杂的版图上占据主要位置，在全球化的影响下经济和社会结构发生了深刻的重构（扎森，1991；阿敏，1994；斯多波，1997；卡斯塔尼奥利，1998；帕蒂森，2001；阿敏和思里夫特，2002；德特拉贾凯，2003；吉布森，2003；伯杰，2007）。不少研究都把城市定位为全球化的影响得以具象化的场所，在那里当代经济和社会动力能够具体地呈现出来；根据这类研究，全球化和知识经济的新"范式"将城市升级成一个能够实现本土战略计划的场所（克拉克，2003；朱，2008）。城市形象得到了提升，成为资金流动、经济资源、技能型人力资本、投资以及能源的基地；各个城市之间不仅存在合作关系，同时还相互竞争，以在全球市场上获取必要的资源。每个城市都推陈出新，改进本地的管理层级，重组机构，从而获得更多资源，并稳步引进投资、科技和高质量人力资本（利弗，1999；卡马尼，2000；佛罗里达，2002；帕金森等人，2003）。

对于城市而言，它所具备的各种条件既可以支持以创新为导向的社区的形成和发展，也能反向抑制。不过，对于能促进当地经济增长的创新项目，还是以支持为主。在塑造新型产业空间时创意阶层到底发挥着怎样的作用？在建造适合创意产业发展的工作场所时应该如何规划？我们可以从"数字创意园"和新起步的数字公司入手来回答这些问题。

二、构建一个创意与创新的空间

1. 城市创意的力量

创意和创新性无疑是城市最重要的资产，因为它们能够提升一座城市在全球化时代中的竞争力，并促其发展（波特，1990；英国贸易工业部，1999；阿赫，2000；迈尔斯和帕蒂森，2005；拉万加，2006）。为满足重建和复兴的需要，城市圈被公认为促进城市发展的关键因素。环境宜人的城市本身就是形成创意阶层的理想摇篮，技能型人才和企业家携手前进（斯托拉里克等人，2011），极大地提高了创新意识，实现了知识型增长。许多条件都能帮助创意阶层形成和建立，关于这些条件的良性循环以及激发创意阶层创造力的举措会在以下段落详细分析。

创意被认为是一种竞争优势，它能够提升企业知名度，促进企业内部发展，它强调使用前瞻性的策略来最大化创意资本（杰夫卡特和普拉特，2002）。创意还被视作促进经济可持续发展的重要因素，尤其是对于那些大城市，因为创意体现出后工业化范式（马库森，2006；萨科和布莱希，2005；斯科特，2006；库克和施瓦兹，2007；斯特格达，2007；佛罗里达等人，2008）。创意作为一种增值元素出现在各种产品和服务部门当中。

同时，创意资本也被认为是知识型经济活动的本质，它与各种层次的宏观和微观经济密切相关（联合国贸易暨发展会议，2010）。随着人们越来越看重无形资产，创意成为世界贸易中的新生动力，它能最大限度地促进经济增长（霍金斯，2002；坎宁安，2006；波斯玛和弗里奇，2009）。

创意不光在经济上占据一席之地，而且有助于实现个人的福祉和社会的繁荣（比安奇尼和帕金森，1994；哈特利，2005；库克和拉泽雷蒂，2008；亨利，2008）。城市环境为"硬性"和"软性"基础设施的建设提供了必要条件，从而使各种想法和创意得以流动（兰德里，2000）。人力资本的功能主要体现在影响社会和经济转型上，由于非物质和物质因素的动态结合，人力资本还能提高创新能力，这些非物质和物质因素对于经济复兴至关重要（阿特金森和伊斯特霍普，2009）。"全球城市指数"（图4-24）显示了人力资本在城市整体价值中占的比重。

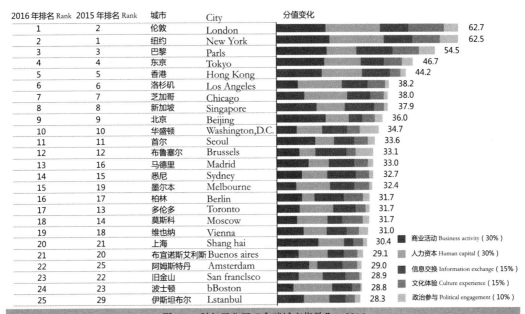

2016 年排名 Rank	2015 年排名 Rank	城市	City	分值变化	
1	2	伦敦	London		62.7
2	1	纽约	New York		62.5
3	3	巴黎	Parls		54.5
4	4	东京	Tokyo		46.7
5	5	香港	Hong Kong		44.2
6	6	洛杉矶	Los Angeles		38.2
7	7	芝加哥	Chicago		38.0
8	8	新加坡	Singapore		37.9
9	9	北京	Beijing		36.0
10	10	华盛顿	Washington,D.C.		34.7
11	11	首尔	Seoul		33.6
12	12	布鲁塞尔	Brussels		33.1
13	16	马德里	Madrid		33.0
14	15	悉尼	Sydney		32.7
15	19	墨尔本	Melbourne		32.4
16	17	柏林	Berlin		31.7
17	13	多伦多	Toronto		31.7
18	14	莫斯科	Moscow		31.7
19	18	维也纳	Vienna		31.0
20	21	上海	Shang hai		30.4
21	20	布宜诺斯艾利斯	Buenos aires		29.1
22	25	阿姆斯特丹	Amsterdam		29.0
23	22	旧金山	San franclsco		28.9
24	23	波士顿	bBoston		28.8
25	29	伊斯坦布尔	Lstanbul		28.3

商业活动 Business activity（30%）
人力资本 Human capital（30%）
信息交换 Information exchange（15%）
文化体验 Culture experience（15%）
政治参与 Political engagement（10%）

图 4-24 科尔尼公司"全球城市指数"，2016

图中排名证明了商业活动和人力资本的确存在相关性，两者都是提升城市竞争力的主要因素，并影响着信息交换、文化体验和政治参与等其他活动。处于后工业化时期的城市必须率先革新，提升本土创新活动和创意工作者的影响力，从而在全球市场上取得成功。加大对研发项目和研究中心的投资力度的确能鼓励创新，但创新的来源远不止于此。创新其实来源于创新者，一个良好的、鼓励知识生产和循环的社会环境能极大地激发这些创新者的创造潜能。随着"创意阶层"这一概念广为流传，人们越来越关注创造力，创意资本被开发出来，并逐渐成为全球性话语中的一部分（佛罗里达，2002）。在创造性和创新性经济中，创意阶层发挥着重要的战略作用，拥有创意人才的大都市能够在新的本土经济发展模式中取得成功。

创意人才的存在能够提升城市整体的创造力，这反过来又会吸引那些"拥有与众不同的思维、并对地区发展有着长远和全面规划的人"（昆兹曼，2004）。大胆的战略眼光能够激发创意潜能。创意人才是那些"能够容忍差异，不喜欢安逸，并努力追求事实的人。他们能够与他人合作，接受不同的文化体验，并且能够分清敌友。事实上，创意人才能够与自己的反对者共事，但他们绝不会轻易透露自己的真实意图"（阿赫，2000）。不过，真正的创意人才只有在满足自己需求的氛围中才能发挥作用、创造财富、推动经济和社会进步。从这个微观角度来看，城市领导、企业主管和城市规划者面临的挑战就是为创意人才提供一个有利于发挥才智的环境。这个环境应该反映出创意工作者的生活方式和价值观，这样才能推动创意阶层以及整个城市的发展。为了培养技能型人力资源，我们必须为他们提供一个集工作、生活和商业活动为一体的生态环境。创建这样的社会关系有助于商业、科技、文化和人类进步的融合。创意阶层是共享型文化价值的主要承担者，这有点像集群理论（通过整合利益，并利用互联网、隐性知识转移和当地经济发展来打破竞争壁垒），他们能够营造出一个理想的文化环境以加快业务整合，在鼓励合作的同时刺激竞争。

2. 规划在新型城市企业主义中的作用

如果说城市在经济发展过程中占据中心地位，那么规划是如何作用于创意阶层的呢？急剧加快的转型步伐、受影响的地区规模、发展动力的复杂性、行动者的多元性以及政策决定者的参与程度，以上这些都是在全球化背景下决定大都市发展的重要因素（斯科特，2001）。城市区域凭借自身的吸引力得以复兴，它们成为创意基地，成为检验和体验新的生活方式的实验室（弗里德曼和沃尔夫，1982；金，1990；扎森，2001；联合国人居中心，2004）。

在全球性的后工业时代中，土地规划的作用显得至关重要，它能为城市发展提供框架和坚实的基础，尤其是在后福特主义甚嚣尘上的今天（布拉姆利和兰伯特，2002；Verwijnen 和 Lehovuori，2002；希利，2007；塞佩，2010）。从更广泛的意义上来看，土地规划能够改变、塑造和决定城市空间结构，提升城市竞争力，加速城市可持续发展（成日，2004；吴和余，2005），源源不断地输送对城市环境的增长至关重要的知识产品。新的时代要求城市能够掌控周边事宜，与全球市场相结合，在文化和创新活动中发挥自身的影响力。城市企业主义被广泛讨论，许多人认为它可以刺激城市的创新能力（斯科特，2006）。城市是向知识型经济过渡和转型的中枢，在这个动态过程中"城市企业主义"备受青睐，被认为是土地发展的成功模式。企业主义已经成为城市经济发展的引擎，它强调了创业精神在全球市场中的重要性，因为它能够提高就业率、提升竞争力（杰索普，1997）。举例来说，城市干预的模式发生了明显的变化：从以自上而下的"官僚"主义为基础的单一公共介入，到以私人企业为特色的创业模式，后者经常与城市管理者合作（霍尔和哈伯德，1998）。城市需要展现不同的能力，为经济活力创造条件（斯多波，1997），其效果不光作用于经济空间和活动，还作用于社会和环境创新（杰索普和萨姆，2000）。在这种观点下，城市被定义为国际竞争中的"全国冠军"，它能够应对经济发展过程中的阻碍，满足社会复兴的需求，支持以政治为基础的新型增长模式，形成新的社会合作方式。为了实现可持续发展，城市应该遵循以下企业规则（杰索普，1997）：

①引进新的适合居住、工作、生产、服务和消费等活动的城市空间类型。

②形成新的空间结构，为生产、服务和其他城市活动（例如建设新的物理、社会和网络基础设施、扩大聚集经济的规模、建造科技城、削弱监管力度、技术再造）提供本土优势。

③开放新的市场，其方式可以是在某些城市中开辟新的营销区域，或通过改善居民、上班族和游客的生活质量（例如改进文化、娱乐设施和城市景观）来改变原有的消费空间划分，或两者同时进行。

三、规划新的产业空间

1. 以数字创意园为例

拥有创意资本的城市本身就吸引力十足，而城市规划则可以为其增光添彩（弗卢，2012），在那里创意工作者可以找到自己需要的工作环境：拥有大量便利设施、充满生机、文化背景丰富，他们有机会与不同的人打交道（佛罗里达，2002）。新的空间结构能够为生产、服务等城市活动提供本土优势，营造一个"遍地黄金"的场所（科瑞德，2007）。在为创意人才搭建新的空间结构时，规划发挥着积极的促进作用：提前规划能够保留那些激发创造力的城市功能。在加快土地革新和联络创业者方面，企业精神必不可少。

因此，规划应该同时考虑以下两个方面：

①干预城市功能的修缮和拓展，这些功能是知识、创意和创新能力的基础。对创意工作者表现出更大的包容性。

②另一方面，改善城市、私人企业和公共组织的条件，从而提升创造力。

换句话说，规划的作用可以放大成为"新型产业空间"的缔造者（斯多波和斯科特，1998），这种产业空间支持集群生产系统和新型社会监管系统（莫勒厄和塞基亚，2003）。表4-1做出了总结。

表 4-1 新型产业空间模式中的创新特征（莫勒厄和塞基亚，2003）

创新特征	新型产业空间
创新动力的核心	研发结果和运用；应用新的生产方式（准时制等）
机构的作用	为企业内交易与合作制定社会规范，为创业活动提供动力
地区发展	社会规范和集群生产系统的交互作用
文化	互联网文化和社会互动文化
客户之间的关系类型	公司内部交易
与环境的关系类型	社群形成和社会再生产的动力

通过对数字创意园等新型产业空间的实地考察，我们分析了规划在"空间"形成过程中的作用。下列论述能够支撑我们的选择：

①城市和创意园之间的关系相当奇妙，前者是激发创造力的理想场所，后者是的任务是促进新公司的发展。

②创业精神有双重性：一方面，它有助于企业间的合作，从而在市场上取得共赢；另一方面，它也鼓励创意人员成立自己的公司。

将创意园作为案例分析的对象还有以下原因：

①它们是知识型经济的核心。

②它们在近十年时间内发展迅速，在全球范围内颇具规模。

③它们的核心业务以无形资产为基础，具有数字经济对办公场所要求不高的特点，但它们有自己独特的关系网络和发展动力。

④与它们的经济效应和研究工作相比，它们的合作模式和土地结构不太明显。

2. H- 农场，位于威尼斯城市圈的数字创意园

为了探究创意人力资本、创新过程和环境的关系，我们将目光投向 H- 农场。H- 农场是一个数字创意园，它展现了物质和社会环境如何影响创造性思维和创新性思维的产生，而这些环境正是创业活动发生的场所。在这里要感谢 H- 农场的财产管理公司"卡特隆房产"的大力支持，我们有幸以学术专家的身份参观意大利最大的数字企业创意园 H- 农场，并了解其业务运作和土地规划。通过对 H- 农场进行案例分析，我们可以看出规划的重要性，正是通过规划，H- 农场才能成为创新活动的摇篮。分析还指出了提前设计物质和社会环境的重要性，这有助于企业进行创意活动和创新活动。

它在卡特隆庄园内部，是一个新型的创业模式园区，即把企业属性与自然环境融为一体，从而影响创业活动的进程。社会和生态创新促成了卡特隆庄园的建立，庄园的未来依然取决于这些创新活动，因为它们是提升企业创造力和竞争力的重要因素。通过案例分析，我们有机会对 H- 农场的商业战略路线一探究竟，在分析过程中，我们需要把企业身份、社会环境和土地关系考虑在内。H- 农场位于威尼斯城市圈（经济合作与发展组织，2010）：意大利最大的经济体之一，拥有 260 万居民，占 2005 年全国总增值的 5%。该区域覆盖威尼斯、帕多瓦和特雷维索。

它是世界上最重要的出口产品生产区之一：23%的意大利出口品和超过40%的意大利出口奢侈品都在此生产。它是经济合作与发展组织承认的城市圈典范：高生产率，与国际化大都市媲美的人均GDP，以及低失业率（2008年只有3.5%）。然而，尽管威尼斯强大的创业精神，尤其是中小型企业，从20世纪60年代以来就一直推动着威尼斯的地区发展，但是威尼斯城市圈的创新指数却不尽如人意：举例来说，该地区25岁以上、拥有大学学历的居民只占总人数的9.5%；研发经费占的比重也很小，在2003年只有总预算的0.72%，而同年欧盟国家的平均水平是1.97%（经济合作与发展组织，2010）。

威尼斯城市圈在鼓励创新方面做出了许多尝试：其中最重要的一个就是学习欧洲国家，在帕多瓦和威尼斯等城市中建造了许多创意园。大多数尝试都收效甚微，主要原因是它们在规划与当地政府和大学紧密相连的科学园区时沿袭了自上而下的传统观念。但H-农场则有所不同：它从农场内部的创业活动中获利，通过证明自身多方面的创业精神来鼓励创新。

（1）为创新和创造而生的人类农场。

H-农场是意大利最重要也最知名的数字企业创意园，它的任务是支持并加快网络、数字和新媒体领域中创新项目的发展。H-农场的首要特色之一就是它为新公司提供的商业模式，以及两类服务：种子投资和技术孵化服务。其结果是具有双重功能的混合模式：既面向风险投资家，又面向技术孵化器。作为风险投资者，H-农场为刚起步的公司提供必要的经济援助；而作为技术孵化器，H-农场提供一系列促进企业发展的服务。举例来说，在技术开发的各个阶段，H-农场都会提供集中化行政管理、新闻部门、人力资源、法律和金融顾问。这意味着，从项目筛选开始，H-农场就对企业的发展和战略进行监管，通过培养成功的商业案例来吸引第三方投资，不断加强创新意识，巩固关系网络，提升知名度。H-农场有一项独具特色的服务项目：注重提供一个能激发灵感的工作场所。卡多·唐那顿是H-农场的创始人，2005年开始的创业项目就是以他的名字命名的。H-农场中的H代表Human（人类），选择这个字母有以下两个原因：

①强调H-农场在完成发展计划时尽可能以人为本、简化流程（主要目标是简化互联网操作、加大对公众的开放度）。

②强调H-农场能够为工作人员良好的环境和人力资源。

H-农场在全球范围内的4个国家中设有办事处：卡特隆（意大利）、西雅图（美国）、伦敦（英国）和孟买（印度）。总部设在卡特隆，我们的研究对象就是位于卡特隆的H-农场。

H-农场中的"H"已经在前面解释过了，而H-农场的地理位置则印证了"农场"一词。H-农场的总部设在卡特隆庄园，它是意大利最大的农村地产（约1 200公顷）。作为威尼托区面积最大的区域，卡特隆自15世纪以来就保持着较完整的土地资产，这一点很不容易。H-农场在发展过程中始终与农业环境紧密相连。无论是现有的位于改造过的农舍里的创意园，还是未来的发展计划，都秉持着同一个理念：鼓励商业活动中的奇思妙想。

图4-25显示了卡特隆庄园（发光部分）和H-农场总部（logo标记处，实际上是一个拖拉机）的地理位置。

从图4-26可以看出，H-农场（红色字母A标记处）把总部设在威尼斯城市圈，此举极具战略眼光，因为它离威尼斯机场（泰塞拉）只有13千米远，而且它处在威尼斯、帕多瓦和特雷维索的交界处，通过最基本的道路设施便可与这些城市相连（图4-27）。

（2）发展前景。

H-农场因其独具匠心的环境而闻名于世（图4-28，4-29，4-30）。在创立之初的前5年，H-农场共投资900万欧元以促进商业活动的发展，其内部回报率高达100%。以H-艺术为例，它

图 4-25 卡特隆庄园和 H- 农场的位置

图 4-26 位于威尼斯城市圈的 H- 农场

图 4-27 位于威尼斯城市圈的 H- 农场（橘色区域）

图 4-28 农场总部鸟瞰图

图 4-29 艺术工作室（1 号基地）

图 4-30 艺术工作室（2 号）

的创立基金是 10 万欧元，最后以 500 万欧元的价格被全球最大的广告公司 WPP 集团收购。在 2011 年，H- 艺术的营业额约有 1 000 万欧元，成为意大利在互联网领域的参考点。其他成功的案例还有：西康公司科研室，创立于 2009 年 2 月，一个在线创意平台，用户能上传服装设计图案参加评比；西康公司是美国无线 T 恤公司的翻版，于 2010 年夏天被新酷公司收购，而 H- 农场占有 5% 的股份。还有 LOG607 科研室，创建于 2007 年 5 月，业务涵盖游戏、团体和私人活动、软件和多媒体公共娱乐，于 2009 年 6 月被马尔西利奥出版社（RCS 出版集团）收购。

纵观 H- 农场的发展历程，我们发现，它现在拥有 32 家新公司，每年还有超过 400 个项目在等待评估和筛选。尽管业务如此之多，H- 农场还是启动了一个新的孵化计划，名叫"H-Camp"；该计划已经进行到第二阶段，筹集到团队种子基金 15 000 欧元，并且有自己的办公场所（包含住宿）、指导者、金融和法律顾问。H- 农场在维持核心业务之外，还将活动领域拓展到其他方面，例如培训业务：它成立了数字学院，组织了一批数字和创意专家，开设了相关课程，在 18 个月时间内共培养了 600 余人。除了教育事业以外，H- 农场还与 Big Rock 建立了合作关系，后者是欧洲顶级的 3D 技术人才培训中心，H- 农场希望以此同 Adobe 公司、皮克斯动画工作室和欧特克等世界知名企业建立联系。

数据和资料显示，H- 农场不光在经济上取得了成功，而且一直致力于建立一个创意社区，以吸引更多人才（现在 H- 农场有大约 300 名员工）。

（3）总体规划。

H- 农场的发展为创意社区的建设提供了许多宝贵的经验，其中最值得注意的是，H- 农场在增加员工数量和提高员工质量方面所做的努力。随着人们对创意园的要求越来越高，H- 农场不得不重新思考自己的发展前景。H- 农场最近计划扩张，目的是把最先进的数字经济同土地和投资联系起来。在可以预见的将来，H- 农场将在保证核心业务的基础上扩大活动范围，从而提高卡特隆庄园居民和员工的生活质量。为了达到这一目标，H- 农场需要与各种国企和私企合作，制定一个总体规划，整合创新活动和乡村环境，从而实现稳步增长。总体规划应该关注对现有建筑的重复使用和可持续发展，后者需要所有创意部门的共同努力（农业、数字、住屋建设、能源、环境、机动性等等），唯有如此才能向多元化的社会经济模式（住房、工作、学习、研究、文化、休闲、旅游等等）转型。H- 农场需要把自身打造成一个层次多元化的大熔炉社区，这样才能增强吸引力，促进发展。

扩建计划的原则是"可持续性"，分为以下三类：

①经济可持续性：提供就业和支付薪水的能力。

②社会可持续性：为所有阶层和性别的人提供社会福利（安全、健康、教育）的能力。

③环境可持续性：保持自然资源可再生性的能力。

在总体规划的框架下（图 4-31，4-32），有些项目已经竣工，例如 Carlo C，一个新的商业中心和创新基地（图 4-33）。

四、总结

案例分析展现了产业空间是如何在新兴的数字企业模式下建立起来的，同时对土地有了新的需求，并产生了新的影响。我们发现，进行创业的物理和社会环境极大地影响了创造性思维和创新性思维的产生，进而提振当地的经济发展。随着经济和产业系统向知识型转型，土地发展的模式亟待改变。城市空间被认为是孕育思想、创造、创新和人类福祉的理想场所，而城市内部的创新、创造和经济实践的关系则被反复研究。当各个城市为了资源而相互竞争的时候，

图 4-31 卡特隆庄园总体规划图（一）

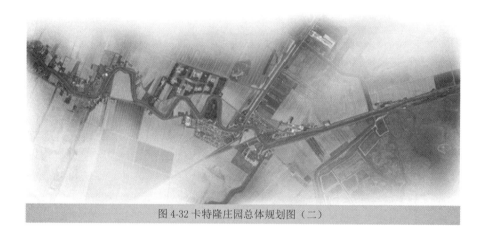

图 4-32 卡特隆庄园总体规划图（二）

图 4-33 Carlo C，创新基地

它们聚集了一批科技人才和高质量人才，这些人才有助于创意社区的发展，从而实现"新的产业空间"。在搭建创意社区的有形和无形"空间"时，城市规划起到了重要的作用。城市和城市网络使创意社区的构建成为可能，而土地规划则在新型产业空间的发展过程中发挥重要的作用。

本书讨论了创意社区的建立和巩固如何成为新型产业空间的核心部分，进行创业的物理和社会环境如何影响创造性思维和创新性思维的产生。从这个角度来看，创意园无疑是"创意建筑"的典范，它解释了熊彼特的相关理论。

我们研究了数字创意园 H- 农场，它是意大利最重要的私立新型数字企业创意园。我们概述了环境和创造力如何在创新规划、土地资源、创业精神和公私联合的作用下共同发展。关于 H-农场的案例分析使"场所营造"这一概念得以具象化，新型产业空间证实了理论模型（表 4-2）。这个理论模型被用来解释创意园 H- 农场的进化史。

表 4-2　新型产业空间模式的创新特征（Moulaert 和塞基亚，2003），以 H- 农场总体规划为分析对象

创新特征	H- 农场作为新型产业空间	
创新动力的核心	数字创新在不同商业领域有更广泛的意义 将成功的商业想法运用到本地环境中 新公司的纵向一体化 创意园中企业的"竞合策略"动力	总体规划能够依赖的因素
机构的作用	对于公立创意园，创立机构至关重要 政策决定者把案例奉为圭臬，并写进政策文件之中	
地区发展	基于创业精神的土地观念 加强了区域领土中新型大都市身份	
文化	全球商业和投资网络 向社会革新的演化过程中，"以人为本"概念成为一种本能	总体
客户之间的关系类型	由于产生了新的股东和新的业务逻辑，房地产行业在建造创意园方面的能力遭到质疑	
与环境的关系类型	仅以工作动力为基础的公共效应需要通过基于住房和休闲的社会再生产过程的集约化来增强	

尽管 H- 农场的扩建项目和总体规划仍处于起步阶段，而且有许多战略选择有待评估，但是 H- 农场的确在创建新型产业空间方面成为典范。

首先，H- 农场是意大利少有的真正获得成功的数字经济，它也因此成为政府在制定创业政策时的参考标准。H- 农场为扩建项目设定的程度和强度表明，它把土地规划和社区建造结合得几乎天衣无缝。

H- 农场的案例让人印象深刻的原因还在于，虽然它位于威尼斯城市圈，但却从周围的乡村环境中汲取力量。这无疑挑战了"城市是人才和创意资本唯一中心"的固有观念。H- 农场可以被视为地理创新的特例（麦卡恩，2007）。凭借着能够拉近社会关系的新型商业模式和全球业务系统的建立，H- 农场能够在非城市区域中组织创新活动，并成为全球资源和人才的集散地。

H- 农场成功地创造了一种新型都市风格，它在为创意人才提供必要的环境设施的同时，又能根据他们的创业行为做出改变。

第五节 评价

衡量创意是一个十分复杂的过程，有人认为这根本就是不可能的事。艺术能够使公共空间更加宜人，更具吸引力，但同样难以衡量。用艺术作品来装饰公共空间的行为由来已久。艺术批评家可以对艺术作品进行评价，但要衡量其对游客的影响则相当复杂。因为每个人的认知水平都不尽相同，它取决于个人的文化背景和受教育的程度。我们可以计算某个区域中艺术作品的数量、位置和分布密度，却很难测算它们的质量，也无法计算游客们对艺术品的感知程度。因此，要量化艺术对于公共空间舒适度和吸引力的准确影响是不可能的。

如果能通过数学算法来测量创意和创意对人的作用，那么只需要计算机软件和简单的数据输入就可以科学地分析艺术、设计和建筑等人文学科。创意的不同之处在于，它所依赖的是人类解决复杂问题、发明新事物的能力。艺术家、设计师和建筑师能够极大地改进公共空间的质量，从而提升吸引力，但这取决于他们解决具体问题时的技能、经验和创新能力。同样一种公共空间可能在欧洲大获成功，却在中国备受冷遇，反之亦然。文化背景和受教育程度不同的人在处于同一个公共空间时会表现出不同的习惯、社会风俗、互动方式和个人期待。艺术家、设计师和建筑师如果想要一举成名，就必须在进行创作时充分考虑上述情况。

另一方面，在为创意人才营造最好的环境条件方面，城市能做的还有很多，在这样做的同时，城市还能改善公共空间。从这个意义上来说，"绿色"无疑成为关键词。能够改进创意人才工作环境的主要政策包括：提高生态功能、在城镇化进程中为自然腾出更多空间，减少各种类型的污染。再次强调，公共空间可以作为这些政策的应用提供试点场所。

参考文献

[1] PICIOCCHI. Alice The Floating Piers: Christo on Lake Iseo[EB/OL]. （2015-10-22）[2016-08-01]. http://www.abitare.it /en/ design-en/ visual-design-en/2015/10/22/the-floating-piers-christo-on-lake-iseo/ retrived July3 2106.

[2] HEIDER,FRITZ.Gestalttheory:Early history and reminiscences[J].Journal of the History of the Behavioral Sciences,1970(4):131-139.

[3] PLATO.Plato: Republic[M] .American：Hackett Publishing Company, 1992.

[4] W MATIASKE.Richard Sennett: The Craftsman[J]. Management Revue, 2008 : 72.

[5] J HARTLEY.Key concepts in creative industries[J]. SAGE ,2013(150): 40.

[6] GIELEN. Creativity and Other Fundamentalisms[M]. Amsterdam：Fonds Voor Beeldende Kunsten，2013.

[7] DUNCKER, LEES. On Problem-Solving [M]. New York: Greenwood Press, 1971.

[8] HOWKINS. The Creative Economy: How People Make Money From Ideas [J]. Penguin, 2001(269):2,7.

[9] MULGAN, WORPLOE. Saturday Night or Sunday Morning From Art to Industry – New Forms of Cultural Policy [M]. London: Comedia, 1986

[10] HEWISON, ROBERT. Cultural Capital: The Rise and Fall of Creative Britain [J]. Cultural Trends, 2015 , 24 (4) :327-329.

[11]HOWKINS. The Creative Economy: How People Make Money From Ideas[M]. Englewood Cliffs: London, 2001.

[12]FLORIDA.The Rise of the Creative Class[M]. New York: Basic Books, 2012.

[13] RICHARD. Creative Industries [M]. Cambridge: Harvard University Press, 2000.

[14]FLORIDA. The Rise of the Creative Class [M]. New York: Basic Books, 2012.

[15]BBC. Led Zeppelin appear in court over Stairway to Heaven dispute [EB/OL]. （2016-06-15）[2017-06-20]. bbc.com.

[16]IFPI. Digital Music Report 2012[J]. Going Global, 2012:23.

[17]EBEN MOGLEN. The dotCommunist Manifesto[EB/OL]. （2003-01-10） [2017-06-22]. http:// moglen.law.columbia.edu/publications/dcm.pdf.

[18]BELL, DAVIS. Tony Fletcher, A Retrospective Assessment of Mortality from the London Smog Episode of 1952: The Role of Influenza and Pollution[J]. Environ Health Perspect, 2008,112（1）: 263-268.

[19]PAUL VIRILIO. The Information Bomb[M].London: Verso, 2006.

[20]FUKUYAMA FRANCIS. The End of History and the Last Man[M]. New York: Free Press, 1992.

[21]SASSEN, SASKIA. City: Architecture and Society: the 10th International Architecture Exhibition[M]. New York, Y: Rizzoli, 2006.

[22]JOHN HARTLEY. Creative Industries[M]. Malden, MA: Blackwell, 2005.

[23]JOHN HARTLEY, JOHN POTTS. Key Concepts in Creative Industries[M]. London: SAGE Publicati ons Ltd, 2013.

[24]FLORIDA, RICHARD. Bohemia and Economic Geography[J]. Journal of Economic Geography, 2002（2）: P55–71.

[25]DESIGNBOOM. O-office turns an abandoned factory into iD town: the creative art district[EB/OL] （2014-09-09）[2016-06-10].http://www.designboom.com/architecture/o-office-abandoned-factory-id-town-creative-art-district-392014.

[26]DIVISARE. Z Gallery in ID Town[EB/OL]. （2014-10-11）[2016-06-10].https://divisare.com/projects/272128-o-office-architects-z-gallery-in-id-town.

[27] JOSHUA DERMAN. Carl Schmitt on land and sea[J]. History of European Ideas, 2011, 37（2）: 181-189.

[28]GROUP W B. East Asia's Changing Urban Landscape: Measuring a Decade of Spatial Growth[J]. Washington Dc World Bank, 2015.

[29]RACHEL BERNEY. Learning from Bogotá: How Municipal Experts Transformed Public Space[J]. Journal of Urban Design, 2010, 15（4）:539-558.

[30]COCCO GIUSEPPE, SZANIECKI BARBARA. Creative Capitalism, Multitudinous Creativity: Radicalities and Alterities [M]. Lanham：Lexington Books，2015.

[31] TSANG JOHN. HK, home to creativity [EB/OL]. （2016-5-27)[2016-7-23]. http://www.news.gov. hk/en/record/html/2016/05/20160527_212752.shtml.

[32]BRANCHINI ERIKA, SAVARDI UGO, BIANCHI IVANA. Productive Thinking: The Role of Perception and Perceiving Opposition. [J] Gestalt Theory,2015, 37（1）:7-24.

[33]ATCHLEY R A, STRAYER D L, ATCHLEY P. Creativity in the Wild: Improving Creative Reasoning through Immersion in Natural Settings[J]. Plos One, 2012, 7（12）:74-144.

[34]Camilla Costa, Margherita Turvani, Department of Planning and Design in Complex Environments, University IUAV of Venice, Italy.

第五章　中国和欧洲公共空间的典型案例

Chapter 5　Typical cases of public space within China and Europe

· 中国和欧洲作为世界上重要的两大经济体和文明体，在公共空间营建方面各具特色。

· 社会互动、情境体验和创意趣味在诸多中国和欧洲典型公共空间中体现出丰富的实施特色。

正如前文所述，数字化时代不再以空间实体为主视角来评判公共空间品质的优劣，而应以人的感知为主视角，因此本研究提出了公共空间的新价值观，分为社会互动、情境体验、创意趣味三个方面。

为使读者更清晰地了解富有魅力的公共空间是如何在这三个方面体现出其重要价值的，本章特选取中国和欧洲富有代表性的若干案例进行解析。其中社会互动类的案例包括塔格维格罗维广场（Targ Weglowy）、海伊文学艺术节（Hay Festival of Literature & Arts）、大芬油画村、伦敦彩虹公园（Rainbow Park）、卡萨黛拉幻想曲——国际展览区（Le Immagini della fantasia — international exhibition space）、北京宋庄小堡村；情境体验类的案例包括长城森林艺术节、哈尔滨冰雪大世界、雪展（The Snow Show）、汉堡处女堤（Hamburg Jungfernstieg）、卡斯尔福德桥（Castleford Bridge）、维特拉设计园区（Vitra Campus）；创意趣味类的案例分别是黑暗迪士尼公园（Dismaland）、驳二艺术区、鞍谷自然艺术区（Arte Sella）、油街实现艺术空间、泰特现代美术馆（Tate Modern）、镶嵌——2015深圳公共雕塑展等。这些案例在营造使用者的社会互动、情境体验或创意趣味等方面可谓百花齐放、各有千秋。

通过对这些经典案例的系统分析，一方面可以增强读者对本书前文论述的理解，另一方面也有助于读者深切体会中国和欧洲之间公共空间营建方式的异同。

第一节 公共空间的社会互动

一、塔格维格罗维广场

塔格维格罗维广场位于波兰波美拉尼亚省的省会格但斯克，也是波兰北部沿海地区最大的城市和最重要的海港。同时，作为文化和艺术中心，该市的中心地区拥有很多优秀的建筑或独特的公共空间，塔格维格罗维广场就属于其中之一。

塔格维格罗维广场具有悠久的历史，它通过改造设计一系列新景观，在数字化时代创造出了一处独特的公共空间——充满真实人际互动意味的城市公园。

1. 开放共享的"城市草间空间"

为了充分体现对于公众的接纳，塔格维格罗维广场在设计之初就决定将广场上的停车场移除，以杜绝汽车进入和停放为前提，提出全新的城市规划和设计理念。无车的空间提供了一个更有组织的公共广场，能让市民最大限度地在公共空间中进行社会群体活动或深层次的交流互动，这种趣味互动的特性是无法被数字技术所取代的，也是之前格但斯克这个城市所缺乏的。

该广场设计是一个临时性的项目，预算不多，且要求设计应与周围的历史景观相融合。于是，设计团队提出在大片闲置的城市草地间搭建临时空间，让公共空间与自然景观更为有机地结合为一体。

此外，该项目设计团队希望落成的项目广场能够完全开放共享，具有吸引公众的能力。为此，设计团队富于想象力地提出了在公共空间中设置互动游戏的创意，目的是使终日被数字世界所环绕的人们能够被吸引到真实空间中来，让他们在途经广场的过程中就不自觉地被吸引参与到其中所设计的游戏互动中。

于是，设计团队在广场上放置了一系列的轻质家具模块，并把它们设计成方形盒子的样式。这些方形盒子也可称为方箱子，是桌子、板凳以及游戏的道具，同时也是空间划分的标志。这些标志被布置在草坪区周围和草坪内部，这样的设计非常有力地增强了广场的空间感。这种富于体验感的空间是人们在虚拟空间中无法感受到的，因此越来越多的来往路人被吸引并参与其中（图5-1）。

　　草坪的独特设计也对整个广场起到了很好的装饰作用，为广场增添了温馨宜人的氛围，使得很多老年人也愿意到这样的公共空间中来看报、休憩、散步，体验数字技术所无法给予的健康活动环境。

图 5-1　TargWeglowy 广场市民活动空间

2. 多功能的"模块化"互动场景

　　这些简约的家具设计（立方体和座椅等）主要是由立体结构刨花板盒组成的，虽然是临时性的设计，但使用者可以灵活地搬动组合，随机地创造出自己喜欢的小空间。这种小空间可以有私密、半开放、全开放等各种组合方式，营造出多功能的"模块化"互动场景（图5-2）。它所营造出来的人际互动场景是多跨度的，可以是亲人之间、密友之间、同事之间或陌生人之间的互动。

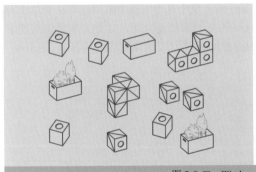 

图 5-2　TargWeglowy 广场模块设计示意图

　　在这里，孩子们可以把这些立体模块当成嬉戏的工具，在它们周边进行躲藏游戏，同时模块也可以是孩子们绘画、写字的小桌子、小凳子，让彼此不认识的小朋友可以互相学习（图5-3）；年轻人也可以利用这些模块的自由组合创造出工作空间，在此讨论、谈判、交流；老年人还可以利用这些模块放置报纸、书籍、茶具，在充满阳光的闲暇下午，静坐其中，一起看报、喝茶、聊天。早晨，这里是市民休闲健身的好去处；晚上，这里是年轻人观看露天电影的集聚地；节假日的时候，人们可以在此举行各类活动。

　　这个场地的设计很好地体现了本书前文所描述的户外公共空间与虚拟空间的功能互补性。一片天然的草坪与一些灵活摆设的几何模块，只是对空间进行了简单的点缀，却给予使用者以

图 5-3 孩子们利用模块进行交流、活动、游戏

丰富的自主性，充分展现了公共空间的功能丰富性与互动共享性。它满足了不同年龄层、不同职业、不同群体的多样化使用需求，是公众享受不同等级共享活动的理想场所。其中的活动覆盖了从个体化的私密活动到集体化的公共活动等不同的类别，体现出其宽广的功能弹性，从而成为数字化时代线下公共活动的代表性案例。

二、海伊文学艺术节

海伊是位于英国威尔士的一个小镇，尽管它的名头很响，是威尔士的书香小镇，但其实只是位于乡村的一个弹丸之地。海伊小镇人口约为 1 500 人，位于瓦伊河的东南岸，处在威尔士和英格兰的交界处。海伊原本是一个宁静的小镇，拥有典型的威尔士风光，几处古老城堡的遗址点缀其间，是海伊文学艺术节（Hay Festival of Literature & Arts）使这个地方变得热闹起来（图5-4）。

图 5-4 海伊文学艺术节热闹的场景

海伊文学艺术节是由诺曼和彼得·弗罗伦斯发起的，不过另一个不得不提的重要人物就是理查得·布斯。在 1977 年，这个威尔士书商兼藏书迷宣称自己是海伊"独立王国"的国王，引起舆论哗然。这开启了海伊小镇以文学为卖点的旅游产业。这个颇具创意的产业"使一个弹丸小镇成为二手书爱好者的圣地"，并且极大地促进了当地经济的发展。目前这一公共空间的管理者是海伊文学艺术节有限公司，一家在英格兰和威尔士登记注册的非营利公司。

现在海伊文学艺术节已经成为全球藏书爱好者的一个国际化聚集地，在这里人们可以进行文化交流和辩论。这里有数不清的二手书店，吸引着来自世界各地的藏书迷。由此，海伊文学艺术节被认为"是一个价值数百万的项目"。那里大部分场地免费向公众开放，但有些节目是需要收费的，价格从 5 英镑到 19 英镑不等（表演者多为著名的喜剧人和音乐家），不过对学生是免费的。

海伊文学艺术节目前已成为常规活动，一年举办一次，为期 10 天，地点是威尔士，时间是晚春（5 月到 6 月）。海伊文学艺术节最早开始于 1987 年，那时的参与者围坐在餐桌旁，分享自己的读书心得，现在海伊镇已成为有名的"书香小镇"。起初，在小镇的各个地方都举办过文学艺术节，直到 2005 年才把场所固定下来，开始在小镇外的活动中心定期举办。

海伊文学艺术节取得了出人意料的成功，正如彼得·弗罗伦斯所说："最令人高兴的是海伊文学艺术节被大众认可了，而且一传十、十传百，越来越多的人开始了解海伊文学艺术节。就像圣诞节是一年一度家庭团圆日一样，海伊文学艺术节也成了万千读者心中的年度盛会"。

不少英国和美国大众媒体都对海伊文学艺术节提供了经济资助，例如《卫报》《星期日泰晤士报》《每日电讯报》和《纽约时报》。2002～2010 年，《卫报》接替《星期日泰晤士报》成为文学艺术节的主要赞助商。而从 2011 年至今，《每日电讯报》及其附属机构电讯传媒集团接替了这一位置。由于媒体的报道，海伊文学艺术节逐渐被大众所熟知。许多广播和电视节目都报道过海伊文学艺术节，例如 BBC 的国家广播电台。

如今的海伊文学艺术节不再局限于海伊小镇，它已经在时长和规模上实现了跨越式发展。除了每年 5 月到 6 月举办的海伊文学艺术节之外，其他活动和表演在全年的各个时间段穿插进行，地点包括内罗比、达卡、萨卡特卡斯、马尔代夫、特里凡得琅的喀拉拉邦、贝鲁特、贝尔法斯特、卡塔赫纳、罕布拉宫和塞哥维亚。一些世界知名的作家、科学家、喜剧人和明星也参与其中。

海伊文学艺术节的成功，与当地舒适宜人的环境密不可分。实际上，"海伊文学艺术节可以让人们一览布雷康比康国家公园的美景"。正如威尔士诗人兼作家欧文·希斯所说："你无法忽视那个背景，因为它本身就魅力十足"。秀丽的风光成为社会互动的背景，每年都有无数身份迥异的游客在小镇的公共场所会面。实际上，"来到海伊镇的人在社交层面、经济层面和政治层面上都不尽相同，各种辩论会都表明他们对君主制和宗教持怀疑态度，他们对狩猎行为不是太反感，但极其反对其他国家的非法入侵，他们喜欢在良好的环境下享受美食、品位生活。作家们表示在这里能够更好地阅读和写作，写出来的文字也如风景般漂亮"（图 5-5）。

在欧洲，像海伊文学艺术节这样的活动在过去十年里有所增加，不过海伊文学艺术节是最为出名的一个。以下是欧洲其他各处主要的文化节：

- 亚洲文学节，亚洲之家，伦敦，英国，5 月
- 柏林国际文学节（包括儿童文学和青少年文学）
- 切尔腾纳姆文学节，10 月 6 日至 15 日
- 切斯特文学节，10 月
- 康拉德文学节，克拉科夫，波兰，10 月，中欧最大的文学节

图 5-5 海伊文学艺术节的优美环境和游客

- Cúirt 国际文化节，高威，9 月
- 爱丁堡国际书展嘉年华，8 月 13 日至 29 日，与爱丁堡国际艺术节同期进行
- 莎士比亚书店文化节，莎士比亚书局，巴黎，法国
- Festivaletteratura，曼图亚，意大利，9 月初
- 福克斯顿文学节，9 月 20 日至 25 日
- 哥德堡书展，哥德堡，瑞典，9 月
- 哈罗盖特国际 Theaksons Old Peculier Crime 写作节，世界上最大犯罪小说节，7 月
- 哈罗盖特 Raworths Harrogate 文学节，7 月
- 哈罗盖特历史节，在 2015 年由曼达·斯科特主办，10 月
- 海伊文学艺术节，5 月 27 日至 6 月 5 日
- 北伦敦文学节，3 月末至 4 月初
- 伊斯坦布尔 Tanpinar 文学节，伊斯坦布尔，土耳其，11 月初
- 犹太读书周，伦敦，2 月末至 3 月初
- 挪威文学节，利勒哈默尔，挪威，自 1996 年成为斯堪的纳维亚国家中最大的文学节
- 山峰文学节，10 月 25 日至 11 月 5 日 /5 月 25 日至 6 月 6 日
- 布拉格作家节，布拉格，捷克共和国，6 月 3 日至 10 日
- Rencontres aubrac，阿韦龙，法国
- 作家与翻译家国际大会，斯德哥尔摩，瑞典

这些活动有双重作用：一是提高公众的文学素养；二是为思想的交流和碰撞提供场所。因此，它们的共同特征都是在一个数字化的时代里，重新回归传统的纸质阅读以及相关的社会交往方

式，将以文学交流等为主题的广泛交往融入宜人的公共空间当中，因而创造出让人印象深刻的文化事件。这些散布在欧洲各个城市的成功经验，对于后工业社会中复兴城市活力、策划具有国际影响力的公共空间具有非常有益的参考价值。

三、大芬油画村

大芬油画村位于中国广东省深圳市龙岗区布吉街道大芬社区，原先是一座并不起眼的普通城中村，其核心区域面积约 0.4 平方千米。在遍布深圳的无数个城中村当中，大芬油画村并不具有先天的特殊发展基因，更加没有吸引公众的优厚资源基础。然而在这座规模不大的聚居村落中，经过多年的蜕变，如今处处都散发着独特的艺术气息，已成为上下游链条较为完善的文化产业基地和当地颇负盛名的公共活动空间。

大芬油画村作为艺术性公共空间的崛起源自一个非常偶然的机缘。1989 年，中国香港画商黄江来到大芬油画村，租用民房招募学生或画工进行油画的收集、创作、复制和批发生产，由此将油画复制这种特殊的行业带到了大芬油画村。随着越来越多的画家或画师进驻大芬油画村，"大芬油画"成了国内外知名的文化品牌。截至 2010 年 12 月，大芬油画村共有以油画为主的各类经营门店近 1 200 家，拥有 60 多家规模较大的油画经营公司，村内有画家和画师近万人[1]。

今天的大芬油画村，已凭借油画艺术成为深圳的一张名片。大芬油画村以原创油画复制艺术品加工为主，形成了以此地为中心，辐射闽、粤、湘、赣及港、澳地区甚至远及欧美的油画产业圈。在这里，不仅可以欣赏到国际著名的油画作品，更加可以了解国际油画市场的历年发展趋势。

据统计，大芬油画村每年生产和销售的油画作品达到了 100 多万张，每年创造数亿元人民币的产值，被誉为"中国油画第一村"。此外，它还先后被文化部、中国美术家协会、地方政府授予国家"文化产业示范基地""文化（美术）产业示范基地""2006 中国最佳创意产业园区"等称号[1]。

1. 融合艺术的开放互动氛围

大芬油画村中热爱油画艺术的人群，涵盖了不同知识背景和不同手艺技能的群体。它的宣传口号是"才华与财富在这里转换，艺术与市场在这里对接"[2]，无论是原创画家还是草根画师，都可以聚集在此，挥洒油画的笔墨意趣。他们通过"油画艺术"这个媒介，完成了从农民、画工、画师、画商到艺术家的转变，他们之间互相合作、互相交流，将高雅的艺术大众化，完全跨越了等级阶层和文化界限，体现出当代公共空间的开放、共享、包容与活力。

有别于平时艺术殿堂所形成的庄重、严肃感受，大芬油画村俨然是一处融艺术于日常生活的特殊空间，让大众在其中体验到截然不同的艺术氛围。漫步于大芬油画村街头或小巷，不难看见随处可见的画师在街巷空间中临摹或者创作，连活泼的小孩手中都有一件与画画有关的玩具。无论是男女还是老少，都可能随手搬一把小凳子，静坐在商铺的屋檐下，支起一个破旧的画板埋头作画……在这里并不会让游人感受到体验艺术创作过程时的那种敬畏或严肃，而是塑造了一个艺术无处不在，又随时与生活融为一体的"梦工厂"场景。

正是这种与大众之间零距离的观赏方式，消弭了原本横亘在艺术与公众之间的鸿沟，使得大芬油画村转变为体验艺术的最佳场所。人们不仅乐于在这里购买艺术作品，更乐于在其中徜徉流连，与艺术家及他们的作品对话。

为了满足更多公众到此参观、体验的需求，2007 年被誉为"中国第一座村级美术馆"的大芬村美术馆落成开放（图 5-6）。大芬村美术馆占地面积 1.1 万平方米，建筑面积 1.6 万平方米，是目前深圳建筑面积最大的美术馆。它的功能包括综合会议厅、学术报告厅、收藏室、2 个大型油画展示厅、展廊及 5 个相对独立的展厅，还设有画家工作室、咖啡厅及屋顶小广场等[2]。该设计融合了阴阳、黑白以及天井等中国传统文化的精粹元素，用一种融合、开放的表达方式营造出特有的轻盈、宁静和淡薄气质，清晰明了地阐述出这座城中村美术馆的视觉价值与思想意义。大芬村美术馆的落成，进一步提升了大芬村作为艺术气息浓郁公共空间的吸引力，成为海内外游人的必访之地。

图 5-6 大芬村美术馆

2. 展现特色的全民共享场所

作为一处独特的公共艺术空间，大芬油画村已经形成了自己特有的发展模式——原创产业化。在大芬油画村内，聚集于此的画家、画师每日创作大量的油画作品，其中原创性的油画作品占 20%～30%，批量生产的商业油画占 70%～80%。这些批量生产的油画也不是简单地复制，而是邀请具有一定水准的画师原创，然后将其作品大规模地复制生产，以形成产业化的链条（图 5-7）。

大芬油画村作为公共空间的特点是它不仅接纳了众多的专业画师在其中进行创作，更包容油画爱好者们在公共环境中的自我表现意愿。在这里，有不少由业余作者创作的外墙涂鸦在展现抽象绘画艺术，无论是室内还是室外，放眼望去都是梦幻般的色彩，带给公众的油画文化体验无处不在。

在共享经济的带动下，大芬油画村的油画创作也创新式地探索出使用共享式的创作方式。2010 年，570 名来自大芬油画村的草根画师集体原创并手工绘制了 999 幅油画作品，而这 999 幅作品经过拼贴后居然组合成为一幅巨大的"蒙娜丽莎"画像（图 5-8）。这幅画作作为世界上最大的蒙娜丽莎像装饰作品，被展示在上海世博会的场馆中，向全中国乃至全世界带去"深圳的微笑"，从本质上升华了"深圳制造"的文化品牌形象。

在上海世博会之后，大芬油画村继续举行了各类国际性的艺术展，其中包括《深圳大芬国际壁画邀请展》，有来自美国、英国、德国、意大利、瑞士、希腊和中国等国家的 25 个艺术家团队参加，共同在大芬油画村进行集体的壁画创作，将大芬油画村的艺术特色向国际化的方向推广，迎来了更为宽广的使用群体。

四、伦敦彩虹公园

彩虹公园位于英国伦敦，它的建成源于 2012 年 6 月至 9 月举办的"伦敦南岸中心国际艺术节"。这个长达三个月的艺术节是由民间组织举办的，旨在引起人们对邻里和社区关系的重视和思考[3]。活动举办方南岸中心艺术总监祖德·凯利指出，这个艺术节的初衷就是"希望让人们认识到邻里关系是非常重要的。[4]"正是在这一背景下，波兰雕塑家亚当·卡利诺夫斯基受托为艺术节设计了这处独具特色的公共环境。

也正如本书开篇所言，在数字化时代的今天，远程通信技术的快速发展替代了人们一般性

图 5-7 大芬油画村小巷街景图

图 5-8 世界最大的蒙娜丽莎装饰作品

约会的需求。人与人之间的浅层次交际行为相对减少，而对于群体活动等深层次交际行为的需求却在上升。所以能够提供线下群体互动机会的公共空间成为热点，正如伦敦南岸中心国际艺术节的初衷那样，重塑一个能够促进邻里交往的公园空间，让人们能够因为兴趣而自发地汇集到一起，就成了富有时代特色的尝试。

1. 以互动和增进邻里关系为导向的七彩世界

为艺术节而设计的伦敦彩虹公园中增添了 150 吨等级不同的彩色沙与纯色沙，以及 25 个形似巨石的多彩雕塑。它给由普通混凝土修筑而成的皇后步道（从伦敦眼到泰特现代美术馆之间的大道）带来了别样的艺术效果[4]，为城市空间增添了丰富的活力。

设计者将彩色沙铺展在混凝土人行道上，让人联想到彩虹带的色泽。别样的色彩和铺地，常常吸引行人驻足停留和观赏。更多的人愿意结伴走进沙地里，一起感受色彩的变化。这个设计具有点石成金的效果，使得一个再普通不过的步行空间不仅仅能够满足交通功能，更充满了审美和娱乐的价值。

人们在这个空间中的运动会自然地产生与环境互动的效应。当路人走在沙上经过有色区域时，各色区的颜色会自然地混合起来产生新的色彩，给人们带来意外和惊喜。例如，红色区和蓝色区连接的地方会混合产生紫色（图 5-9）。

沙粒混合所产生的新颜色，使人自然地联想起 19 世纪艺术界新印象派的实验。新印象派实验利用"色彩分割外光法"，相当于一幅抽象的画被无限放大后，可以看到不同的颜色分离成的单个的点，这些单个点类似于图像中的像素。无数个单个的小点组成了画稿上所有的形体和

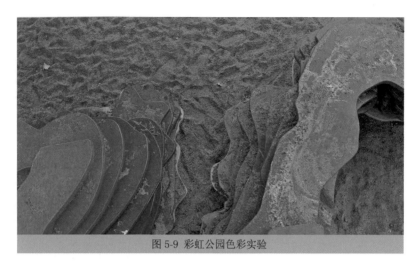

图5-9 彩虹公园色彩实验

颜色，这些点通过某种方式又可以合成光，也可以理解为"色彩的瞬间对比"现象，当观察者同时凝视两条颜色相同而强度不同的色带时，眼睛会瞬间感知到某些变化的现象，强度大的色带能感知到灿烂的闪动感，即光的效果[5]。然而，该公园的设计者与19世纪的新印象派艺术家又有所不同，他呈现的是颜色混合与感知的协作实验。在此，观众、艺术家都自然而然、不约而同地成为颜色点的组成部分[4]，它所表达的是一种理性的感觉，没有强烈的、感性的光感变化。

除了力图让使用者与环境产生互动外，彩虹公园的设计还考虑了社区邻里之间互动关系的塑造。艺术节期间，南岸中心的皇家节日音乐厅楼顶上悬挂了42面旗子，上面印有关于邻里关系的各种问题，鼓励所有参观彩虹公园的游客或社区居民进行回答。而回答问题的方式也很特别——按照想出这个点子的艺术家鲍勃和罗伯塔的说法，"希望人们能通过唱歌的方式回答这些问题"[3]。

在为期3个月的南岸艺术节中，果真就有成千上万的人用唱歌的方式回答了这些问题。人们的歌声交汇在一起，如同一首大合唱，形成了彼此呼应的热烈场面。通过这种独具匠心的空间使用设计，当地居民发现了很多之前没有注意过的邻里相处细节问题，彼此有了全新的认识和了解。而这种吸引人们走出家门、在一处公共空间中彼此互动所产生的愉快交往经历，是超越了互联网虚拟空间的真实情感的共鸣体验。

2. 全民娱乐的彩沙天地

据组织方估计，在国际艺术节举办期间，有非常多的人参与了艺术节活动并观赏了彩虹公园，初步估计至少有150万人积极参与到这一色彩感知实验中。这种真实而富有趣味的色彩互动方式带给每个人的感受都是不一样的，于是人们更加乐于互相分享和聊天，无形中增加了公众之间的交流。

同时，许多小孩子对公园中的"人工沙滩"充满了好奇。孩子们在这里可以开心地挖沙土搭建城堡，还可以一起攀爬多彩的雕塑或构架，这类集体活动给他们的交往活动增添了无限的乐趣。

对于成年人而言，沙砾上散布的巨石还可以发挥休憩座椅的功能，让他们可以在工作之余或散步途经时停留休息片刻，可以暂时从日常生活中释放出来，在休憩的同时互相分享生活的乐趣，让原本乏味的生活像彩沙一样充满色彩（图5-10）。

设计者在接受采访中提到，他对于"把色彩所强调的社会意义融入真实世界中去"的兴趣由来已久[4]。无论社会如何发展，人与人之间的集体活动始终是人类生活的必需品，在此，设计者充分利用空间色彩所形成的互动价值，将人们从虚拟的世界拉回到现实世界充满积极乐趣的互动体验当中。

图 5-10 彩虹公园实景图片

五、卡萨黛拉幻想曲——国际展览区

卡萨黛拉幻想曲——国际展览区（Le Immagini della fantasia —international exhibition space）地处意大利威托托区特雷维索省的行政区萨尔梅德，位于威尼斯北部 60 千米处，占地面积为17.9 平方千米。卡萨黛拉幻想曲——国际展览区最初是一个废弃的居住建筑，经过功能置换重新改造后，成为富有艺术氛围的公共活动场所。项目名字"卡萨黛拉幻想曲"的意思是孩童插画书的天堂，已经由意大利的艺术家团队联合设计开发。

设置这处国际展览区的想法源于 1982 年，是由一名来自布拉格后移居到萨尔梅德的著名插画家构思出来的。从那之后，受到许多成功的艺术家的自愿帮助，这个展览一直延续到今天。展览区收集了来自全世界 70 位艺术家的 300 多件插画作品，每年都有数以万计的参观者来此观赏，艺术爱好者在这里交流互动，感受到了不同的插画文化与乐趣。从 2010 年开始，这里每年8 月中下旬都会举行一次临时展览，旨在把公众吸引到多种风格的插画世界中，同时试图在全球物色到更多独特的富有才能的创作者。

卡萨黛拉幻想曲——国际展览区在空间设置上并非局限于单一的展览功能，而是打造了一个融展览与学习一体化的公共空间。整个空间的设计分为三个单元：展览中心、国际插画学校、基金艺术遗产的文件和记录中心。它们相互之间彼此联系，又相互独立。其中国际插画学校（图5-11）是属于孩子们的插画天堂，位于展览区的中心，每年有来自世界各地的 500 多名学生来此学习（图 5-12）。国际插画学校汇聚了相当重要的创造力来源——向学生传授自身经历中最精彩段落的艺术家以及给学校带来新颖创意和强烈学习愿望的学生。

这种实地教育模式的意义在于，在数字化时代的今天，也许我们可以通过虚拟现实技术进行远程教育，让学生在模拟课堂中与同样通过互联网端口接入的同学一起学习插画知识，但正如前面章节所述，人工智能无法全面代替人际交流在教育这种群体活动中的作用，同样，虚拟授课形式在提升学生艺术创造力方面能力的作用也远远不及现场互动的授课形式。

图 5-11 国际插画学校

图 5-12 学习插画的孩子们

孩子们在国际插画学校学习期间，随时可以欣赏到展览区内来自世界各地的插画作品，让孩子们直接地感受到来自世界各地不同的插画艺术，同时，他们还可以直接的方式与老师交流其中的创意，这种方式能有效地激发孩子们学习的热情。

伴随着持续地开发，各种各样的实景表演也在构思和开发中，包括各种童话故事中虚构的形象以及 Šěan Zavřl 的魔幻世界、手鼓的声音、非洲的故事、远东的传说等演出。

这种以多种功能为载体、具有鲜明线下互动特征的实体学习场所，成为数字化时代倍受欢迎的互补型公共空间。就参与人数而言，国际展览区已经突破了当地的现有人口数量。截至2004 年 12 月 31 日，萨尔梅德的居民仅为 3 087 人，而来展览区参加活动的人数则远多于此。到萨尔梅德来的参观者每年大概有 30 000 人，其中的分支展览中心平均有 15 000 名观众。每年学校都会组织 9 000 多名孩子共同学习有趣的读物，组织 4 300 名孩子共同进行专题讨论会，通过互动让孩子们在一起分享学习的心得。此外，展览区每年也会组织不少于 80 项活动，包括与插画作者、插画师见面等，让艺术家们为孩子们讲述自身经历等，这种互动交流极大地刺激了孩子们学习插画的强烈愿望。

六、北京宋庄小堡村

宋庄是指著名的宋庄艺术区，它位于北京市通州区的宋庄镇。该镇位于北京东部的发展带上，属于通州区的经济文化重镇。

宋庄的发展历程又是一个丑小鸭蜕变为白天鹅的故事。在 1994 年以前，宋庄只是一个无比平凡的城郊村落，里面只有一家饭店，连一家画廊都没有，人流活动极少。最初由于宋庄地理位置距离北京中心城区仅有 20 千米左右，而村中租金又十分便宜，因此吸引了少数艺术家进驻。这批艺术家就成为宋庄成长的第一批种子，如同滚雪球一般迅速地吸引到越来越多的艺术从业者聚集到这里。久而久之，艺术家们在此不断投入自己的精力和资金，建起一个个富于个人特色的艺术馆和工作室，使得整个宋庄的面貌焕然一新。可以说，宋庄的成长就是一个外来艺术家和本地村民相互交融、彼此包容和齐心合力营建的独特过程。

目前整个宋庄小堡村的文化资源非常丰富，艺术氛围十分浓厚，吸引了世界各地的艺术家聚集于此。其中以书画家为主的艺术人才就已超过 1.2 万人，还包括来自亚太地区、欧美地区的流动艺术家 1 000 多人，现已成为北京乃至全中国规模最大、知名度最高的艺术家群落[6]。

在这里，可以看到数百个极具特色的艺术空间，更有众多充满个性特色的艺术展览，吸引了越来越多的艺术家和游客参与并享受其中。今天的宋庄已经变成一个艺术建筑、工业建筑和民居错落分布的复合型村落，村落内拥有现代艺术风格的宋庄美术馆、东区艺术中心、上上美术馆和部分艺术家自建的特色工作室。大部分艺术家以租住闲置工业厂房和民居为主，使得这里的建筑外观整体显示出与众不同的艺术气质。

1. 多样化的互动空间

在室外空间环境的塑造上，宋庄小堡村并非如同其他村落那样由普通的街巷空间与建筑所组成，它的特色在于街巷内充斥着造型夸张、色彩浓郁的艺术空间和各色艺术类建筑，它们与村中的普通建筑融合在一起。其街区空间及艺术建筑的多样性，为提升整个村落的艺术氛围以及增强其中的互动体验起着积极的作用（图 5-13）。

宋庄小堡村的沿街空间具有鲜明的公共艺术装饰特色，空间内设置了各种夸张的艺术雕塑，给观者以丰富的想象，吸引路人停留、欣赏和拍照。沿街的建筑物或构筑物也都穿上了个性化的外衣，给人以别具一格的视觉体验；建筑的入口空间也常常设计成广场或庭院，配以丰富夸张的展示图片，来吸引更多的人进入建筑内部与艺术家交流、协商和互动[7]。

宋庄小堡村主要的艺术建筑布局并不像北京798艺术区那样密集，而是突显传统村落式布局的亲切与随和。小堡村的重要画廊包括宋庄美术馆、和静园美术馆、小堡驿站及东区艺术区等，每一处空间都极具艺术性。比如宋庄美术馆，借鉴北方的农家大院形式，采用大片的红砖围合，形成大小各异的方盒子（图5-14）。同时，这些艺术建筑的公共开放性很强，是艺术家和公众休闲、沟通、交流的最佳场所，公众随时随地都能亲身感受艺术家的创作活动。

图5-13 北京宋庄小堡村实景照片

图5-14 北京宋庄美术馆

宋庄小堡村浓厚的艺术氛围不仅让村民能够耳濡目染，提高欣赏水平和文化素质，其多样化的艺术空间更增进了艺术家与民众的交流、沟通，塑造了一个崭新的村落形象。

2. 开放的艺术鉴赏氛围

从早年的宋庄到今天的小堡村，这里时常会举办各类展览或定期举行各类艺术活动，使得整个村落不仅是公众欣赏的艺术区，更是全民体验的集聚地。

2013年，宋庄美术馆策划了《我们：1994—2013——中国宋庄艺术家集群二十年纪念特展》，就像一场无声的生日聚会，让所有艺术家聚集在一起纪念和记录宋庄20年的艺术生活发展史[8]。在这20年时间里，共计有20 000多名艺术家先后在这里扎根或建起了个人工作室，由此吸引来了画具商铺、艺术品商店、餐馆、美术馆、画廊、商业地产等众多配套设施，也吸引了大量民众来到这里参与艺术互动，甚至融入艺术家的生活与工作当中。这次展览不仅让参观者重温了中国当代艺术的发展，更重温了宋庄作为一处饶有特色的大众活动空间的成长历程。

同时，宋庄每两年会举办一次艺术节活动。艺术节形式多样，并不追求经济利益。比如2013年的宋庄艺术节就在民营的美术馆里拉开帷幕，主要针对艺术作品进行讨论和评价。此举得到了艺术家们的积极响应，他们纷纷将自己最新的艺术作品送来展览，让所有的艺术爱好者或批评家们都可以对其进行评论。这类活动也吸引了更多的人开始关注宋庄小堡村，并参与到村里的各类活动中来，更加促进了整个宋庄艺术区的发展。

3. 大众化的商业交流

宋庄小堡村的成名与发展并不仅仅依靠常见的艺术展览，而是抓住北京作为文化古都对于艺术品或装饰品消费的巨大需求，提供了一个大众化的艺术商品交易市场，从而获得源源不断的自生动力。宋庄的画廊中包括具有展示功能的美术馆、具有创作功能的工作室以及周边的商业空间。这些创作空间并不局限在提供高端的艺术品，而是每年销售大量价格适宜的艺术作品和装饰品，售价控制在几百元到一两千元，满足了不同阶层的消费需求。

由于价格的大众化定位能够满足不同收入群体的需求，这里每年的艺术集会都吸引大量的民众来此购买装饰作品。许多艺术爱好者也借助这个场所由入门转变成了艺术品收藏家，在提升自我艺术品位的同时，结交到更多的艺术爱好者，打造出了一处独特的艺术交往平台。

由此可以看出，宋庄小堡村多样化的空间活力、开放的艺术氛围和对于众多社会阶层人群的接纳程度，共同构成了其能够促进社会广泛互动交流的空间特色，也成为造就它持续发展能力的多重因素。

第二节 公共空间的情境体验

一、长城森林艺术节

长城森林艺术节于每年的 6～8 月举办，以都市家庭为主要观众群，是以古典音乐为主，同时融合多种艺术表现形式的综合性户外活动。它的灵感来源于美国的 Tanglewood 音乐节、Aspen 音乐节、德国柏林森林音乐节和英国爱丁堡艺术节所倡导的户外音乐欣赏与休闲度假相结合的生活方式。

该活动以其清新优美的自然环境、休闲度假的户外音乐以及亲子体验特色而被很多观众称为"中国最美的艺术节"。

1. 接近天籁的自然环境

长城森林艺术节的举办地点位于距北京市区 55 千米、车程约 50 分钟的北京延庆水关长城脚下。它的具体位置在北京市西北部的延庆县，石佛寺村和小张家口村之间的山谷里。该活动的多次举办使得这一区域成为广泛使用的公共空间。尤其是六一儿童节前后的儿童专场活动和 8 月中下旬的音乐活动成为该空间的两大盛事，常常会吸引数万人参与。

长城森林艺术节的吸引力来自于它天然优越的自然环境，主要体现在两方面：一个是当地冬冷夏凉的气候特征；另一个是山谷中的原始次森林环境。这两方面自然条件为该空间深受大众追捧奠定了基础。

延庆县当地平均海拔在 500 米以上，气候独特，冬冷夏凉，素有北京"夏都"之称。而夏至过后的七、八月是北半球最热的时候，此时地球吸收的热量超过损失的热量，累积起来的热量达到最多。因此 8 月中下旬举办的长城森林艺术节为人们逃离燥热的都市环境提供了一个消夏的好去处。

长城森林艺术节的选址可谓是独具匠心：场地周边被高达 15 平方千米的原始次森林所环绕，原生态的自然森林苍莽葱郁，直指云天，为艺术节营造出与自然合而为一、无拘无束的自然氛围（图 5-15）。中心的演出场地也是占地 2 万多平方米的绿地，人们集聚在这里观看演出和自由活动时可以享受到在大自然中随心所欲的畅快感觉（图 5-16）。这种人与大自然完全融为一体的体验能够极大地激发人们参与互动的激情，释放出在大都市中久违的热烈情绪。

在这样优越的自然环境中，长城森林艺术节在共享内容的营造上也颇费苦心。艺术节每年均会邀请国内外不同风格的艺术家和演唱团队，奉献以高雅音乐为主的多样化主题音乐表演。比如 2010 年 8 月的艺术节就由罗大佑领衔，有 60 多个乐队轮番演出，吸引了 3 万多名观众；2011 年 8 月，艺术节以古典音乐为主题，邀请中国三大男高音、格莱美获奖音乐家彼得·巴菲特等众多音乐家到场献技；2012 年 8 月，艺术节扩大规模，连续上演音乐演出长达两周；2013

图 5-15 优美的自然环境

图 5-16 户外音乐体验

年则准备了6场不同风格的音乐表演，邀请了"金色天后"蔡琴、新西兰女高音海莉·韦斯特娜、人气组合水木年华、大提琴演奏家朱亦兵等众多艺术家。

这些内容上的快速轮换，使得长城森林艺术节始终保持着新鲜的内容和吸引力。常变常新的音乐节目，不同的表演面孔，再加上天然休闲的户外欣赏环境，共同塑造出艺术节群体性活动对广大公众的持续吸引力。即使在电子音乐市场高度发达的今天，人们依然乐于在每年艺术节开幕的时候，到这里来共同领略艺术节持久的魅力。

2. 针对特定受众的体验特色

在长城森林艺术节前几届的参与人群中，主体部分是都市家庭，且多为携家带口地参与。基于此，2014年开始，长城森林艺术节逐渐将观众群转向以儿童和都市家庭为主题核心，第五届艺术节还特意将主题确定为"最佳亲子日"。它在公共空间的运营过程中逐渐形成了倡导音乐与儿童艺术教育结合的形式的想法，通过精心为家庭准备的亲子互动活动，带给他们全新的休闲娱乐体验，从而受到都市家庭的青睐。

在随后的2015年和2016年，除了延续"经典音乐户外欣赏"的自然特色外，长城森林艺术节均在六一儿童节前后的周末为都市家庭奉上精心打造的儿童专场活动（图5-17）[9]。2015年的儿童专场以"森林童话"为主题，包括"森林剧场"艺术明星汇、"童话乐园"亲子嘉年华和"森林部落"露营体验三大板块，共邀请了40多组艺术家，设置了20多个亲子活动和8个活动区域。2016年的儿童专场以"艺术走进森林"为主题，除了为儿童们准备了三场不同风格的音乐会，以及《冰雪奇缘》《飞屋环游记》等露天电影外，还设置了童画森林艺术工坊和奇趣亲子运动的互动环节以及精心挑选的美食[10]。

这种针对使用者量身定制的公共空间使用思路，起到了深入人心的效果。它所针对的目标

图 5-17 长城森林艺术节儿童专场活动

群体——都市家庭，在参与艺术节的过程中充分体验到其周到全面的内容设计和充满奇思妙想的场景构思，因而自然而然地成为这个公共空间最为忠实的追随者。

在长城森林艺术节中，良好的自然环境、灵活的活动内容、针对使用者的场景化设计，无一不是公共空间充满趣味和营造良好体验的核心。

二、哈尔滨冰雪大世界

哈尔滨冰雪大世界是以打造冰雪景观，展示冰雪文化为主题的大型冰雪艺术精品工程，位于素有"东方小巴黎""冰城夏都"之称的哈尔滨，地处松花江段江心沙滩的中间部位，与太阳岛旅游景区分居 101 国道两侧。

冰雪大世界于每年的圣诞节至次年三月举办，为期 80 天，至今已成功举办 17 届（图 5-18）。历届冰雪大世界的冰雪奇观和冰雪互动项目不断更新，其中多以经典动漫形象、世界知名建筑、著名历史故事、哈尔滨本土特色为原型。经过多年的持续发展，现已成为体验冰雪景观和参与冰雪游戏的重要公共空间[11]。

图 5-18 第十七届哈尔滨冰雪大世界园区全景

营建建筑、景观和活动设施所用的冰雪材料的特殊性，以及由此塑造出来的经典场景，是冰雪大世界历年来能够持续吸引数万公众的关键。

1. 富于趣味的冰雪观赏和场景体验

在冰雪大世界中，恢宏壮阔的冰雪景观、彩色灯光与冰雕的结合、俯瞰全局的冰灯夜景是该空间最震撼人心的形象，带给参观者北国冰城的美妙体验。这里每年不仅吸引了众多本地居民，更吸引了大量来自南方和世界各地的游客。

①冰雪大世界针对公众不同的观赏需求，对整体场景进行了精心设计。在布局上，冰雪大世界按照功能分为不同的区域，每一区域展示冰雪世界的不同侧面，将各类冰雪建筑在特定的时间内进行组合，创造出丰富多彩的场景。每年，这些冰雪建筑所用雪量为 8 万至 15 万立方米，所用冰量为 6 万至 15 万立方米。所用冰雪量如此之大，可见场景之壮观。

冰雪大世界的冰雕设计师们非常善于将奇思妙想的创意转换为可以激起观众共鸣的实际场景元素，比如儿童、情侣喜爱的滑滑梯，游客们青睐的罗马斗兽场，憨态可掬的大佛头像等。

与虚拟世界和真实世界都有所不同的是，冰雪大世界让人仿佛置身于冰雪的童话世界之中。

首先，这里提供了与外部世界截然不同的人体生理感受。在这个零下 30 摄氏度的冰雪世界里，手机一定要放在贴身的口袋中，否则可能会被冻得关机；一定要穿上双层羽绒衣，手套、帽子佩戴齐全，否则全身会被冻得像冰块一样。这种超常的体验，带给人们的是交织着好奇、开心和些许不安的复杂情绪，让每个人都能产生强烈的向往。

其次，这里提供了别具一格的场景体验。人们可以从白天一直游玩逗留到深夜。在冰雪大世界中，人们可以在白天去体验童话般的马车游园，饱览世界各地的经典建筑，在漂亮的冰屋内观看一场让人大呼喝彩的冰秀表演、北方特色动物表演或者是俄罗斯风情歌舞表演；也可以在夜幕降临之后，观赏气势磅礴的彩色冰雕，欣赏中央舞台上的万人狂舞，观赏冰雪艺术宫 T台上美丽姑娘们的走秀（图 5-19）。

图 5-19 哈尔滨冰雪大世界实景照片

由前述可知，这个由冰雪建筑构成的公共空间在场景的营造方面已达到首屈一指的程度。每一个栩栩如生的动漫形象和动画场景带来的亲切感，以及应接不暇的互动项目所带来的远超预期的惊喜感，无不提升着这处公共空间在人们心目中的深刻印象。

②冰雪大世界为公众设计了富于参与性和体验性的活动内容。体验式经济的兴起，使人们对公共空间品质有更高要求，人们不再仅仅满足于远距离的观赏，而对参与性、情感化和互动式的体验有着更高的诉求。基于此，近几年的冰雪大世界各类项目的选择更加注重丰富性和参与性，以及对于场景感的营造。

比如在 2003 年，第五届冰雪大世界首次引进了众多极限性体验项目，包括大滑梯、四人蹦极、三维太空环等。此后的几届冰雪大世界，户外娱乐和互动游戏的比重在园区逐渐增加。其中第九届、第十届和第十一届冰雪大世界分别结合了当时奥运会和大冬会的主题，设置了丰富而集中的冰雪互动项目，在公众当中掀起了冰雪运动的体验热潮。

以第十届冰雪大世界为例，其以"喜迎大冬会"为主题，共设置滑雪、溜冰、雪地摩托、滑梯、冰杂、雪地足球、雪圈、攀冰岩、冰球射门、雪地彩色高尔夫练习、雪地悠拨球、太空体验等 30 余项娱乐活动。这些平时难得一见的运动和体验项目瞬间激起了公众广泛的兴趣，很多人慕名而来，并亲身参与，从而深切感受到冰雪大世界丰富的空间内容和富于趣味性的吸引力。

2. 真实和虚拟并驾齐驱的情境

除了在观赏和互动体验上下足功夫之外，冰雪大世界也在积极摸索数字化时代下如何巧妙地利用互联网与现实空间之间的互补效应。"场景赋予产品以意义"，冰雪大世界在空间设计上注重沿用互联网的思维方式，逐渐加大场景感的营造。

首先值得一提的是对虚拟世界 IP（Intellectual Property）的场景再现。IP 是一个指称由"心智创造"（Creations of the Mind）而获得产品的法律术语，包括音乐、文学和其他艺术作品，以及一切倾注了作者心智的语词、短语、符号和设计等被法律赋予独享权利的"知识财产"。这个词语在当下的中国相当流行，被视为可以在线下衍生为多种文化产品的重要无形资产。

冰雪大世界在空间利用中对于虚拟 IP 的再开发就重视得非常及时。以第十五届冰雪大世界为例，它以"冰雪动漫世博会"为主题，吸引了意大利、日本、巴西、英国等 10 多个国家和地区多家动漫公司前来参与。这些国际知名公司分别携带自己著名的动漫形象 IP 如小黄鸭、迪士尼家族、天线宝宝等入驻。冰雪动漫 Family 主塔、十国动漫岛、动漫 Rock 大舞台等动漫景观，在冰雪材料的巧妙搭建下，栩栩如生地在现实中呈现出来，为人们模拟出各种经典的动漫场景。

其次，在数字化的时代背景下，冰雪大世界以"互联网＋旅游"作为自身的发展战略，利用互联网和信息技术创造出虚拟冰雪旅游的全新体验。

2015 年冬，第十七届哈尔滨冰雪大世界的前期营销推广就利用旅游大数据作为分析手段，建立了广播、电视等传统营销渠道和移动终端、自媒体等数字化渠道并行的营销体系，并且在空间场景的展示上采用了 360°实景体验的方式[12]。

一方面，虚拟体验为因条件受限不能亲临该公共空间的人群提供了方便，为足不出户的人们带来虚拟体验冰雪的快乐。人们只需要关注冰雪大世界的微信公众号，轻轻一点之后，冰雪世界就会呈现面前；另一方面，虚拟体验又增加了公共空间的利用效率，为即将享受该公共空间的人群制定体验路线提供了参考。

三、雪展

雪展（The Snow Show）是设于欧洲的艺术和建筑展览，目前由美国知名策展人 Lance Fung 分别在 2003/2004/2006 年策划举办过三期。有意思的是，雪展的举办地点在不同的公共空间中都尝试过。2003、2004 年的雪展在芬兰北部的两个小城镇罗瓦涅米（Rovaniemi）和凯米（Kemi）举办，地点在靠近城市中心自然环境中的开放空间里，既有公园，也有普通的公共空间。到了 2006 年，在都灵冬季奥运会到来之际，雪展还曾被带到意大利塞斯的一个高尔夫球场举办。

雪展的灵感实际上来源于中国哈尔滨冰雪大世界，但它的特点是不像冰雪大世界一样强调外界的冰雪观赏体验和场景营造，而是强调艺术家和建筑师内在的跨学科合作以及由此创作出来的非凡冰雪建筑作品（图 5-20）。

冰雪建筑作为一种独特的构筑物，不是简单的艺术作品，而是能够综合体现建筑美学、使用功能、结构方式和精神追求的复合体。从这个意义上说，雪展带给公众更多的是艺术家与建筑师协作设计的一种特殊公共艺术品。从中传递出来的个性化和艺术化设计品位，能让大众体验到较高的审美享受。

雪展在冰雪建筑营建上的特殊性，一方面在于它排除了公众熟悉且稳定的材料如油漆、青铜、木材、钢和砖等，在建筑材料上做了探索性的尝试，充分发掘了冰、雪这两种材料的特殊性。冰、雪不同于传统的天然建筑材料，它们会随着温度和时间的变化而变化，因此在作为建筑物材料时需要进行特殊的处理和加工。独特的材料营造出的情境更能带来不同的体验，因此更易吸引公众的到来。另一方面是冰雪建筑设计者的特殊性。建筑学和艺术两个学科的联合设计者各自利用自己的专业方法，创造出极其体现智慧同时十分美丽的作品，从而成功地营造出一种独一无二的艺术空间。

四、汉堡处女堤

汉堡处女堤（Hamburg Jungfernstieg）由 19 世纪由阻隔阿尔斯特湖水泛滥而筑的人工堤坝改建而成，位于德国北部城市汉堡（图 5-21）。

处女堤——单就其名字就给它蒙上了一层神秘面纱。在处女堤围堰的中心处，耸立着一柱方石碑，石碑上没有文字，只用淡淡的线条勾勒出一个亭亭玉立的少女像，来见证着它的名字。其名字 Jungfernstieg 中的 Jungfern 在旧德文里就是处女的意思，因此人们称之"处女堤"[13]。

处女堤作为城市与自然之间的协调者所具备的张力以及滨水场景的营造构成了它最为独特的吸引力。毗邻内阿尔斯特湖的位置优势，使处女堤成为汉堡典型的滨水空间。传说以前富庶人家经常带自家女儿来此邂逅如意郎君，现在它已经成为老牌商店和世界知名公司林立的繁华大街，是人们在节假日休闲和举办公共活动的首选之地。随着原始堤坝功能的褪去，19 世纪开始商业、办公等功能业态的进入和公众性休闲场所的建设，让处女堤从一处功能性的公共设施转换成为富有魅力的大众活动场所。

1. 充满差异化氛围张力的多功能体验性

处女堤所属的汉堡市，是德国最重要的海港和最大的外贸中心，贸易往来频繁，同时城市历史悠久、名胜众多，每年来此的游人高达 300 多万，使该地区常年活力旺盛。而内阿尔斯特湖位于汉堡市中心，宛如拥挤城市中难得的一处避风港，湖水粼粼闪动，如同汉堡灵动的双眸。湖的四周绿树掩映，建筑不多而且低平，形成开阔的远眺视野。

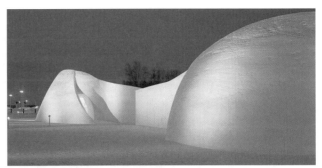

图 5-20　雪展冰雪设计方案（二）

图 5-21 处女堤在汉堡的位置

在处女堤这处连接着城市与自然的公共空间里，城市的喧嚣迎头遇上了湖水的安静。正是在城市和内阿尔斯特湖截然不同的氛围下，位于湖畔南岸的处女堤，为繁华的市区向静谧的内阿尔斯特湖打开了一扇窗。市区的拥挤、喧嚣与内阿尔斯特湖的广阔、安静在此处形成强烈的对比，而处女堤则成为两者的枢纽，同时又是两者的天然分界线。此处既有丰富的城市功能，又能满足人们亲近自然、享受滨水体验乐趣的需求。

在处女堤的一侧，既拥有繁华市区常见的鳞次栉比的商店，所售商品和服务从服装、首饰、珠宝，到手机、手表等数码产品，再到饮品、美食等；又有律师事务所、私人诊所、写字楼和银行等众多办公建筑；更有一到周末、节假日就客满为患的极具汉堡特色的咖啡店，以及内阿尔斯特湖凉亭等特色构筑物。这些元素构成处女堤城市生活的基础，也是处女堤保持活力的关键，使之成为真正的购物天堂和公共活动中心。

同时处女堤又是休闲散步、享受阳光不可多得的场所（图 5-22）。林荫大道上 3 排整齐的欧椴树，微风吹拂的湖水泛起的点点波纹，还有阳光洒下的耀眼光芒，是坐在处女堤座椅上经常能够欣赏到的景象，这一景象也成为汉堡标志性的风景[14]。漫步于处女堤上，可以完全将城市的繁华抛于脑后，而专注观赏内阿尔斯特湖（图 5-23）上戏水的天鹅和水鸟、扬帆训练的运动员、水柱高达几十米的喷泉；也可以驻足欣赏堤上穿梭于行人中觅食的鸭子、街头艺人的实力表演、三三两两散步的游人。这些都带给人们丰富的感官体验。

图 5-22 处女堤上休闲的人群

图 5-23　内阿尔斯特湖

2. 滨水场景的营造

处女堤在充分利用滨水区位方面提供了一个重要的样板。首先，处女堤背靠市政厅，面对内阿尔斯特湖，左边是科洛纳登，右边是欧洲购物长廊。与汉堡市中心多为紧凑有序的城市肌理不同，这里场地宽敞，视野开阔，在欧洲城市空间中实属罕见。为此处女堤充分发挥自身的场地优势，成为举办大型公共活动和休闲放松的首选场地。

其次，处女堤毗邻内阿尔斯特湖的特殊地理位置，奠定了它相较于其他公共空间的独到之处。水是汉堡之魂，这使它有了"北国威尼斯"的美称。而处女堤则是在汉堡观水和亲水的绝佳场地。

处女堤的改建设计单位就发挥了它在这方面的特点，除了在滨水处修建林荫道以外，还将与处女堤同宽的看台式阶梯伸入水中；同时将 20 世纪 70 年代的码头展馆改建为紧挨着城市阶梯的方形展馆。伸入水中的阶梯和这座展馆成为公共生活的载体和观水的主要场所[14]。

在汉堡的处女堤上，数度出没的白帆和划艇展现出汉堡的城市活力和昂扬向上的城市精神。到了夜晚，地处北纬 53°的汉堡通常要到夜里 10 点夜幕才会真正降临。霓虹映照下，经常有老人在此处静坐、聊天，年轻人喝着啤酒天南海北地畅谈，也有购物疲惫的人们在此处歇脚，安静有序的行人与璀璨优美的灯光一起营造出祥和的氛围。

可以看出，公共空间越能满足人们多样的需求，越能吸引更多的人群前来使用。尤其是在数字化时代，如果一个公共空间可以为人们营造不同于别处的场景，比如处女堤的开阔视野、亲水的体验、夕阳近黄昏时的祥和氛围，这种多元化的体验将使该空间变成极具吸引力的场所。

五、卡斯尔福德桥

卡斯尔福德桥（Castleford Bridge）位于英国约克郡卡斯尔福德镇，是卡斯尔福德镇再生改造项目的核心工程（图 5-24）。卡斯尔福德桥横跨在卡斯尔福德湾上方，与周边环境、水坝融为一体，这片区域是当地人们亲近河水的主要空间。

卡斯尔福德镇曾经是以矿产资源著称的英伦小城，随着资源因过度开采而导致日渐枯竭，城镇面临着资源型城市转型的考验。因此，2003 年当地政府启动了"重建"计划，希望提高居民的生活质量和改善外界对卡斯尔福德镇的看法。该计划包括若干新建的建筑，而最为著名的就是滨水重建的卡斯尔福德桥[15]。

1. 公共空间而非交通建筑

这座桥梁区别于普通桥梁的特点是，它并不仅仅是作为交通空间，更是作为一处重要的公共活动空间而被设计出来[14]。卡斯尔福德桥的建成巩固了卡斯尔福德河畔作为该镇重要自然遗

图 5-24 卡斯尔福德桥

产的地位，同时成为人们乐于使用的公共空间。对于卡斯尔福德镇的居民来说，卡斯尔福德桥联系了该镇的南北两个区域，更为观赏爱尔河秀丽的风光提供了广阔的场所。卡斯尔福德桥的设计已斩获大奖无数，但对于作为使用者的公众而言，重要的是它超越了普通桥梁的公共活动价值所在。

（卡斯尔福德）步行桥像是一条蜿蜒的长龙凌驾在卡斯尔福德河畔，成为两岸居民的交通要道。卡斯尔福德桥长 130 米，设计师将桥体本身设计成 S 型，使往来的行人可以尽情体验沿岸风情，欣赏那些磨坊、鱼染和破旧的驳船乃至河水冲击堰坝激起的浪花。三个 V 型支撑结构固定的桥面如同一块"魔毯"盘旋在爱尔河上，从这块"魔毯"上可将爱尔河美景尽收眼底。流线型的木制桥面既是通道，也是宽敞的公共空间，从桥面延伸出来的结构形成了 4 个 20 米长的曲形长凳，可供行人坐下休憩，饱览全景[14]。

2. 为步行而设计的空间

在政府的重建计划中，修建这座卡斯尔福德桥步行桥是用来替代其下游的一座 200 多年前维多利亚时代修建的公路桥。这座卡斯尔福德桥从一开始就是为步行和休憩设计的空间[14]。

首先，该桥的桥面板和扶手是用未经处理的龙凤檀木建造而成。这些檀木取材于巴西的热带雨林，一方面有足够的承载力，另一方面龙凤檀木的密度是橡木密度的 2.5 倍，更为致密和防水。木材的使用使桥梁更具人性化和亲和力。

其次，从桥面上延伸出来 4 个 20 米的曲形长凳可供人们休憩。这 4 个 20 米的长凳表面，用一连串的不锈钢板与桥面取平，作为隔断形成个性化的空间，同时阻挡了喜好在栏杆边缘嬉戏的滑板爱好者。在这个英伦小镇上，有这样一处完全属于步行且视野开阔的空间，能够使爱尔河的美景尽收眼底，可谓是一种非常舒心的体验。

　　卡斯尔福德桥可能不是一处举世闻名的旅游景点，但对当地居民来说，这是两岸居民交流的重要户外场所。在这里车辆不可进入，步行、眺望和坐在长凳上休憩是主要的活动，这样既保证了步行空间的安全感，又保证了该公共空间的吸引力。

六、维特拉设计园区

　　维特拉设计园区（Vitra Campus）位于德国西南部威尔城，莱茵河东岸，靠近德法交界处。维特拉是一个家庭经营的瑞士家具公司，总部设在瑞士的比尔斯费尔登。它不仅生产国际知名家具设计师设计的产品，其建筑产品也相当有名。该公司组织并设计了位于德国莱茵河畔的维特拉设计博物馆等建筑。截至2013年12月31日，莱茵河畔威尔城的总人口数是29 298人。

　　维特拉设计园区由威利和艾瑞克·法尔邦创立，1957年后授权在欧洲销售赫曼米勒家具，这些家具的设计者是查尔斯、蕾·伊姆斯和乔治·尼尔森。在1967年，维特拉推出了由维奈·潘顿设计的潘顿椅——世界上最早的塑料悬臂椅。维特拉公司在许多国际化大都市中设有分公司或者陈列室。

　　今天，维特拉的生产线包括办公、家用和公共家具的设计工作。其产品获得了若干项由国际组织颁发的设计大奖。维特拉的产品常见于高端公共场所和空间，例如德国联邦议院、伦敦的泰特现代美术馆、巴黎的蓬皮杜艺术中心、德意志银行法兰克福总部、巴塞尔的诺华公司、迪拜国际机场和慕尼黑国际机场等。

　　维特拉公司的宗旨是致力于通过设计的力量来改善家居、办公和公共空间。为此，维特拉公司采用集约化的设计过程来发展产品和理念，使得世界一流的设计师能够充分展现自己的创意。包括维特拉设计园区（图5-25）、维特拉设计博物馆、生产车间、出版社、收藏品和档案馆在内的项目都是维特拉公司不可或缺的一部分。这些项目使维特拉公司的生产活动有了新的视角和深度。

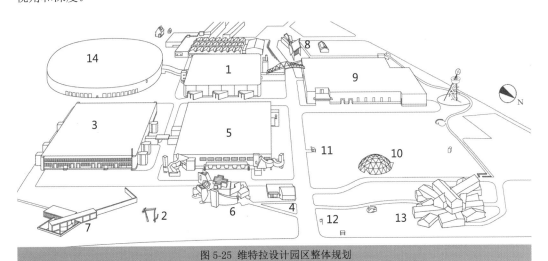

图5-25　维特拉设计园区整体规划

　　1-厂房，尼古拉斯·格雷姆肖设计，1981；2-均衡器，克拉斯·欧登伯格和库斯杰·范·布鲁根设计，1984；3-厂房，尼古拉斯·格雷姆肖设计，1986；4-门道，弗兰克·盖里设计，1989；5-厂房，弗兰克·盖里设计，1989；6-维特拉设计博物馆，维特拉设计，1989；7-会议大厅，安藤忠雄设计，1993；8-消防站，扎哈·哈迪德设计，1993；9-厂房，阿尔瓦罗·西塞设计，1994；10-穹顶，理查德·巴克敏斯特·富勒设计，1978-2000；11-加油站，简·普鲁威设计，1953-2003；12-公共汽车站，贾斯珀·莫里森设计，2006；13-维特拉屋，赫尔佐格和德梅隆设计，2010；14-厂房，萨那设计，2010

在维特拉设计园区，大部分生产设备在1981年的一场大火中毁于一旦，之后英国建筑师尼古拉斯·格雷姆肖被任命为新厂房的设计师，受命为该园区的基地提供一个整体规划。不过在20世纪80年代中期，维特拉公司受到弗兰克·盖里的启发，放弃了格雷姆肖提出的统一企业计划。从那时起，维特拉公司把企业建设的任务分到了不同的建筑师手中，包括弗兰克·盖里（维特拉设计博物馆和厂房，1989）、扎哈·哈迪德（消防站，1993）、安藤忠雄（会议大厅，1993）、阿尔瓦罗·西塞（厂房、过道、停车场，1994）、赫尔佐格和德梅隆（维特拉屋，2010）和萨那（厂房，2011）。

图5-26 维特拉设计园区图片

2014年6月，维特拉塔开始了建造工作，并且很快成为享誉欧洲的公共艺术体验空间。为了体验由众多大师级建筑师所提供的各具特色的氛围，人们来到这里。维特拉公司巧妙地利用集聚国际一流建筑作品的思路，使自己的园区俨然成为当代一流建筑作品的展览平台。公众可以在此自由地体验室内和室外两类各具匠心的设计杰作——室内是维特拉公司的室内设计及家具展品，室外则是与之相匹配的建筑大师作品。建筑作为室内陈设的容器，与之交融为一体，使得人们能够在室内到室外这样一个连贯完整的富有品位的艺术氛围中自由浏览。这种独特的体验性，成为在数字化时代吸引当代公众和消费者最好的利器（图5-26）。

例如，1989年诞生的维特拉设计博物馆是维特拉设计园区的第一个公共建筑，同时也是设计师弗兰克·盖里在欧洲完成的第一件作品。这些年来，维特拉公司积累了一批椅子和其他家具的藏品。为了使公众有机会看到这些藏品，维特拉设计园区建造了这个独立的博物馆，旨在为设计和建筑的研究及普及提供帮助。现在，这个博物馆的主要藏品来自维特拉公司收藏的20世纪生产的家具，有时也承办一些展览会。

扎哈·哈迪德设计的消防站则是第一个由伊拉克设计师设计完成的建筑。消防站包括消防车车库、为消防员准备的淋浴间和储物室，以及配有厨房的会议室。消防站由混凝土建成，摈弃了毗邻大楼间惯用的直角构型，整个看上去好像爆炸在图片中呈现的静态画面。现在，这栋大楼被用于展示。

1993年，由日本建筑师安藤忠雄设计的会议大厅也在维特拉设计园区落成了。这是安藤在日本以外的第一个作品。会议大厅各个房间的布置呈现出一种沉稳、内敛的气质，整体空间结构设计得井然有序、错落有致。最具特色的要数会议大厅前的小路，让人联想到日本寺院的禅道。

2000年，维特拉设计园区又增添了穹顶：一个轻质网格状球顶，由理查德·巴克敏斯特·富勒设计完成。它其实是T.C.霍华德在1975年为查特工厂建造的，后来才从美国的底特律迁至莱茵河畔威尔城，现在用来承办各种活动。在 2003 年，由法国设计师简·普鲁威于 1953 年建造的加油站被搬到了维特拉设计园区。赫尔佐格和德梅隆设计的维特拉屋是维特拉设计园区目前最新的建筑，于 2010 年开放，作为该公司的旗舰店出售家庭系列用品。维特拉屋融合了这两位巴塞尔建筑师的两个重要的建筑理念，这两个理念经常在他们的作品中呈现出来，即原型法和堆积法。

第三节 公共空间的创意趣味

一、黑暗迪士尼公园

　　黑暗迪士尼公园（Dismaland）由英国著名的神秘街头插画家班克斯（Banksy）组织策划，是一处借用迪士尼乐园名头、实则含有暗讽意味的临时性主题公园（图 5-27），仅向观众开放 38 天（2015.8.21—2015.9.27）。黑暗迪士尼公园选址很特别，选择设置在英国西南部滨海小镇韦斯顿的废弃浴场。韦斯顿镇是英国已经过气的海边度假地，只有那些属于低收入群体的度假人群知道这里——这些人被组织者班克斯称为是"最完美的观众"。

图 5-27 黑暗迪士尼公园全景图

1. 深刻的创意内涵和怪异色彩的公共艺术品

　　黑暗迪士尼公园中的创意氛围是开放包容的。班克斯负责园区的概念设计和整体组织，作为主办者，他邀请了 58 位艺术家来参加这次活动。参展艺术家的层次跨度极大，从身份上看包括从威尼斯双年展的金牌得主到在自己小花园中设计各种工会条幅的老人；从国度上看，来自以色列和巴勒斯坦的艺术家的作品在这里都被摆放到了一起。开放的创意氛围可以说是黑暗迪士尼的空间灵魂所在，来自世界各地的人们在这里享受全球化艺术品带来的乐趣，包容的空间环境也调和了不同品位的人群，每个人在这里都能够感受到艺术的魅力。

　　黑暗迪士尼乐园中的展品同样也是数字化时代中后现代主义艺术的典型代表，每一件作品都运用了多种技术来展现艺术家的想法，是一种具有高点击潜力的艺术。就像班克斯自己所说的那样："数字化的世界不仅仅需要简陋的雕塑和景观，艺术家必须全身心地投入到创作的过程中。"

更重要的是，由于班克斯试图组织一场能够给人们带来极大冲击力的展览，因此这里的艺术品和陈列品与一般主题公园中的展示品极为不同。迪士尼的卡通形象在这里都被赋予了新的注解而变得诡异阴郁：带着砍刀的屠夫把绑在枷锁中的旋转木马砍碎；满是泡沫的池塘中摆放着人鱼公主艾瑞尔（Ariel）变形的雕像；忽明忽暗的房间中穿着黑袍的死神开着碰碰车……园区中的工作人员更像是行为艺术的演员，他们带着米老鼠的耳朵无精打采地四处走动，正像黑暗迪士尼公园这个名字一样，这里是一个忧郁的地方，人们与怪异展品和颓废"演员"的近距离互动把这种忧郁体验进一步放大了（图5-28，5-29）。

图 5-28 怪异的公共艺术品

图 5-29 忧郁的工作人员

这个公共空间的设计带有深刻的社会寓意和指向性。如果说迪士尼乐园中关于王子公主的美好童话故事是乌托邦，那么黑暗迪士尼公园就是彻头彻尾的反乌托邦：烧毁的城堡，扭曲的美人鱼，翻车的灰姑娘……整个公园的景致可以说是对于幸福理想的讽刺和邪恶注解，无论从艺术展品的表达内容还是工作人员的神情动作，都刻意地流露出一种忧郁之感，意图在这种压抑的氛围中呈现出社会的阴暗面和现实的各种矛盾。

2. 创意的魅力和粉丝效应

空间的神秘感和设计师的创意风格，往往能在短时间内吸引最多的观众和粉丝。黑暗迪士尼公园在开园之前就在神秘和创意上做足了功课。在施工初期，组织方一直对外宣称，这里在搭建的是惊悚电影的临时片场，这个秘密直到开园之前才不揭自破。黑暗迪士尼公园的组织设计者班克斯自己就是个神秘感十足的人物：没有人知道他长什么样子，也没有人知道班克斯是他的名字还是姓氏，人们对他的认识完全来源于他充满黑色幽默的街头涂鸦。他擅长以诙谐幽默的笔法表现生活的阴暗面，也因此收获了一批忠实拥趸。当人们终于发现这个废弃的海滨浴场是班克斯的新作品时，大量的粉丝涌向了韦斯顿这个落寞已久的滨海小镇。

这次展览给人们带来的吸引力和兴趣是巨大的，有一对新婚夫妇甚至取消了他们在加勒比海的蜜月之旅，转而在黑暗迪士尼公园举办了他们的婚礼；超过 600 万的访问量使得官方售票网站在开售的前几分钟就崩溃了。人们对于班克斯作品近乎疯狂的追求也带来了巨大的粉丝效应，意想不到的大量人群涌向了废弃的海滨浴场，这大大带动了韦斯顿的经济发展，让这个"穷人"的度假地热闹了起来。

在班克斯与黑暗迪士尼公园的关系中不难发现，知名艺术家的作品往往会吸引大量的人群来使用其所在的空间。因此，公共空间的艺术品要尽可能选择经过艺术家设计创作的作品来保证其品质，或者至少要选择观赏价值高的和创意性强的公共艺术品，来达到提升空间品味和趣味的目的，进而来提高人们对于空间的利用率，增添公共空间的活力。

二、驳二艺术特区

驳二艺术特区位于中国台湾高雄市盐埕区大勇路南端尽头，于 2002 年正式设立，经过四个经营阶段后现在成为台湾南部的文化创意中心。"驳二"的意思是指第二号接驳码头，缘由来自于这处场地位于高雄港原来的第三船渠内，其中包含有码头以及配套的火车站、港口仓库等设施。2000 年高雄市政府对这里的空间进行了整修，启动了作为文化型公共空间的建设。

经过十几年的发展，驳二艺术特区现在已经成为融合展览空间、表演空间、创意制作空间、休闲空间、商业空间、文化教育空间等多种功能于一体的文化创意产业园区。对于普通民众来说，这里是散步观光、看表演听演唱会的地方；而对于创作者而言，这里是学习成长、激发灵感、展示作品的地方。同时，它还吸引了大批游客。

1. 富含城市记忆的文化艺术空间

驳二艺术特区与其他工业遗产改造的最大区别在于，这里的点点滴滴都具有浓厚的高雄特色或者说是驳二特色，同样也诠释了属于高雄独特的码头文化和渔业文化。早期在驳二码头生活着大量的码头搬运工人以及以渔业为生的渔妇，以他们为原型的雕塑经过市民的投票，被选定为高雄市的代表艺术作品。在驳二艺术特区中随处可见这些造型别致有趣的搬运工人和渔妇的雕塑（图 5-30，5-31），这些雕塑上画着各种彩绘，看到了它们就能想到驳二，就能想起高雄。

图 5-30 工人雕塑

图 5-31 工人渔妇雕塑

在驳二艺术特区还有许多以码头文化和渔业文化为灵感的艺术作品——以货柜码头、渔业聚落为主题的彩绘和雕塑。这些展示高雄城市文化的室外艺术品被园区内规划的自行车和步道串联起来，穿行在其中仿佛是走过时光隧道，让游客们真切地感受到码头工人和渔夫渔妇们的辛劳生活。据驳二运营中心的负责人介绍，他们的想法是为高雄人提供一个触摸和连接自己城市文化的机会，而游客们则可以在驳二了解到高雄的城市变迁[16]。

驳二艺术特区室外公共空间的设计同样独具特色，充分利用仓库的室外空地与室内的展览空间形成时空的延续，打破了展品在室内展示架上对外展出的传统形式。这不仅丰富了室外空间的内容，也给人们带来了全新的参观体验：这些艺术作品都是可以触摸的，能够与人们形成一种互动。驳二艺术特区的钢雕公园就是一个很好的例子，在由原运输专设火车站改造而成的铁道园区中，原来负责运送货物的铁轨在时光的打磨中早已变得锈迹斑驳，这些带有码头记忆的铁轨被保留下来（图5-32）。

不仅如此，主办方还在园区内设计了一款新颖的小火车体验产品，让大人可以携带着孩子一同坐在按照比例缩小的电动火车里面，沿着遍布园区各处、同样按比例缩小的轨道行进。沿途有专门的服务人员在站台处发出开车的指令，指导火车前进的方向。游客可以在其中体验到穿梭在各种场景空间中的乐趣，并与正常漫步在园区里的游人们不期而遇、相互观赏。这样一个富于体验感和互动性的项目，也同时呼应了驳二艺术特区中的历史功能。

驳二艺术特区的主办方还邀请了中国台湾创作新锐，以及一些外来知名钢雕大师用百吨废铁进行钢雕创作（图5-33）。包括火车头、行李箱等一批富有创意和历史内涵的钢雕作品，在园区各处唤醒人们对于曾经的驳二码头的记忆。从锈铁到钢雕，创意和艺术的灵感注入，使得那些原本落寞的尘封旧物在驳二艺术特区摇身一变，重新回到了大众的视野中。

图5-32 锈迹斑驳的铁轨

图5-33 钢雕艺术品

2. 富于特色的公共活动和丰富的空间功能

驳二艺术特区利用原来的港口仓库，不断拓展着自身的空间功能。艺术特区的活动空间从最早期只有驳二仓库、C5仓库、C6仓库（月光剧场）、艺术广场，到后来陆续增加的西临港线自行车道、C1仓库、C2仓库、C3仓库、C7仓库、C9仓库以及自行车仓库等空间[19]；从早期的小摊位的作品展演，扩展到拥有展览空间、研习教室、会议座谈空间、文创办公室、艺术市集、市民休闲场所、表演场所、设计中心等。

随着空间的不断扩张，驳二艺术特区的特色公共活动也在不断丰富，这些有趣的活动吸引了大量的游客来到驳二码头，为艺术特区增添了空间活力。近十年间，驳二艺术特区举办了一系列的文化创意活动：高雄设计节、好汉玩字节、钢雕艺术节、货柜艺术节，以及"高雄人来了"、大公仔等艺文展览。

在文化氛围的营造上，驳二艺术特区很注重相关功能的配置。它引入了台湾的文化旗舰项目诚品书店，并且利用仓库定期设立面向各大学的设计艺术展，邀请台湾所有设计和艺术类院校在此举办展览和交流。本书撰写团队调研期间，适逢该展览的布展，展览场地内外集聚了数十所大专院校和众多的年轻人。他们作为文化创意的生力军，无疑给这处原本地处偏僻的公共空间注入了非常鲜活的动力。

驳二艺术特区还拥有全台湾唯一的劳工博物馆，为参观者复原了劳工们的劳动场地和场景，博物馆定期会更换展示主题。很多人对这里的评价是：有趣且很有教育意义。驳二艺术特区还计划引进餐饮企业，并为设计师提供小型的创作空间[17]。丰富的空间功能不仅承载了驳二艺术特区的多种空间活动，还带来了更多有不同需求的人们来使用这里的空间，进而提高了空间的活力和利用率。

驳二艺术特区多元化的创意活动中特别值得一提的是传统的农业体验活动。在仓库与街道之间有一块种着水稻的颇为引人注目的绿地，这就是"蓬莱一亩田"。它是全台湾文创园区中唯一展示和体验传统农作的艺术园区。"蓬莱一亩田"寓意为"文创与农业都须深耕于土地与文化，才能发展出更多的可能"。每逢收割的季节，附近学校的孩子们就会来这里亲手收割农作物，这一亩田不仅加强了驳二艺术特区与土地历史的联结，同时也借由贴近土地与自然的方式让孩子们体验到了生活中的种种美好。

独具特色的公共活动和丰富多样的空间功能是驳二艺术特区每年吸引众多参观者前来的重要"法宝"，而其中免费向公众开放的众多功能也为吸引大众的关注提供了重要的基础。在数字化时代，创意趣味与开放共享的特色在驳二艺术特区被体现得淋漓尽致，免费共享的空间与带有运营色彩的功能在这里形成了恰当的组合。

三、鞍谷自然艺术区

鞍谷自然艺术区（Arte Sella）位于意大利北部的瓦尔苏加纳镇，是在自然开阔的草地和森林中展示当代大地艺术的室外展区。在这里，艺术品的设计和空间的组织始于1986年，并且其规模一直在不断地丰富与扩大中。

1. 源于自然的创意作品

鞍谷自然艺术区的设计理念来源于对自然的尊重与敬畏，因此，鞍谷艺术区中艺术作品最大的特色就在于它与自然的完美结合。主办方要求艺术家表达一种与自然相互尊重的关系，并把自然作为创作灵感的源泉。这里的艺术作品通常是用石头、树叶、树枝和树干等自然材料制作的（图5-34），很少会用人造物品、材料和颜色。

所有的作品都安放在户外，人们可以在享受各种自然环境——草坪、树木（尤其是杉树）、石头——的同时欣赏艺术作品。这些来源于自然的艺术品会被保留下来直至慢慢腐朽并消失，进而成为自然生命周期的一部分。经过近40年的发展，鞍谷自然艺术区已经招募了200多名当代艺术家来创作富有自然特色的艺术作品，这里也经常举办音乐会、戏剧表演和其他公共活动，是一处别致的公共空间。

组织者和设计师试图打造一处赞美大自然并且重新认知当代艺术的高品质室外空间。主办方除了要求设计师们表达与自然相互尊重的主题外，作品的艺术风格和标准是十分自由的。经过多年的发展，鞍谷自然艺术区的室外展品数量在稳步增长，并且获得了许多公共机构和地方企业的支持。

图 5-34 自然材质艺术品

所有艺术品的陈设趣味在于，当人们沿着穿梭在鞍谷中的艺术自然之路（Artenatura Route）前行通过莫焦河（Moggio River）时可以不断发现，许多艺术品都沿着小路依次排列。大部分的自然作品都布置在这里，也有部分藏在树林中交错的枝杈间。它们中的许多作品像是来自于外星球的植物生命和不同寻常的自然材料的构筑物，静静地矗立在茂密的丛林中，等待人们发现。

艺术自然之路是一条未受污染和人工雕琢的美丽徒步小径。走在被落叶和松针覆盖的泥土小路上，人们可以感受到大自然的气息。摆放在草坪和林间的艺术品虽经过人工的创作设计，但由于材料来源于自然并经过精心设计，它们很好地融入了自然环境，丝毫不显得突兀。

2. 丰富的公共艺术活动

人们是否能够在空间中进行活动、与空间发生互动，是一个公共空间使用情况的重要评价标准之一。鞍谷自然艺术区除了拥有大批高质量的自然艺术品之外，其中的公共活动也十分丰富多彩。

在自然艺术之路的尽头是科斯塔谷仓（Costa Barn），以前牧羊人在这里饲养牲畜，在春季和夏季时会在这里制作奶酪和黄油，鞍谷自然协会在1998年成功地把这里改造成鞍谷自然艺术区的档案馆。

在科斯塔谷仓，也就是自然艺术区的档案馆，游客们可以参观艺术区年度的艺术展。同样，这里还会定期举办音乐会、戏剧表演、创意工作坊、摄影展览等活动。

鞍谷自然艺术区最吸引人的地方就是让人们的活动与那些"从自然中来，回到自然中去"的自然艺术品结合在一起。它们与周边的自然环境有机地融为一体，与环境相映成趣。作为自然户外公共空间的优秀代表，鞍谷自然艺术区和谐的空间组织和直击心灵的自然作品，给人们带来非同寻常的创意趣味和艺术感受。同时，它们在悄无声息的感化中让人们感受到大自然的魅力，引导人们与自然相互尊重、和谐共处。

经过档案馆后，一条小路把人们重新带回到茂密幽静的森林，并引到一个恢宏的艺术作品脚下——树之教堂（图5-35）。这座巨大的教堂由意大利艺术家朱·马利（Giuliano·Mauri）在2002年创作，它可谓是整个鞍谷自然艺术区中最令人印象深刻的艺术作品之一。树之教堂由超过3 000根树枝组成，占地1 220平方米，高12米，造型似3个教堂正厅的结构。3 000根树枝有序排成80列，每一列中都有一棵树，随着时间的推移慢慢地替代当前的结构。教堂附近的空地上还摆放有一些其他的艺术作品，与教堂共同构成一个可以不断生长和自然更替的艺术作品。人们在这里参与各式各样的公共活动，同时从无声的环境中升华对自然伟力的崇敬之情。

图5-35　树之教堂

四、油街实现艺术空间

油街实现艺术空间位于中国香港北角油街 12 号，距炮台山港铁站仅有不到 200 米的距离，人们可从油街、电器道及城市花园道抵达那里。

"油街实现"与其所在地址油街 12 号在粤语中谐音，它的喻义是生活艺术的起步点，力图将艺术融入普通的大众生活，让人们通过不同的体验感受到来源于生活的创意和艺术。这里就像一个艺术的大厨房，从自然和生活中选取原料来烹制艺术大餐。油街实现艺术空间在向普通民众传播艺术的同时，希望能为艺术工作者们提供一个交流的平台和一个实现梦想的机会。

1. 生活味十足的公共创意空间

与一些"曲高和寡"的艺术区不同，油街实现艺术空间是所有普通民众都可以参与其中的公共空间，这里更强调的是艺术的生活味。油街实现真正做到了对创意和艺术的无差别开放包容，高端作品和草根作品都可以在这里找到，每一位参与者都是艺术家，任何人的作品都可以成为被展出的艺术品。

艺术空间中的主体建筑是红砖屋，它是香港的二级历史建筑，其前身为 1908 年建成的香港皇家游艇会会所，迄今已有百余年历史。除了历史建筑，油街实现还有一个 24 小时开放的公共空间，即一个展示各种艺术品的雕塑广场，经过这处开放空间人们可以走到海滨附近。

油街实现就像一座艺术迷宫，众多艺术作品构成了一个个创意机关，潜伏在饱经历史沧桑的红砖屋内外各个角落。这里虽然空间不大，却能激发人们探索的欲望。艺术家的作品或造型怪诞，或融入多媒体元素，或表达深刻的观念。这里同样也容纳了普通民众灵机一动，并无深度艺术价值的集体作品。

油街实现拥有许多走通俗路线的艺术作品，它们亲近基层观众，与观众进行互动，有的还是艺术家与公众集体合力完成的。例如，阿根廷视觉艺术家埃利希的户外作品《正反》，人们可以轻松地在草坪上的这座 4 层"大楼"的窗外自由地攀爬，甚至做出一些悬挂式的危险动作（图 5-36）。该作品是由一面与水平面呈 45°的大镜子和平摆在草坪上的四层建筑立面组成的。这种设计方法带来了颠覆性的视觉效果，让参与其中的人们仿佛游走在现实与幻想之中，展现出一个正反不同的世界。而对于艺术品本身来说，公众的参与才使得它被赋予了活力和生命力。另一个亲近生活的例子来自于香港妇女劳工会的废纸作品，她们利用废旧纸张和布条编织成一个个可以转动的小风车，然后将它们穿插在透缝的铁门上，犹如一道绽开的彩虹。

一件件生活味浓郁的艺术作品给人们带来了温暖的空间感受。在油街实现，艺术品、空间、参与者这三个元素是密不可分的，它们相互作用、相互影响：空间为艺术品和参与者提供了互动的场所，艺术品和参与者的活动又为空间增添了生命力。

图 5-36 《正反》

2. 互动创作的城市绿洲

油街实现就像钢筋混凝土城市中的一处沙漠绿洲，在这里，生态与艺术互相诠释，与其称之为"艺术空间"，不如说它是"艺术公园"更为贴切（图5-37）。据总馆长介绍，无论是室内还是室外，未来的油街实现将进一步融合艺术与外部环境，定期换装，使之成为中国香港市民艺术生活的净土和绿洲。油街实现不仅在观念上力图成为都市生态系统中的自然栖息地，在观感上也强调自然和生态。既然其中有花园绿地，艺术家就干脆设计了一个"空中花园"与之相互映衬；这里盛产水草，艺术家就编织水草雕塑……从而带给人们一种置身于大型生态系统中的错觉。

图 5-37 油街建筑室外空间

同时，油街实现也让公众在日常之中就能频繁地与艺术碰撞、邂逅。在这里，快速的内容迭代与免费的开放共享特性被结合在一起，体现出数字化时代公共空间的发展方向。

艺术家黎慧仪和陈家仪带领180位公众创作的《直立式花园》就是一个很好的例子。他们开辟出油街实现大院上的一面钢丝墙，张贴上由上百个矿泉水瓶盛装的花株，并在花株根部附上营养物质及它们赖以生存的土壤。很明显，这是一份糅合了生态科技和自然取材于一身的立体作品，它创造出了一个微型生态系统，同时也是在建造一个艺术生态样板。但更为重要的是，对于油街实现的组织者和创作者们来说，这些混合了专业艺术工作者和普通大众努力的共同作品，其艺术价值并不是他们关注的重点，而蕴含其中的互动创作体验和趣味营造过程才是核心所在。

五、泰特现代美术馆

泰特现代美术馆位于伦敦的班克塞德区，泰晤士河南岸，是英国国家美术馆，主要承办各类国际现代艺术展。伦敦作为英国的首都，2 000 年前由罗马人在泰晤士河畔建立。作为欧洲最大的城市和全球经济中心，伦敦对艺术和创意产业颇具影响力。截至2015年，伦敦的人口达到863万。现在，伦敦是公认的全球"艺术之都"之一。

泰特现代美术馆的目标是成为国际现代艺术展的中心。不过实际情况远不止于此：由于对伦敦的地标建筑的创意性改造，它现在已成为城市公共空间复兴的象征。

泰特现代美术馆成为"酷不列颠"（英伦时尚）的标志。它代表着欧洲从20世纪80年代开始的去工业化和品牌重塑过程，这一过程在20世纪90年代达到巅峰。这个过程的基础是新兴的创意经济，艺术家和建筑师是该经济形态的中流砥柱。泰特现代美术馆只是英国城市复兴的一部分，整个复兴过程其实相当复杂和艰巨，涉及诸多之前伦敦中心地带的工业和生产空间，例如伦敦码头区。泰特现代美术馆使不少艺术家一举成名，而这些艺术家的作品也为泰特现代美术馆增光添彩。泰特现代美术馆吸引着世界各地的人们，已经逐渐成为一个国际化的艺术公共空间（图5-38）。

2000年5月，英国女王正式宣布泰特现代美术馆对外开放。泰特现代美术馆的藏品包括20世纪的英国艺术品和国际现代艺术品，这使它成为同类美术馆中的佼佼者，每年约有500万游客前来参观（图5-39）。泰特现代美术馆的大部分区域和常设展区对公众免费开放，但它却是同类型美术馆中经济效益最好的一个，2015年的总资产达1 434 649英镑。

泰特美术馆的空前成功可谓出人意料，这也要求它腾出更多空间用于展览活动。它的扩建计划正在进行中，未来的展出空间将扩大两倍。

图5-38 泰特美术馆改造后　　　　图5-39 泰特美术馆内活动人群

泰特现代美术馆的前身是班克塞德发电站，更准确地说是一座燃油发电站，从1891年开始经过各种改造和扩建才成为发电站。该发电站的建造可以追溯到20世纪40年代末，当时的战后重建工作需要大量的电能。发电站以钢铁为骨架，以砖石为墙身，占地长度200米。建筑的中心是一个高达99米的大烟囱，现已成为伦敦的地标。发电站中至今还能看得出其原本用途的场地，共有3个：中心涡轮大厅、两边的锅炉房和配电室。

发电站的第一部分由斯科特爵士设计，并于1952年完工后投入生产，10年后完成整体建造。在此后30年时间内（1952～1981年），班克塞德发电站一直是伦敦最大的电能供应商之一。在这个如今被证明充满创意的改造案例中，当初的成功离不开投资商的资金支持和当地居民的共同努力。自发电厂倒闭以来，它就时刻处在被开发商夷为平地的危险之中。在拆除工作刚刚开始时，当地居民就发起了抗议运动，而BBC电视台的记者加文·斯坦普也在1993年恳请开发商终止拆除计划，在这些努力下班克塞德发电站才得以幸免。

1994年，泰特美术馆决定将班克塞德发电站改成现代美术馆。同年4月，官方宣布了班克塞德发电站的改造计划。3个月后，官方又宣布将举办国际性比赛以挑选改造计划的建筑师。1995年，瑞士建筑公司"赫尔佐格和德梅隆"拔得头筹。同年，改造工作正式开始（图5-40）。班克塞德发电站的冗余部分被移除，建筑骨架被新的科技材料代替，还有其他许多改动。不过，其整体结构得以保留，比如状似洞穴的涡轮大厅，如今已成为该建筑的标志之一。这项改造计划不仅将一个老旧的废弃发电站打造成了一个深受游客喜爱的美术馆，还使设计师蜚声国际（图5-41）。在1995年之前，"赫尔佐格和德梅隆"还是一个不为人知的建筑公司。由于建造了泰特现代美术馆，使它成为世界上最出名、最具影响力的建筑事务所之一。赫尔佐格和德梅隆在2001年获得普利兹克奖（建筑领域的最高奖项），并在2003年成为北京国家体育馆（又名"鸟巢"）的设计师。

现在，赫尔佐格和德梅隆又接手了泰特现代美术馆的扩建工程。该工程计划增加22 492平

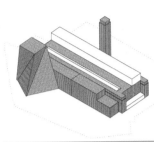

图 5-40　泰特美术馆改造图纸

图 5-41　泰特美术馆

方米的面积，用于艺术品展览、教育设施、办公室、餐饮、零售店、停车场和新的户外公共空间的设置。

六、镶嵌——2015 年深圳公共雕塑展

2015 年 11 月 13 日至 2015 年 12 月 17 日，在深圳中心公园 E 区举办了以"镶嵌"为主题的第三届深圳公共雕塑展。它是由深圳市规划和国土资源委员会牵头，深圳市公共艺术中心策划实施的。2015 年的展览活动共邀请到 15 个来自全国各地的优秀青年艺术家和设计团队。

第三届深圳公共雕塑展免费对公众开放，市民们从展览中能够充分感受到公共雕塑与城市公园之间的完美融合。本次展览借助深圳这片开放包容的土地，通过不同艺术家对于主题的理解进行公共雕塑的创作，由"镶嵌"开始让艺术与公共空间共同成长[18]。中心公园这处普通的公共空间由于公共雕塑展的入驻而一时成为公众造访的热点。

公共雕塑与城市公园的融合给热爱自然、热爱绿色的市民们带来了眼前一亮的新鲜感，提升了公共空间的艺术与创意的品质。

深圳中心公园位于深圳福田中心区，这里是深圳这座大都市的传统中央商务区（CBD），具有难得的自然条件。在 CBD 高楼大厦的环绕下，人们可以在这片城市绿洲中安享自然的宁静。福田河从公园的中心流过，经过治理的福田河水质清澈，硬质河岸也被草坪所取代，这些变化不但把飞鸟和游鱼重新带回了城市，同时也为市民带来了别样的感动，给他们创造出亲近自然、感受自然的机会和乐趣。而此次公共雕塑展中有许多作品都别出心裁地结合这处优美的自然景观，更像是为其量身定制一般，为这种自然空间增添了特殊的趣味。

2015 年的参展作品充满了实验性，从新颖多元的艺术形式和手段的应用到让公众参与到艺术品创作过程中的尝试，都是本次展览的亮点所在。其中最吸引人眼球的可能就要数作品《绿岛》（图 5-42）了。清澈的水面上漂浮着一个一个翠绿的球形草坪小岛，每个岛上都站立着一只白色的小羊，小羊和小岛随着水流缓缓漂浮，人们走近了才发现绿色的草和白色的羊都是塑料制品，让人不禁莞尔于这些以假乱真的公共艺术品。作者张翔的设计理念正是希望通过自然、人工和人工自然三者间亦真亦假的转换，带给人们对现实世界的思考。而《绿岛》所处的中心公园又何尝不是一种人工自然呢？在人们对自然和美好的向往中，真和假也许变得不那么重要了，但人们心中或许多少会有些许触动，因为人造景观毕竟和自然景观带给人的感受是完全不同的。

在公众互动的作品中，来自中国台湾的艺术家陆佳宜的作品《量身定做》（图 5-43）也许是最好的代表。这位年轻的女艺术家把受访公众独具特点的私人物品，例如香料、药丸、发卡、纽扣等，放入若干个透明的玻璃瓶中，随意排列组合地垂吊于公园内的树干上，每个透明瓶上都贴有受访者的名字或昵称。众多透明的玻璃瓶在阳光下折射着光芒，形成了不可言喻的吸引

人走近观赏的气氛。该作品抓住公众希望近窥瓶中奥妙的好奇心理，引起了由物及人的无限想象。它们带动参观者参与品评，从而拉近了参观者与作品的距离，进一步消除了艺术品与市民间的疏远感，让更多的人在这里驻足感受作品和空间的新奇。

　　第三届深圳公共雕塑展的作品还有很多，结合 LED 灯的竹林、伫立在人行道口的交通信号灯、缠绕在灌木中的软质弹力布等（图 5-44）。这些作品与公园里人们之间的关系是密切关联的，作品在人们的参观与品评中升华了艺术价值；市民们因为空间中的作品而更愿意亲近自然环境，收获了更多的体验趣味。本次展览的公共雕塑被艺术家们"镶嵌"在公共空间中，它们也终将被"镶嵌"在深圳的城市记忆中。

图 5-42 《绿岛》

图 5-43 《量身定做》

图 5-44 镶嵌艺术展其他作品

参考文献

[1] 王长祥. 大芬现象——是对艺术的颠覆还是艺术平民化的布道者 [J]. 多边联谈专题，2011（2）：5.

[2] 王长祥. 大芬现象——是对艺术的颠覆还是艺术平民化的布道者 [J]. 多边联谈专题，2011（2）：19.

[3] 新华网. 伦敦南岸艺术节突出社区主题 [EB/OL].（2013-06-01）[2016-06-02]. http://news.enorth.com.cn/system/2013/06/01/011021441.shtml.

[4] LEON TAN. 伦敦彩虹公园 [J]. 公共艺术，2015（3）：18.

[5] 张善庆. 试论新印象派绘画中色彩的"并置与分割" [J]. 南京艺术学院学报（美术与设计版），2005（3）：109.

[6] 林京. 中国宋庄画家村调研与发展报告 [J]. 文艺理论与批判，2013（3）：71.

[7] 秦臻，朱文一. 北京宋庄小堡村画廊空间考察 [J]. 北京规划建设，2008(3)：103.

[8] 秦玮. 当代艺术的三重解读：场域、交往与知识权力——中国宋庄 [D]. 北京：中国艺术研究院博士论文，2015.

[9] 中国网. 2016 长城森林艺术节儿童专场圆满落幕 [EB/OL].（2015-11-01）[2016-06-02]. http://ent.cctv.com/2016/06/06/ARTIxcS4q2mnOJzkpYs1fRtB160606.shtml.

[10] 长城森林艺术节官网. 关于艺术节 [EB/OL].（2013-05-08）[2016-06-02]. greatwallff.com.

[11] 哈尔滨冰雪大世界官方网站. 关于冰雪大世界 [EB/OL].（2014-08-06）[2016-06-03]. hrbicesnow.com.

[12] 网易黑龙江. 哈尔滨冰雪大世界领航"互联网 + 旅游"打造龙江冬季旅游新体验 [EB/OL].（2016-02-01）[2016-06-03]. http://hlj.news.163.com/16/0201/18/BEOQ0C8603490Q99.html.

[13] 全程旅游网. 汉堡旅游 [EB/OL].（2016-02-01）[2016-06-03]. hanbao.alltrip.cn.

[14] 王蕊. 全球公共空间景观设计 [M]. 沈晓红，许震杰，译. 北京：中信出版社，2013.

[15] 长河. 英国卡斯尔福德人行桥 [EB/OL].（2009-10-23）[2016-06-03]. http://10kn.com/castleford-bridge/.

[16] 李炜娜. 高雄"798" [EB/OL].（2013-03-29）[2016-07-01]. http://paper.people.com.cn/rmrbhwb/html/2013-03/29/content_1218159.htm?div=-1.

[17] 孙永. 台湾文化创意产业评析——以驳二艺术特区为例 [J]. 人文论谭，2013，(00)：259-267.

[18] LINMU. 深圳公共雕塑展——2015 镶嵌 [EB/OL].（2015-11-11）[2016-07-05]. http://www.cpa-net.cn/customTheme/&themeId=589.html#rd.

第六章 公共空间赛克度的量度

Chapter 6   The measurement of SEC value in public space

　　·公共空间的分析，有待于结合数字化时代的特征，从社会互动、情景体验和创意趣味等方面着手，建构新的评价体系——赛克度。

　　·赛克度的内在逻辑与传统的偏重于物质空间的思维方式不同，转为以社会、经济、交通、环境等综合因素为评价基点，统筹考虑空间结构的拓扑关系、室内外功能的人际共享程度、交通可达性、环境舒适性等因素。

　　·赛克度的测算从微观到宏观分为空间细胞、空间单元和空间组团 3 个层面。

第一节 公共空间的分析框架

一、公共空间的赛克度

根据之前章节的分析，数字化时代公共空间的分析维度应当重视以下3个层面：①社会互动层面；②情境体验层面；③创意趣味层面。为此，本研究将从这3个层面来综合分析公共空间的魅力所在，并对各个公共空间的实际案例展开定量测算。

为了测算能够具有客观性和可比性，本书采用"赛克度（SEC Value）"来标记公共空间在综合上述3个层面后所体现出来的特有价值。"赛克（SEC）"的称谓就取自社会互动（Social Interaction）、情境体验（Environmental Experience）以及创意趣味（Creative Interestingness）的首字母，体现出这个指标与传统空间分析指标的差异（图6-1）。

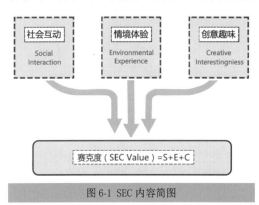

图 6-1 SEC 内容简图

关于社会互动，可以从功能、交往度、开发强度这几个角度去衡量；关于情境体验，可以从步行系统、交通可达性、建筑尺度、舒适度、开放度这几个角度去衡量；关于创意趣味，则可以从室外陈列品的规模和影响范围、室外景观吸引度、生态度这几个角度去衡量。

限于篇幅，在本书中，将着重介绍赛克度测算的主要思路和原理，而舍去大量的过程性测算步骤，将以展现公共空间赛克度的实证结果及其启发性结论为主。

二、公共空间的分析原则

本研究的分析原则建立在如下的认知之上：

1. 继承与发展

自第二次世界大战以来，在西方国家对于城市公共空间规划设计原则的长期探讨中，基本上形成了一些可以参照的共识，包括提倡功能混合、人性化尺度、开放空间、步行导向、便利的公共设施可达性等。

应当说，这些基于人本主义原则的探索对于今天依然具有十分重要的借鉴意义。其中提出的以人为本而不是以车为本、步行优先而不是车行优先等理念对今后仍然具有重要的指导意义。

从中可以看出，每一个时代所创立的城市发展理论都带有鲜明的时代特征，这些理论通常建立在对于当时重要社会和城市问题反思与批判的基础上。我们这个时代也概莫能外，只不过有一点可能稍微增添改进的因素，那就是其中还更多地融入对于未来的思考。假如说人本主义城市理念已经对汽车主导时代的弊病进行了彻底的反思和淋漓尽致的批判，那么本研究的使命不再是重复前人的认知，而是结合数字化时代的革命性发展变化，将对未来城市发展的认识前瞻性地加以预测和描述。

如果说前数字化时代人们使用公共空间主要是冲着它所提供的功能性而来，那么随着数字技术的发展和进步，未来城市的发展将日益重视公共空间的"赛克价值"，而不是传统意义上的功能价值或者其他价值。所谓"赛克价值"，即在数字化时代由社会互动、情境体验和创意趣味所共同构成的公共空间使用价值体系。传统意义上功能作为空间第一价值的重要性正在被赛克价值所取代，附着于其上的其他使用价值和体验价值也在不同程度地衰减。

"赛克价值"应当成为城市公共空间吸引力来源的新核心，围绕着这个核心重新吸引和构筑新的空间价值体系是十分必要的。为此应当重新建构基于赛克价值的新型空间评价体系。

2. 融合与拓展

与传统城市空间认知理论的另一个重要区别在于，本研究的认识方法也发生了较为重要的改变。如果说传统理念是建立在城乡规划本身的固有路径之上的话，那么本研究则跳出了具体条条框框的界限，试图在一个融合的语境和视野内去开放性地探讨这一话题。

因此可以看到，传统理念的观点主要是基于城市三维空间分析的研究结论，沿用的思路是围绕实体空间使用中的若干方面，延伸出功能分析、尺度分析、路径分析和设施分析这些传统空间分析的四大要素。

而本研究的分析重点并不在于空间一隅，而在于结合数字化时代发展的特征与趋势，试图在城市空间价值的语境下建立一个全新的分析框架。这个框架主要建立在以下判断基础之上。

（1）在这个新的空间价值体系当中，城市的人性化程度过去是，未来也依然是公共空间的重要因素，这是不会随着时代变迁而发生变化的稳定因素。甚至在数字化时代，公共空间对于吸引人们走出家门、投身群体活动的吸引力也在不降反升。因此步行的连续性、空间的体验性和舒适度等，都应当成为评价体系中的要素。

此外，数字化时代公共空间的价值归根到底是建立在人与人交往的需求之上的，因此，本研究尝试从人际共享空间的关系中入手来解析空间的使用规律，而不是从传统的空间使用强度（主要包括功能、建筑开发强度和人口密度等指标）的角度来衡量。

（2）新的空间价值体系与传统体系的另外一个区别在于，尝试建立一个整体的而非分割的系统。本研究认为，一个完整的公共空间是由室内和室外空间共同构成的，它们就如同硬币的正反两面，是一个不可分割的共同体。因此公共空间作为一处场所，其价值应当是整体的而不是分裂的，也就是说外部空间和内部空间在提供赛克价值方面的重要性是同等的。

在传统体系里，尚未有一种理论能够将室外和室内空间的价值统一在一个框架内。对于建筑空间的分析，主要集中在功能、开发强度、开发密度等方面；对于室外空间的分析，则主要围绕景观的美学价值、物理环境分析等方面（图6-2）。应当说，这些要素对于评价室内和室外空间依然具有重要的意义。不过从表面上看，这些要素所描述的着眼点区别很大，不容易寻找到合适的交集。

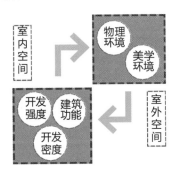

图6-2　传统理念下的室内外空间与赛克价值理念下室内外空间对比

在这里尝试建立的空间价值体系中，将重新围绕本研究所发现的赛克价值这个核心要素，选择有关的要素和分析路径，从赛克价值的视角把建筑空间和室外空间融合到一个分析体系当中。

为了形象地说明这个观点，不妨把由建筑和室外空间所共同构成的一处小型公共空间视为一条走廊，上面串联着不同的房间（图6-3）。这些房间分别是由周边与这处公共空间相连通的建筑以及室外空间所形成的。假如有5幢建筑，那么这里的房间数就应当是6个，多出来的一个是将室外空间也视为一个独立的房间。这里蕴含的意义是，人们到一处公共空间，实际上是去综合地体验和分享这里可以提供的室内和室外空间价值。因此，假如把这处公共空间视为一个可供通过的走廊，那么它周边的建筑、室外空间就是平等地提供各种体验功能的房间。

通过这样的理解，就能够把室内和室外空间整合到一个价值体系当中去认识和分析。

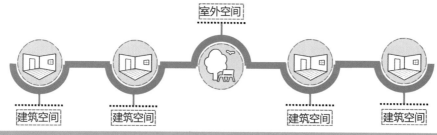

图6-3 房间走廊简图

三、公共空间的定量测算流程

在明晰了以赛克价值为导向的新型评价体系之后，接下来的问题就是，公共空间的赛克价值应如何计算呢？

空间的测算与物理量、化学量的计算有着巨大的差异，主要在于它不仅具有应用数学原理进行抽象的必要性，更重要的是需要结合空间的实体使用特征一并进行分析。这是由于空间是一类非常复杂的实体，它不但体现了物质环境的一般性特征，更深刻地受到各种人类活动的影响，具有很强的社会性。恰恰是这种难以捉摸的社会性，导致实际研究中的不确定性。

如果仅仅重视数学抽象而忽视空间的社会特质，则空间将成为有些学者所说的"机器"，被视为仅仅是冰冷的、按照既定规律去运行的机械，而这也是本研究所不敢苟同的。

如果说空间是一种机器，毋宁说空间是一种容器。在这个容器当中，发生着的不是机器一般的物理变化，而是由各种社会元素，由人们的心理、需求、情感等所共同融合而成的化学变化。

同时，空间又是具有地域性的。很多发生在空间里的变化，与空间所处的位置、所占有的规模或者方位等，都有着具体而密切的联系，是不能用数学公式简单抽象的。

因此，本研究将遵循"数图结合"的方式而展开。测算过程中既有数学的抽象分析和量化研究，又结合了空间关系的解读与演示。

在此，可以建立如下总体上的分析流程：

第一步，明确公共空间的赛克度计算逻辑。

第二步，确定赛克度的计算方法。

第三步，结合实际案例进行验证。

第二节 赛克度的计算逻辑

一、空间的拓扑关系原则

一处公共空间作为一个拥有多个建筑和开放空间的组合体，可以被视为由多处小型开放空间串联而成的空间。因此，对于公共空间的整体而言，它的赛克价值测算应当考虑各个小型空间进行抽象变换的必要性——鉴于整体公共空间是由众多小型开放空间所组成，因此应当首先确定整体与局部空间之间的关系。在这里，有必要借助数学中的拓扑知识来解决这个问题。按照拓扑学的理解，空间的拓扑关系指的是可以通过变形的方式进行空间形态变换而不改变各个空间之间的结构组成关系。

在认识空间的相互关系时，有必要对其基本联系进行一次梳理，可建立如下原则：

（1）由于步行始终是人类体验公共空间的主要方式，因此以步行空间作为公共空间的基本体验路径。

（2）步行空间作为线索，所串联起来的周边建筑和自身所容纳的室外空间活动均作为附着于其上的"共享房间"看待。因而城市公共空间实际上就如同建筑设计中的房屋一样，是以步行空间作为交通走廊所联系起来的众多具有共享性质的"房间"的组合。

以这个认识为基础，可以设定空间的共享程度是其室内建筑和室外空间共享度之和。

（3）以步行空间为联系的公共空间不是一个平面的二维概念，而是立体的三维概念。凡是经由连续而开放的步行空间连接而成的三维空间，皆可视为公共空间的组成部分。由此公共空间实际上形成了一个三维的空间网络（图6-4）。

（4）公共空间具有可以被抽象分析的性质。根据数学上的拓扑原理，可以规定步行空间由线状和点状的空间所组成，线状空间代表一般的通过性步行空间，是主要的公共空间表现形式；点状空间代表由小广场等开放场所所形成的室外公共空间，是依附于线状空间之上的特殊节点（图6-5）。

由于点状空间实际上具有较为复杂的表现形式，因此它是作为独立的空间被抽象出来，还是融入线状空间作为当中的一部分，可以依据实际需要来确定。

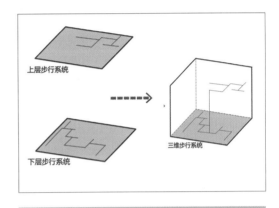

图6-4 三维步行简图

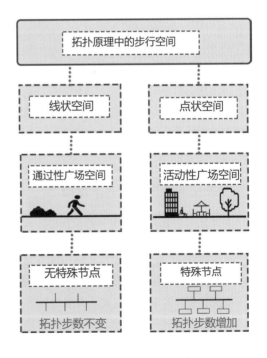

图6-5 特殊节点的拓扑步数

例如，有的小广场仅仅是提供了一个歇脚的地方，周边没有什么建筑环绕或联通，也没有设计特殊的活动用途，则可视为线状空间的一部分来处理；有的小广场由于独特的设计具有较好的使用价值，或者周边联系着众多的建筑功能，则应当被视为独立的点状空间。

这就是前文所讨论过的为何要将数学分析与具体的空间分析相结合的其中一个原因。只有因地制宜地分析空间的具体情况，才能将空间特征的特殊性与数学抽象的一般性有机地结合起来。

（5）要确定空间之间的联系，重要的是按照拓扑学的原理来决定各类线状和点状空间元素之间的连接方式，并将其抽象为空间拓扑关系图。这里重要的规定是：

①凡是在线状空间中出现的点状空间，均可视为一次拓扑步数变换。

②凡是在线状或者点状空间中出现超过一个以上的路径转折，则被视为一处拓扑步数变换。

按照以上原则，可以对各类城市公共空间进行具体分析，进而形成它们的公共空间拓扑关系图。

二、拓扑空间的层级关系

图6-6 空间细胞、单元、组团简图

由于在城市中公共空间的表现形式千差万别，规模、大小和组合方式也是千变万化，为了研究和阐述的方便，首先需要明确界定各层级公共空间之间的关系。

结合城市空间的实际情况可以看出，公共空间实际上可以分为若干层级（图6-6）。

（1）空间细胞。这是公共空间的最小形式，在空间经过拓扑变换后通常表现为拓扑关系中的一步。例如一处线状或点状空间及其周边建筑所构成的组合体。

（2）空间单元。由若干个通过步行系统相互连接的空间细胞所联合构成。

（3）空间组团。由若干个空间单元所联合构成，依托车行道路、自然山体、河流等天然或人工障碍物分隔形成与外部的边界。这些障碍物的特征是步行一般不可逾越，需要借助特殊的穿越设施（如斑马线）方能逾越。如果在立体的层面上有步行系统可以直接跨越障碍而不受阻碍地进行连接，如相邻两个空间单元之间修筑有空中步行走廊、地下交通空间等，则视为处于同一个空间组团中。

三、公共空间使用中的共享度概念

要研究人们在公共空间中的交往度，离不开对于人们基本活动规律的认知。其中，关于空间中各种功能的可共享程度，就是一个重要的维度。

空间共享度，就是指一处实体空间（建筑）或虚体空间（户外场地）所提供的使用功能或者行为，需要由个体自身与他人通过互动和相互协作来完成的必要程度。

要探讨空间共享度，需要从人类行为学、心理学和空间学等多个视角综合性地展开分析。

首先需要探讨一下共享度的概念。共享度与人的活动和行为具有密切的关系。根据不同的共享程度，人们的日常活动可以划分为5个层级（图6-7）。

第一层级为自我共享，即仅限于个人自我分享的活动，如练习瑜伽、静坐、冥想、看书阅读、个人观赏景物、欣赏博物馆展览、个人行走等活动。

第二层级为亲人共享，即可以为个人与其家人所分享的活动，如家庭聚餐、亲子活动、与亲人逛街购物等。

第三层级为亲密共享，即可以为个人与亲密朋友或其他亲戚所分享的活动，如与闺蜜逛街购物、结伴旅游等。

第四层级为普通共享，即可以为个人与普通同事、朋友、客户所分享的活动，如工作、结伴运动、公司聚餐、商务洽谈等。

第五层级为陌生共享，即可以为个人与陌生人一起分享的活动，如观看音乐会、观看运动会、街头观看艺人表演等。尽管这个过程中参与者之间互相并不认识，

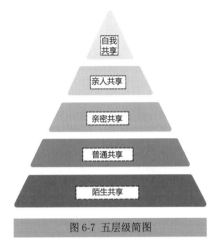

图6-7 五层级简图

但不妨碍他们集体投入地为共同的观赏对象鼓掌、加油、喝彩或者齐声呐喊，甚至像在足球场上那样，无数陌生人一同制造人浪效果。这种基于陌生关系的群体性行为，是当代社会中很常见的人际互动现象。

当一个人打算从事某类只需要自我完成的活动或行为时，他是不需要与他人进行互动和交流的；当从事某类需要与他人共同完成的活动或行为时，这种与他人的互动就变得重要和强烈起来。

如果说，自我完成的行为是最不需要信任作为基础的话，那么随着交往面的向外扩大，人与人之间的互动和协作越来越需要建立在彼此信任和愿意配合的基础之上。所以说，随着所从事行为互动层级的递增，每类活动方式所需要人们之间互动的程度在不断提高，所需的共享强度也在不断增加。

不难想象，一个人只要自己愿意，他可以随心所欲地完成任何自己想做的事情；而当与至亲的人在一起时，他们双方之间也很容易产生强烈的信任感，从而顺利地完成许多任务或行为；但是当这种合作关系逐步拓展到更为广阔的人际网络当中时，人与人之间就必须要建立起非常强大的信任纽带，才有可能把彼此牢固地绑定在一起，为了实现某个目标而共同努力；当这种合作推广到彼此并不熟悉甚至完全陌生的两个人之间时，那么这种活动所需要的信任程度就不是一般的强烈了。

因此可以发现，通常人们与亲密的人一起合作，通常是从事私密性较高的事务；而与陌生关系的人一起合作，通常是从事私密性较低的事务。因而人们乐于与亲近的人一起享受吃饭和看电影的乐趣，或者一同造访彼此的私宅；但同陌生的人群只能一起远远地观看夕阳下山，或者为共同喜爱的球星助威。

随着参与人数和共享强度的增加，空间中的活动往往会变得更为热烈，空间也因此而显得更为热闹非凡。因此一处空间所提供的不同功能，客观上会引发不同的共享模式，从而产生不同的共享强度。正是这些不同的共享强度差异，造就了不同空间活跃度和吸引力的差异。关于共享度的计算方法将在下文中具体探讨。

四、公共空间人际交往中的"顿巴数"原理

"顿巴数（Dunbar's number）"是英国牛津大学人类学教授罗宾·顿巴（Robin Dunbar）在1992年的一项研究成果。顿巴教授通过对灵长类动物群体生活模式的研究，开展了预测人类社会群体规模的相关分析。他经过统计38种灵长类物种的有关数据归纳出一个方程式，预

测出人类的平均群体规模为148。这一结果是他根据考察大量数据后得出的（95%的数据是在100～230）。

之后，顿巴教授对比了他预测的数据和经过观察得到的人类群体规模。假设当今人类的大脑皮层是从公元前250 000年开始发展的，他研究了人类学以及人种学上的各种对狩猎型社会群体类似与人口普查之类的文献资料，发现群体可分为三大类，刚好等价范围分别是30～50，100～200，500～2 500[1]。

根据顿巴教授的研究，人类的社会结构表现为：5人左右的亲密接触圈；12～15人的同情圈（即如果这一圈里有人去世，其他成员会感到很伤心）；50人左右的群落，即经常一起生活、一起行动的人；150人左右的氏族，即遵从共同仪式的人；500人左右的部落，即拥有同种语言的人；5 000人左右的群落，即有共同文化的人。按照顿巴数的同心圆模型，当社会结构的人数超过150人时，相互间的互动和影响就会减少很多，只能靠共同的语言来维系，而当人数上升到5 000人左右时，维系社会结构则只能依靠共同的文化。

因此顿巴教授根据猿猴的智力与社交网络推断出：人类智力将允许人类拥有稳定社交网络的人数是148人，四舍五入到150人，就是著名的"顿巴数"，也称"150定律"。可以表示为如图6-8所示的同心圆模型。

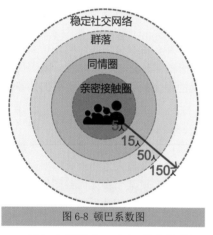

图6-8 顿巴系数图

这个数字的确立在从古至今的人类社会里可以找到很多佐证。

在古代，这基本上是一个村庄的人数，意味着一个人在自己生长的村庄里自由交往可以彼此熟悉的范围，也是造就乡村生活中熟人社会的一个重要基础。就算在神圣罗马帝国的军团中，基本的指挥单元也是以150人为单位，这就是为何他们的指挥长会被称为"百夫长"的缘由。

而到了当代，这个数字往往成为一个紧密型组织发展的上限。对经济和军事团体的研究显示，人们在多于150这一数字的团体中合作的效率会有所降低，人数太多时不能进行有效的交流。

例如在军队中，密切联动的基层组织单元就是连队，一般以100～120人为限。超过了这个范围，士兵们之间将彼此不再熟悉，因此在合作的默契度方面就会大打折扣。因此强调密切合作的基层军事组织一定会限定在这个范畴之内。而在商业机构，如公司中，最常见的企业规模也往往在150人左右，这是典型的中型企业的大小。在这个范围内，公司员工的彼此合作关系最为紧密，部门之间配合的效率最高，而且协调和管理成本较低。一旦超出这个界限，则各方面的成本将迅速上升，同时效率会迅速下降。

在数字化时代，顿巴数这一限制已经被大大地突破了。例如，社交软件微信对一个群当中的人数上限就设定为500人，许多人的通讯录里动辄就有几百个联系人的号码。不过，数字化时代的交际人数尽管上升得很快，只是意味着人们的交际圈扩大得很快，并不意味着真正的交际程度有本质的改变。对于个人而言，泛泛交往的人数也许会上升到如微信所限定的500人，但真正能够有时间和精力进行一定深度交往的人数依然固定在150个左右，这是由人类自身的客观条件所决定的。因此，顿巴数的规律在这个时代依然发挥着控制作用。

五、在顿巴数原理基础上发展的"共享球"概念

以顿巴数原理为基础，本研究结合社会学、心理学等不同学科的思想，对数字化时代的社交网络规模进行了重新定义。为了方便进行量化测算，本研究采用抽象的数学模型对其进行表达。需要说明的是，这里所采用的模型是对顿巴教授学说的一种修正式发展，只是对于现实人际关系的一种近似模拟，适用于普遍意义上的人群；鉴于个体与个体之间的交际状况差距悬殊，这个模型并不针对具体个人。

与顿巴教授的同心圆模型不同的是，本研究采用的是"共享球"模型。这个球体的意义在于将人际关系以三维化的方式呈现出来，并且以个人为中心，根据人际关系的亲疏远近，由内向外逐步拓展为5个圈层。每个圈层之间的间距参照著名的斐波那契数列而设定，只不过数列的构成为1:2:3:5:8。

斐波那契数列，又称黄金分割数列，指的是这样一个数列：0，1，1，2，3，5，8，13，21，34…在数学上，斐波纳契数列以如下被以递归的方法定义：$F(0)=0$，$F(1)=1$，$F(n)=F(n-1)+F(n-2)$（$n \geq 2$，$n \in N*$）。当n趋向于无穷大的时候，其数值趋向于黄金分割比。在自然界的植物等领域，斐波纳契数列都有对应的表现；而在现代物理、准晶体结构、化学等科学领域，该数列更有着直接的应用。因此，也可以用它来模拟人类社会中的交往圈层之间的关系。

因此在这5个圈层中，第一个圈层为个人圈层，初始半径设为1；第二个圈层为亲近的人圈层，初始半径设为2；第三个圈层为熟人圈层，初始半径设为3；第四个圈层为一般朋友圈层，初始半径设为5；第五个圈层为陌生人圈层，初始半径设为8。每个圈层所含球体大小代表相关交际圈中所包含的基本人数（图6-9）。

据此，按照球体的计算公式，可得出各个圈层所含球体之间的体积之比为1:8:27:125:512。即一个人在各种人际交往圈层中可能交往的人数分别为：

（1）自己：1人。

（2）与家人以及直系亲属、近亲交往：8人。其中包括父母、配偶（恋人）、子女以及配偶（恋人）的父母等关系。

（3）与熟人交往：27人。其中包括闺蜜、好友、直接上司、导师、亲近的同事、舍友等关系。

（4）与一般的朋友交往：125人。其中包括一般性的同事、同学、同行、一般性的客户、普通领导等关系。

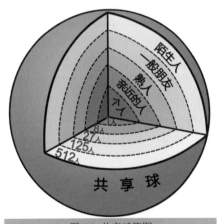

图6-9 共享球简图

（5）与陌生人交往：512人。其中包括数字化时代的网友、同一个俱乐部的共同爱好伙伴、普通校友等林林总总有一定间接关系，但只在特定状态下偶尔有所接触的关系。

将此结果与顿巴数对照，可以发现两者之间有着很相似的结论，包括在各个人际交往层级上的数目也很接近。只不过共享球理论进一步把数字化时代的人际关系进行了体系化的梳理，并用形象的方式进行了量化定义。

六、各类室内外功能的共享度分析

人类的行为方式及其所造就的功能类别可谓千差万别，每种行为所涉及的人群也有很大差

异。例如，同样是上班办公这种行为，既可以看作是个人完成，也可以看作是个人与同事协作完成，还可以看作是通过个人、同事和客户一同完成的。因此，对某类行为的共享程度进行准确的定义就很有必要，是具有奠基性作用的一步。

为了简化问题，这里对于某类行为共享程度的定义遵循"最大公约数"原则，即定义在为了完成某类行为所必需的最为一致的共享范围内。仍以上班办公为例，众所周知，办公的内容和形式差异性很大。有的内部办公仅限于自己和组织内部人员之间打交道，有的则还需要面对外部客户。它们之间的最大公约数，也就是最大的交集就是都需要与同事交往，因此这类办公行为的共享价值就确定在与同事交往这个圈层内。

在这样的原则下，可以得出室内外空间中各类功能或景观环境元素的共享度。其中，负面影响因子因其对人们同样具有影响，故依照类似的逻辑也具有各自的共享度。

第三节 公共空间赛克度的度量方法

一、公共空间赛克度的定义与作用

1. 公共空间赛克度的定义

本研究旨在依据城市空间的共享理念，建构一种定量测算公共空间吸引力的方法。在前面所述各类理念的基础上，本研究提出了"空间赛克度"的概念，即所有的空间无论是属于室内还是属于室外，都可以根据其人际交往中所体验到的赛克价值的大小，来确定其在未来城市发展中的作用高低。其中人际交往的共享程度就由这个空间的功能按照共享球概念所能提供的交际程度来确定。换言之，可以根据某个功能能够为人们所共享的程度，以及其他综合性价值，来定量地测算出这个空间的吸引力程度。

其中，重点是确立以空间赛克度指数 K 作为核心的评价指标体系。赛克度 K 值将作为一个综合性的衡量指标，反映公共空间在社会互动、情境体验和创意趣味 3 方面的整体实现程度，以评价公共空间对于公众的吸引力大小。

K 值的设置将以对于大量现实城市区域的研究以及归纳总结作为基础。其中，需要关注以下几方面：

（1）根据不同的城市区域功能进行分类定义。

按照居住、行政、商业、公共空间、混合功能等不同性质，城市的不同功能区域需要具有不同的人性化氛围以及体验度。例如，居住区的空间共享程度通常都相对较低，因为它需要保持较为安静和宜居的氛围；而商业区或者 CBD 则需要较高的空间共享程度，以确保商业经营所需的必要热闹感觉。在此影响下，各类空间中的赛克度也会出现不同的取值范围。

为此，本研究将通过大量的实地调研和实证性研究，测算、比选和总结现实中各类功能区域的 K 值状况，对其合理区间进行研判。

（2）根据不同的城市文化和空间使用习惯进行分类定义。

本研究注意到，即使是同样的城市空间，在不同的国情和文化条件下也具有不同的赛克度。例如，同样作为公共空间，中国的创意园区往往体现为较高的建筑密度和较为复合的功能组合；而欧洲则相反，表现为较低的开发强度和较为单纯的使用功能。这种反差注定了中国与欧洲在同样的公共空间上会体现出可能截然不同的空间共享程度，需要本研究在跨文化的比较中一一加以辨识。

再如，即使是作为文化渊源比较接近的中国内地和香港地区，在公共空间的使用上也可能有着微妙的差异。凡是在周末到访过香港的人们可能会对一个情景印象深刻：在几乎所有的公共空间或者建筑物开敞空间中，都遍布着三五成群席地而坐的外籍劳工。这是由于香港聘用了大量来自东南亚地区的劳务人员，他们习惯在周末的休息日中利用公共空间进行聚会和交流。

这本身也是一个对于城市空间共享化使用的佐证。区别在于，这种现象在中国内地还没有成为哪一座城市的常态。可见，城市空间的共享使用方式也受到具体使用族群的影响。本研究同样需要通过跨文化的比较来对其中细微的差别进行近距离的观察和分析。

总之，在前述基础上，可以总结提炼出一套较为完整的城市空间赛克度指标体系。该方法有望应用在以城市设计为主要载体的城市空间发展导引中，对城市各区域建设完成后的空间氛围和人性化宜居程度进行分类指引并提出切实的导控目标。

2. 空间赛克度的作用

空间赛克度作为一种全新的空间评价方式，意味着在新的数字化时代，观察城市空间具有了全新的维度。这个维度迥异于传统具象的空间实体分析，也不同于社会经济领域的抽象分析，而是从城市未来空间发展趋势的视角，对公共空间存在和发展的根本价值进行定量的测算和分析。这当中既结合了空间分析的传统优势，也融入了社会经济的认知观念。这种新理念的出现，将对城市的规划决策和开发提供新的判断立足点。

总结起来，其主要具有如下几方面的作用（图6-10）。

①为事先评估和比较城市中大至空间组团，小至各空间细胞的建成效果提供可靠的定量评价方法。以空间赛克度为评估基点，能够预测未来建成环境的使用效果以及公众欢迎程度，从而为投资决策的有效性、城市管理决策的科学性提供坚实的比选依据。

②确定城市空间中各类功能合适的组合比例，通过赛克度进行不同的各种功能的灵活组合，有效激发空间活力，避免城市中再度出现"死城"或者"卧城"的不当规划现象。

③从公众开放的视角确定各类使用功能的开放程度，决定其中免费开放空间的规模。恰当地利用免费作为数字化时代一种有效商业模式的优势，移植到公共空间的管理和运营中来。

④确定各类建筑空间的开发强度大小。通过测算可以评价和设定合适的建筑功能开发规模。

⑤从综合的赛克价值而不是单一的美学价值的角度去确定室外空间景观设计的依据。通过对公共空间中公众参与和互动路径的预先设计，达到景观环境设计效果的最大化。

⑥合理界定步行空间与车行道路系统的关系。摆脱汽车主导时代城市公共空间的乏味性和隔离性，重塑健康、共享、人性化的步行环境。

⑦以空间赛克度为标准，提高城市空间的使用效益，删减城市设计中的"无效空间"。这是继消极空间、积极空间等理念之后，一种新的判断城市使用价值的思维方式。

由此可见，这种基于空间赛克度的分析方法能够对不同的城市利益群体都具有重要的使用价值。

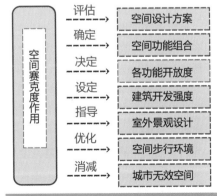

	评估	空间设计方案
空间赛克度作用	确定	空间功能组合
	决定	各功能开放度
	设定	建筑开发强度
	指导	室外景观设计
	优化	空间步行环境
	消减	城市无效空间

图6-10 赛克度作用及价值简图

（1）为规划设计师提供一种定量评估空间实施效果的方法，来确定一个规划设计方案中适宜的功能与空间组合方式。根据不同城市区域所具备的环境要求，可以预先设置合适的空间赛克度指数 K，作为规划设计的引导目标，也可以利用空间赛克度指数来检验和评价不同设计方案或者已实施建设的成效，以便提出改善建议。

（2）为城市规划管理者提供一种引导城市有序健康发展的导控手段，以促进城市空间的使用更具有经济学意义上的效率。可以减少或避免无效空间或者消极空间的比重，从形态上促进紧凑型城市的开发，实现空间价值的最大化。同时，通过以步行空间作为评价场所宜人度的依据，能够促进步行系统的连续性、体验性建设，营建宜人的步行城市，还能够继续延展该分析方法中附加的统计学功能，继续深入对各类空间问题进行解析，如城市适宜的功能集聚度、影响度、各种功能／体验的组合比例，等等。总之，能够围绕塑造一个理性、健康、可持续的城市管理手段而服务。

（3）为城市建设投资者提供一种投资可行性的测算方法，使之能规避城市建设中缺乏空间量化评估标准和方法所带来的风险。通过前期对于空间建设后赛克价值的测算，能够预先了解该空间未来可能出现的使用问题，从而未雨绸缪地对方案进行必要调整，节省大量投资试错成本。

鉴于城市空间的复杂性，本研究预期有关的研究需要按照循序渐进的原则开展。这里首先选择的是具有一定典型性的平面步行公共空间进行解析，待有关理论和方法体系成熟后，将继续推广到城市的其他区域以及立体步行系统的分析当中去。

按照前文所述，公共空间可分为空间细胞、空间单元和空间组团 3 个不同层级，它们彼此之间是被包含与包含的关系，因此空间赛克度指数 K 的测算应当从这 3 个层面分别展开。

二、空间细胞赛克度

鉴于空间可以分为室内和室外两个部分，按照拓扑学的理解，空间细胞是由一条线状或者点状的室外步行空间作为抽象的"走廊"，串联起周边建筑以及自身当中室外空间的共享度。

基于前面对于数字化时代城市空间发展趋势的分析，空间细胞赛克度 K 的取值主要涉及社会互动、情境体验和创意趣味这 3 个层面中的如下几方面：空间的功能、交往度、开发强度、步行系统、交通可达性、建筑尺度、舒适度、开放使用度、室外陈列品、室外景观吸引度等。将上述若干方面归纳起来，可以总结出空间细胞的赛克度受到如下几个因素的影响。

1. 周边所集聚建筑与空间的规模大小

如前所述，不论是室内空间还是室外空间，赛克度大小实际上与该空间所能容纳赛克价值的多少成正比，也就是说，与建筑室内部分的开发强度和建筑面积以及建筑室外部分的空间面积都成正比。

这是比较容易理解的，因为在同一个空间周围，环绕的建筑越多，意味着其中可以为人们所共享的面积越大。在同等功能的前提下，自然所拥有的共享度就越高，这样就能带动该空间的赛克度提升。

2. 室内外空间功能及其对应的赛克度高低

室内或者室外空间共享度的高低，与空间赛克度也是成正比的关系。如前面的分析所述，不同的室内外功能会造成不同的空间共享度，从而对空间的活跃程度产生影响。共享度高的场地越多，空间所能集聚的人气越旺。

174

3. 开放空间的规模和比重

数字化时代，免费开放空间作为公共空间吸引大众的隐形手段，已经成为公共空间的重要组成部分。免费开放空间在公共空间中所占有的比重，是一个很值得研究的参考因子，因为它与数字化经济所常用的免费策略一样，通过自身彻底的开放性牢牢地抓住消费者的注意力，从而为整体空间的运营提供了基础。显然，在传统的城市空间分析手段中，对于空间功能的免费开放性还尚未产生认真的关注。因此，在本书中，对免费开放的场地面积专门进行了研究。

研究发现，在公共空间中不同的功能实际上具有不同的免费开放程度，这一点也是传统空间分析所未曾注意到的。公共空间的免费开放程度，可以分为如下几种（图6-11）。

①完全免费开放。这方面的代表性功能包括面向公众免费开放的展览、沙龙以及其他公益性活动场地。这部分空间在实质上构成了公共空间的核心吸引力，往往是带动人潮到来的首要因素。

②准免费开放。这方面的代表性功能包括

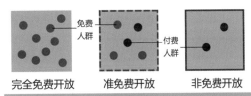

图6-11 三种免费形式简图

餐馆、酒店、咖啡厅、电影院、非公益开放的运动场等。它们的共同特征是欢迎使用者的光临和体验，但前提是需要付费方能真正使用。这些空间具有一定的公众开放性，因而对于公众也构成了相当的吸引力，但是由于需要收费，因此在一定程度上又抵消了公众到来和使用的愿望。

③非免费开放。这方面的代表性功能包括办公、住宅等。它们的特征很鲜明，就是一般不接受公众的到访，仅限于内部人士使用。这些空间对于提升场地的赛克度并没有非常明显的帮助，只是提供了一定的基础人流作为场地使用的基本用户。

4. 步行空间的连续性以及与车行道路系统的关系

步行空间是人们体验公共空间的重要载体，它对于环境体验性的贡献主要体现为：

①可以提供连续而不被车行道所打断的漫步距离，让人们在安全轻松的心境下体验公共空间的怡人景观。在人们可以接受的情况下，可以认为步行连续距离越长，则该处空间的吸引力越大，因而空间赛克度也与其形成正比例关系。

②可以通过空间的转折营造出不断变化的视觉景观、焦点景物和观赏角度。这同中国传统园林营造中常用的"步移景异"手法具有同样的道理。中国古典园林的妙处，就在于在方寸天地之间构筑出各种转弯抹角的效果，通过回廊、隔断、景墙、照壁、院落等手法的组合，巧妙地营造出大有乾坤的感觉，使人们置身于其中时常常有峰回路转、别有洞天的惊喜。

空间的转折主要通过拓扑步数来反映，步数越多意味着所提供的方向选择越丰富，因而空间吸引力越大，空间赛克度也与其形成正比例关系。

因此，该部分所测算的元素主要包括步行空间不为车行道所截断的完整长度、步行空间转折所形成的拓扑步数等。

5. 室外环境景观的舒适度

室外环境的舒适程度对于人们是否乐于走出家门，到露天中参加活动也是一个重要的影响要素。从人们的需求出发进行衡量，可以看出这其中既包含了视觉的要素，也包含了听觉、嗅觉等多种感官的综合感受；既包含了积极的要素，也包含了消极的要素。

综合而言，人们喜欢享受室外的休闲、休憩、宁静、馨香和清凉的感觉，同时厌恶紧张、劳累、喧嚣、恶臭和暴晒的不良感觉。因此可以分别归类如下（图6-12）：①积极环境景观要素，可

积极因素

植物　座椅

遮阳　喷泉

休闲、宁静、馨香、清凉

消极因素

尾气　垃圾

直晒　噪声

厌恶、喧嚣、恶臭、紧张

图6-12 积极因素、消极因素简图

供观赏的室外艺术品，可供纳凉的树荫，可供休憩的座椅、台阶，可供清凉的喷泉等；②消极环境景观要素，产生噪声和污染的车行道路、垃圾站等。

关于舒适度的测算，实际上是一个实际操作难度很高的问题。为了化解其中的难度，依照前面所确定的"数图结合"原则，采用图示与数学计算相结合的方式来确定各个空间细胞的舒适度高低。其中，主要抓住几个与空间赛克度相关性较高的方面进行解析，避免了舒适度测算容易面面俱到却失去重点的不足。几个常见的影响因素包括：①室外场地中艺术品的分布及其影响范围；②车行道路噪声的分布影响范围；③宜人景观如树荫等的分布及影响范围，等等。

6. 交通可达性的高低

人们去往一处公共空间通常有乘车（地铁）和步行两种方式。如果去往一处公共空间的乘车方式比较多样，或者步行比较方便，则可称之为交通可达性高。显然，可达性高的地方更容易得到人们的青睐，空间赛克度会更高。因此两者之间应当呈正比例关系。

从行动模式上看，一般的情形是这样的：人们首先选择自己要去的公共空间中的目的地，比如某个空间细胞中的某栋大厦，然后根据路程的远近，采用自己觉得合适的交通方式从四面八方赶来。当人们的位置与目的地相当近时，会考虑直接步行抵达；相反，人们就会考虑乘坐车辆等交通工具，然后从下车的地方采用步行方式走完最后一段距离。

可见，无论采用哪种方式，人们最后的一段距离都会采用步行的方式来完成。在人们的头脑中，会自行衡量不同交通方式的第一落点，离目的地之间还剩余多长的步行距离，以此来选择究竟采用何种抵达方式比较便利。

由此可以看到，人们抵达公共空间的第一落点非常重要，因为它们决定了各个空间细胞能够被人们到达的可能性高低。距离第一落点的距离越近，空间可达性越高。通常人们会用这样的方式到达一处公共空间（图6-13）。

①直接步行。在这种方式下，人们通常抵达的第一落点会是沿着区域边界上的步行道，从这里再转向各自的目的地。

②乘坐公交车。在这种方式下，人们通常抵达的第一落点会是区域周边或内部的公交车站，从这里再步行前往各自的目的地。需要注意的是，随后的步行距离很重要。通常人们可以接受的步行距离是不超过10分钟的可达范围，距离越近可达性越高。因此，在本研究中，将距离公交车站的步行距离分为100米和200米范围，分别赋予不同的步行可达性系数。这样就可以对沿途空间细胞在可达性方面的高低一一予以标示。

③乘坐地铁。在这种方式下，人们通常抵达的第一落点会是区域周边或内部的地铁站，从这里再步行前往各自的目的地。这里的分析与上文一样，也是按照距离地铁车站的步行距离分别划分为200米和400米范围，各自赋予不同的步行可达性系数。

④乘坐私人小汽车或者打车。在这种方式下，人们通常抵达的第一落点会有两种：一是在区域周边或内部最接近目的地的车行道路旁下车；二是抵达区域周边或内部的停车场，再步行前往目的地。因此依据前述的推导，可以分别对区域内的车行道路以及停车场做出类似的步行半径范围界定，从而得出沿途空间细胞的可达性量级。

在研究中，按照以下四种方式分别进行可达性的测算：公交、地铁、乘小汽车和步行。测算的方式是对于研究地段周边的公交车站、地铁车站、车行道和步行道进行定位，然后分别按照50米、100米、200米和400米作为半径或者偏离距离，在地图中标示出它们的步行可达范围。

经过这样的图示方法，可以直观地显示出各类空间细胞在交通可达性方面的禀赋情况。对于可达性高的空间细胞，意味着在同等的前提下，它具有更为活跃的空间使用条件。

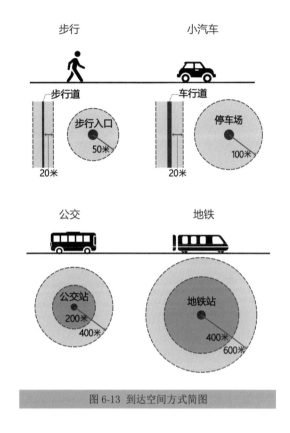

图 6-13 到达空间方式简图

三、空间赛克度分析的步骤

从以上分析可以看出，空间赛克度的分析实际上是一个相当复杂的过程，其中融合了各类需要通过综合手段获取的数据，包括要开展现场的调研、进行统计学分析、依据本研究确定的原则进行归类赋值、按照实际情况进行图示分析等等。为此，一套完整而清晰的操作步骤对于实际开展空间赛克度测算而言就显得非常必要了。

根据以上原则，可以将空间赛克度分析的步骤整理如下（图 6-14）。

1. 基础信息标示

第一步：绘出整体研究区域的三维步行空间体系图。

这里需要注意的是，首先，所有的分析都是建立在步行空间体系的基础之上，它是串联起所有赛克价值的核心线索。其次，步行空间体系是一个三维的而不是二维的完整系统，因此凡是研究区域中有空中步行连廊、天桥、地面斑马线、地下步行系统、隧道等交通设施的，都应完整地表现出来。

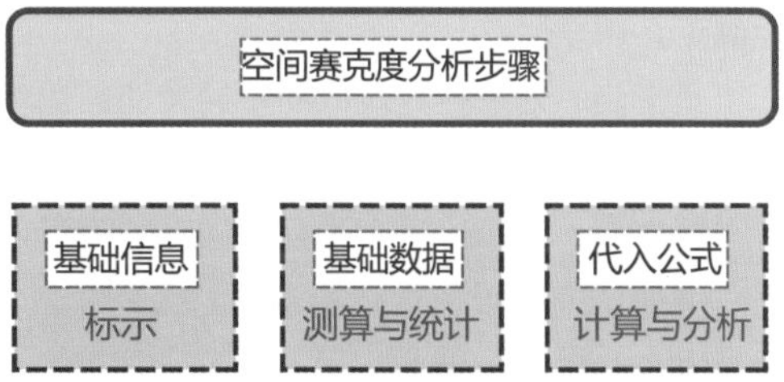

图 6-14 空间赛克度分析步骤图

第二步：画出车行道路体系与步行体系的关系。

车行道路体系具有以下几个方面的意义：首先，它对步行体系的分割是划分空间细胞、空间单元和空间组团的主要依据；其次，它是交通可达性分析的重要组成部分。

177

第三步：界定其中的点状空间和线状空间，抽象成空间拓扑关系图。

界定空间的依据是：首先，明确类似小广场等具有一定开敞性质的空间究竟是属于点状空间还是应归入线状空间中去，这对于最后形成的空间拓扑关系图会产生实质性的影响。如果一处小广场周边不具有较高的建筑空间共享度，自身也不带有特殊的环境设计或者吸引点，则建议按照线状空间处理。反之，则可将其视为一处独立的空间节点。

其次，标示出每处空间分叉点的位置，据此来确定空间之间的转折关系。有的空间尽管貌似距离很长甚至转折很多，但并没有发生多方向的选择变化，因此实际上还是处于同一拓扑距离当中。

按照上述的空间规则绘制的空间拓扑关系图，往往与我们印象中的大相径庭，但是更能够从本质上反映空间的内在联系。

第四步：划分空间细胞、空间单元和空间组团，并给予相应的编号。

可以参考城乡规划中编制控制性详细规划的方法，对不同层级的空间进行标示，以便于后续的分析。

空间细胞的划分方式已经介绍过。空间单元则是以车行道路及其他障碍物为边界，被其完整围合而成的所有空间细胞的组合。空间组团则是由若干个或直接或间接相连的空间单元所构成的区域。

2. 基础数据测算与统计

第一步：以空间单元为单位，计算其中的步行空间连续长度、拓扑步数等（图6-15）。

步行空间的连续长度应当包含立体层面上的连续空间长度；拓扑步数应把每个点状空间都作为一步拓扑距离进行计算。

第二步：标示出每幢建筑的出入口位置，据此将每个空间细胞所包括的建筑和室外空间加以界定。

如果一幢建筑面向不同的步行空间都有开口，则在每个步行空间的赛克价值计算中都将该建筑的功能及共享度纳入计算。也就是说，开放度越高的建筑，对于公共空间的辐射影响力越大。

第三步：对每幢建筑内的不同功能及其面积进行统计。

第四步：根据"共享球"理论界定所有功能的共享度。

如果一个空间中出现了混合功能，例如既是展览又是销售，则按照具有较高共享程度的功能确定其共享度。

第五步：对每幢建筑内的不同功能的免费开放程度进行界定。

依据前述的理念，对全免费开放、准免费开放和非免费开放的功能分别进行确认。

第六步：标示出每个室外空间中的吸引点。

室外空间的吸引点是指各类对人们构成观赏、休憩、体验等吸引力的不同尺度景致，包括但不限于：雕塑、壁画、街头小品、座椅、可供休憩的大台阶、树荫、草坪、喷泉、地表变化（如下沉广场、地台等）、特色植栽（如常青藤）、保留历史痕迹（如厂房），乃至店面装饰、特色招牌等。一般情况下，普通的植栽如行道树等不纳入吸引点范围。

需要注意的是，如果在室外空间设计方案中预设或者预留了诸如街头表演、行为艺术演出的场地，则应当在室外空间评估中加入这些动态行为的赛克价值。如果当初设计时并未考虑，但在实际使用中出现了，则在现状评价中需要纳入考量。

第七步：界定每个吸引点的共享度及其影响范围。

每个吸引点的影响范围是不一样的，这取决于人们的生理体验能力。一般而言，人们主要借助视觉来感知事物，生理学家认为，人们通过视觉获取高达 80% 的信息，其次则通过听觉、嗅觉、触觉等综合感知能力。而视觉的范围一般依据室外景观物体的大小而定，通常人们通过视觉可以观察到的景物受到视角 180 度和观察物体尺度的限制。

因此，本研究将吸引点根据其所在位置和尺寸规模，分为以下几类：

①小型吸引点：可供 5 人以内围观或使用，如店面装饰、圣诞树等。

②中型吸引点：可供 5～10 人围观或使用，如大台阶、长椅、雕塑等。

③大型吸引点：可供 10～100 人围观或使用，如大型壁画、街头表演等。

④特大型吸引点：可供超过 100 人围观或使用，如大型广场、日落观赏点等。

第八步：标示出整体研究区域内部以及周边的车行道路、停车场、公交车站、地铁车站等交通设施的位置。

对于每种交通设施，都按照一定的基准来计算其实际情况应具有的权重。例如对于公交车站，以单条公交线路为基准；对于地铁站，以单条地铁线为基准；对于停车场，以 100 辆车的停车面积为基准；对于车行道路，以单车道为基准。

对于其他特殊的人群集散枢纽，也参照同样的方式进行考量。如机场、港口码头、火车站、海关过境点、交通枢纽站等。

第九步：对所有交通方式的不同可达性范围进行图示分析。

按照从每类交通设施点出发，半径 100米、200 米和 400 米分别赋予不同的权重，以体现它们在交通可达性方面的差异。

第十步：对整体研究区域内部及周边区域的负面影响因子进行标示。

这些负面影响因子包括垃圾站、污染源、车行道路噪声干扰等。

第十一步：对负面影响因子的影响范围进行图示分析。

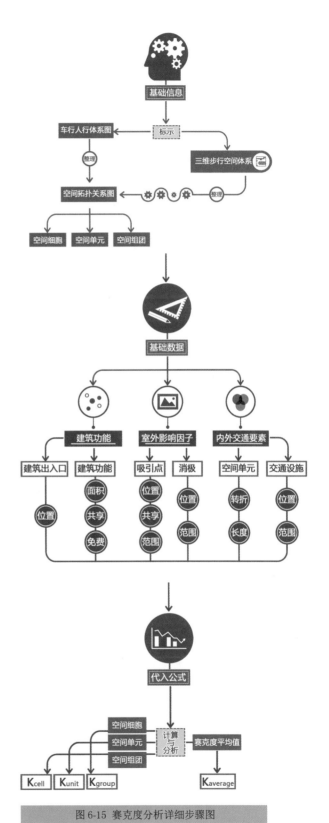

图 6-15 赛克度分析详细步骤图

第十二步：将上述大量统计数据编为统计表格以备分析之用。

3. 代入公式进行测算和统计学分析

第一步：将所有参数的数值代入公式进行计算，依次得出空间细胞、空间单元和空间组团的有关变量值。

第二步：对相关数值进一步进行统计学分析，得出更多深入的分析结论。

四、空间细胞量度的方式

明确了原则和步骤，就可以进入实际分析的阶段了。在此，将按照之前确定的"数图结合"指导思想，采用数学分析和图形分析相结合的方式来标示空间细胞的共享程度。数学分析主要是应用公式进行测算，而图形分析则是通过图纸确定各类因素的影响范围。两者相叠加，就能够既清晰又直观地表现出空间的赛克度状况。

结合上面的分析，本研究总结出的空间细胞赛克度计算公式为

$$K_{cell-k} = \lg\left\{\left[\sum_{t=1}^{t}\left(\lg AREA_{in-t} \times e^N \times SHARE_{in-t}\right) + \sum_{m=1}^{m}\left(e^M \times SHARE_{out-m}\right) - NEG\right] \times \left(ACCESS_{auto} + ACCESS_{foot}\right)\right\}$$

在这里，本研究团队不打算用复杂的数学公式来给读者增加烦恼。在略去烦琐复杂计算过程的基础上，只是对其中的几个主要变量的含义加以概略的解读：

K_{cell-k} 代表某个空间细胞的空间赛克度；$AREA$ 代表室内外空间的总面积，其中的脚注 out 与 in 分别代表室外和室内空间；$SHARE$ 代表共享系数；e^N 代表室内建筑中不同功能的免费开放系数，e^M 则代表室外空间中不同吸引点的影响范围；NEG 代表整个空间内外部负面因子的影响系数；$ACCESS$ 则代表分别乘坐交通工具或者步行而来的可达性系数。

这些参数的具体数值均由现场调研、统计和理论推演综合而来，其中部分数值需要结合图示来确定，比如 $ACCESS$ 的影响范围。

五、空间单元与空间组团赛克度

空间单元系由若干个空间细胞所联合组成的，因此从理论上说空间单元的赛克度应当相当于各个空间细胞赛克度之和。用公式表达为

$$K_{unit} = \sum_{k=1}^{k} K_{cell-k} \times CONTIN_n \times TOP_n$$

其中，K_{unit} 就是该空间单元的赛克度；K_{cell} 是各个空间细胞的赛克度；$CONTIN$ 代表该空间单元中步行空间的连续长度；TOP 代表该空间单元中的拓扑步数。

同时，空间组团是由多个空间单元组成的区域，可以用于研究和比较某个指定区域的赛克度高低，因此其中空间单元的数量可以任意指定。空间组团赛克度的计算方式可以由空间单元的 K 值相加得到。

六、建立其他各类空间分析的参数

在各层级空间赛克度计算的基础上，可以进一步用统计学结合空间分析的方式对研究区域内的情况进行分析。这其中主要包括以下分析内容：

1. 空间赛克度 K 的一般统计分析

在指定的空间组团范围内，统计所有空间细胞或者空间单元的最大 K 值、最小 K 值和方差。从中可以看出在该区域内城市公共空间的基本赛克度状况，以及在该区域内空间赛克度是否具有显著的反差。进而可以结合这些 K 值在空间上的分布情况，分析其中造成这些现象的具体原因是什么。

2. 空间赛克度 K 的聚类分析

聚类分析指将抽象对象的集合分组为由类似对象组成的多个类的分析过程。它的目标就是在相似的基础上收集数据来分类。聚类被用作描述数据，衡量不同数据源间的相似性，以及把数据源分类到不同的簇中。为此将在指定的空间组团范围内，统计所有空间细胞或者空间单元 K 值。按照它们的聚类特征进行分类，观察各种类别的构成数量和特征，并结合空间分布情况来进一步分析其中的"空间—赛克度"关联性。

3. 空间赛克度 K 的平均值分析

对于不同的空间细胞、空间单元或者空间组团，如果要评价和比较它们各自空间赛克度的高低，除了观察它们空间赛克度 K 值的大小外，还需要观察 K 值的密度。所谓 K 值的密度，即 K 与空间细胞、空间单元或空间组团所占用地面积之比为

$$K_{average} = K_{total} \Big/ AREA$$

这个数值能够反映出在单位用地范围内，一处公共空间的赛克度高低。这样，就能够对不同空间区域的活跃程度进行一个平等的对比。

参考文献

[1] 高兴. 历史版本 3: 顿巴数 [EB/OL]. （2012-03-13）[2016-06-28]. http://www.techcn.com.cn/ind.

第七章　实证分析之中国华侨城 LOFT

Chapter 7　Empirical analysis on OCT
LOFT in China

· 华侨城 LOFT 作为中国经济特区深圳市重要的公共活动中心，无论是其发展历程还是运营现状都深具代表性，是中国典型的公共空间案例，也是开展赛克度实证分析的合适对象。

· 按照赛克度定量分析的逻辑，华侨城 LOFT 可以分为 106 处空间细胞、10 个空间单元和 2 个空间组团。其空间设计较好地体现了社会互动、情境体验和创意趣味的特性。

· 赛克度实证分析结果与现场调研的比较表明，华侨城 LOFT 中的各类空间活跃程度与其赛克度水平高度吻合，能够较好地揭示活力充沛空间与活力欠佳空间的差异及其成因。

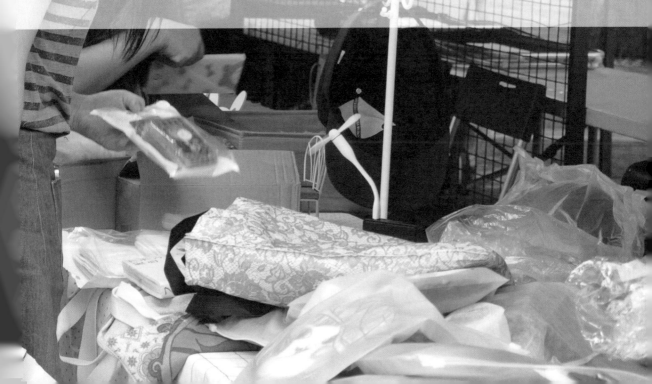

第一节 关于华侨城 LOFT

一、华侨城 LOFT 的区位与背景

本书特意选取华侨城 LOFT 作为公共空间的实证分析对象。

华侨城 LOFT 位居华侨城片区的核心地带（图 7-1），是深圳乃至整个华南地区最大的文化创意园，与世界之窗、锦绣中华、欢乐谷等著名的旅游景点，共同构成了整个华侨城片区。

华侨城片区坐落于深圳市南山区深圳湾畔，是一个现代的海滨城区，被誉为深圳湾畔的明珠，片区紧邻侨城东路和侨香路，深南大道横贯整个城区，主要将其分为南北两区，占地共计 5.6648 平方千米。华侨城的北片区以生态广场为中心，基本形成四大功能组团（南部商务组团、中心服务组团、东部居住与办公组团和西北居住组团）；南片区则是以三大主题公园为主的旅游组团和欢乐海岸组团。南北片区相对独立，华侨城 LOFT 位于北片区内。LOFT 在《简明不列颠百科全书》中的解释为："房屋中的上部空间或工、商业建筑内无隔断的较大空间。"

图 7-1 华侨城 LOFT 在华侨城片区的位置

LOFT 最初是为工业使用而建造的，逐渐演绎为由废弃厂房改造成的、灵活可变的将工作生活融为一体的艺术家工作室等大型空间。华侨城 LOFT 同样是由旧厂房改造而成的，主要以低层和多层为主，通过功能置换，对旧建筑进行再利用，形成深受人们青睐并富于创意的城市公共空间。它结合办公、餐饮、商业、居住等多种功能于一体，不仅汇集了众多与创意设计相关的知名机构，同时也散发着浓郁的文艺气息，引领着深圳的创意潮流和艺术风向，是人们在深圳快节奏生活之余享受休闲的主要公共空间。

二、华侨城的发展及 LOFT 的形成

华侨城片区的历史发展与深圳市产业发展有密切联系。1979 年改革开放以来，深圳工业经

历了从无到有、从小到大、从低端向高端、从粗放经营走向集约发展的历程。1979～1985 年是工业高速演变的发展阶段，1984 年深圳的工业用地规模为 2.54 平方千米，仅有南油和蛇口两个外加型加工业区。1986～1995 年工业发展进入快速扩张阶段，工业用地规模急剧扩大，工业园区数量快速增长，产业结构不断优化（图 7-2）。

华侨城片区的前身是华侨农场，当时这片区域还是滩涂，人烟稀少。片区发展的第一个历史转折点是 1985 年 8 月，国务院侨办及特区办批准成立"华侨城经济发展总公司"，在深圳湾畔划定了 4.8 平方千米的用地进行开发。最初定位是以"工业"为主，并作为国家侨务工作的窗口，承担吸引侨胞投资的"侨乡"作用。华侨城由于经济特区的政策、环境优势、靠海和远离城市中心，成为一片工业"飞地"，片区最初是靠发展"三来一补"加工业而迅速成长起来的。

图 7-2 初期华侨城图片

深圳城市发展进入大规模扩张阶段之后，华侨城片区开发进程也明显加速。南片区的全部和北片区的东部、南部基本建成，并形成了以工业、旅游和居住为主的多种复合功能。在此阶段，华侨城进行了 1996～2005 年总体规划，此次规划重点为调整改造东部、充实和拓展南部。1998 年，欢乐谷的建成开放促进了旅游功能从南片区向北延伸，华侨城的旅游主题地产概念逐渐形成，房地产开发速度明显加快。

在旅游业和房地产取得成功的同时，华侨城还进一步提升了文化品位。1997 年国家级美术馆——何香凝美术馆落成，1998 年起连续举办当代雕塑艺术年度展，2004 年深圳市华侨城 LOFT 改造正式启动等，这些建设文化设施、开展文化艺术活动、塑造公共空间的重要举措营造了华侨城的文化氛围。

三、华侨城 LOFT 的发展阶段

华侨城 LOFT 改造从 2004 年开始正式启动，经历多个时期的迅速发展，最终形成今天倍受人们欢迎的创意园区，更是深圳典型的公共空间，其发展过程主要包括三个时期：萌芽期、形成期和发展期（图 7-3）。

1. 华侨城 LOFT 的萌芽期（2004～2006）

2004 年，华侨城 LOFT 改造付诸实践，一些小型创意产业与艺术家开始逐步进驻华侨城创意产业园。由于此阶段还属于园区改造的初级阶段，并没有形成相对良好的品牌效应，企业规模相对较小，功能配置不够完善，周边交通体系不够成熟，因此，整个园区空间活力也不够明显。但在此阶段，园区内也发生过几个重大事件。

（1）2005 年 1 月，OCT 当代艺术中心建成开馆。

OCT 当代艺术中心的任务是以整合国内外当代艺术资源，推动中国当代艺术与国际接轨、互动为目标；通过举办展览、学术论坛和建立国际当代艺术工作室交流计划等项目，建成既有

Timeline
时间轴

01 萌芽期
　　　　　2004～2006年

形成期 02
2006～2007年

03 发展期
　　　　　2007年至今

图 7-3 时间轴分析图

中国本土特色又有专业化、国际化水准的独立当代艺术机构。整个 OCT 当代艺术中心的成立，不仅增添了园区的空间特色，更为举办各类活动提供了良好的空间平台。

（2）2005 年 12 月，首届深圳城市／建筑双年展召开。

"深圳城市／建筑双年展"是以城市化为长期固定主题，以城市发展和建筑活动为线索，展示中国及世界城市化进程中政府和公众所关注的城市规划实践、建筑设计思潮、绿色生态的环保行为以及和谐社会文化建设等各种伴随社会转型所产生的城市活动和过程，并探讨和交流在时代精神阐释下的城市问题研究、趋势判断和方向把握的观念，具有专业性、学术性和公益性，是两年一度常设性的国际文化活动，此活动极大地提高了华侨城 LOFT 的知名度和全民的共享度。

2. 华侨城 LOFT 的形成期（2006～2007）

华侨城 LOFT 正式挂牌，相关企业入驻，园区发展进入形成阶段。随着华侨城 LOFT 知名度的提高，少数大企业开始进驻，品牌效应开始逐步显现。该阶段整个园区有如下特点。

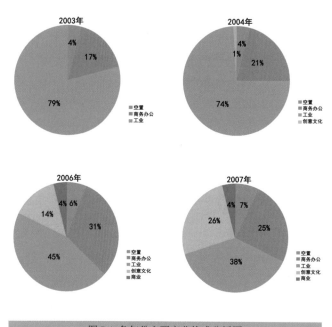

图 7-4 各年份主要产业构成分析图

（1）环境舒适性整体提升。

华侨城 LOFT 挂牌后，南区建筑改造基本完成，形成了园区最初的雏形。同时，在环境改造中加强了入口和青年旅社周边环境的设计，建筑功能基本为创意办公和商业。不断改善的园区空间环境，使园区吸引力逐步增强。

（2）空间功能逐渐增加。

伴随着华侨城 LOFT 的形成，商业设施短缺的问题开始凸显出来。因此，园区开始逐步进行相关配套商业空间的建设，从图 7-4 可以看出，2006～2007 年，华侨城创意产业园的商业服务设施的规模数量开始逐渐增加，相关空间配置逐渐丰富。

（3）共享性大幅度加强。

OCT 当代艺术中心的开馆和双年展的举办为园区贡献了一定的知名度。在园区形成期，连续推出了"艺术，公众与我们"、华侨城 LOFT 开园庆典暨 OCT 当代艺术中心两周年庆等活动，使越来越多的市民参与其中，进一步展现了深圳开放共享的城市特点，也有力地提高了园区的知名度和吸引力。

3. 华侨城 LOFT 的发展期（2007 年至今）

2007 年开始，华侨城 LOFT 步入了快速发展的阶段。该阶段入驻的创意企业数量明显增多；同时，入驻企业的规模逐渐变大，无论是环境，还是空间功能、交通等各方面都有了明显的改善。

（1）园区规模急剧扩张。

到2011年，华侨城 LOFT 二期改造顺利结束，实现了整体开园和园区规模翻倍。2012年开始，华侨城 LOFT 又开始策划进行三期的改造与建设，园区进入迅速扩张的阶段。在这一阶段，园区内创意产业大量聚集。

（2）园区环境进一步升级。

2011年，华侨城创意产业园整体开园后，园区完成了对园内的建筑、景观、绿化、水电、灯光、小品、指示系统等硬件的改造与升级。园区环境出现了较大的提升，为吸引更多的人奠定了良好的基础。

（3）园区活动策划密集。

园区的空间环境、建筑功能、室外设施都得到了全面的改善，因此吸引了众人来此聚集，参与活动。在发展阶段，园区的品牌塑造也随着活动数量的增加而不断增强。

四、华侨城 LOFT 的现状及评析

经过十几年的发展，华侨城 LOFT 已经成为深圳市文化创意园的领头羊，被国家文化部命名为首批"国家文化产业示范基地"，并成为广大深圳市民引以为傲的公共活动空间。

1. 产业现状

从产业类型上看，华侨城 LOFT 目前以创意设计类产业为主，主要包括建筑设计、平面设计、环境艺术、广告、景观设计等方面的公司；从产业在园区所占的比重来看，在 2012 年，华侨城 LOFT 中创意产业所占比重就已经超过了 50% 并成为园区内的主导产业（图 7-5）。

就华侨城 LOFT 目前的配套产业来看，主要以零散的小型商业、餐饮业为主。从商业所占比重分析，占总产业比重的 20% 左右。这些配套产业不仅满足了区内驻户的需求，更给外来游客带来了便利（表 7-1）。

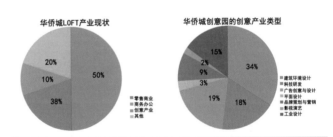

图 7-5　产业比例饼状分析图

表 7-1　华侨城 LOFT 的企业活动类型

企业类型	数量（比例%）
创意、设计、艺术（文化生产）	126（62%）
商务办公	47（23%）
艺术品、书店、会所（文化消费）	20（10%）
休闲、餐饮	10（5%）

除创意产业与配套商业外，华侨城 LOFT 还有一部分商务办公功能。目前商务办公所占的比例将近 20%，其主要产业类型以人力资源服务、相关的置业顾问等公司为主；从目前产业发展情况来看，华侨城 LOFT 中制造业已经完全消失。

2. 空间现状

根据规划定位，南区为华侨城 LOFT 改造试点，华侨城 LOFT 的南区占地为 0.055 平方千米。从 2004 年开始至今，基本完成改造。其用地性质发生了改变，由原来的工业用地转化为商

务办公用地。北区为二期改造，是在南区成功改造之后开始实施的，二期占地 0.095 平方千米，目前还有部分工业用地正在改造建设当中。

从整个园区的建筑利用情况来看，总建筑面积约 111 610 平方米，其中南区（开平街以北、汕头街以南）的建筑面积约为 36 340 平方米，北区（汕头街以北、文昌街以南）为 75 270 平方米。共计改造建筑 26 栋。建筑的使用功能以创意产业办公为主，面积为 74 880 平方米，占总面积的 67%；商业面积 26 970 平方米，占总面积的 24%；此外还有展馆面积 7 000 平方米，旅馆建筑 2 760 平方米。建筑的一层或一、二层作为商业用途，以餐饮、商业画廊、书店、会所为主，且档次为中高级。建筑多为 6 层，除商业之外都用作创意产业办公。园区内有 2 处展馆，一处为南区的 OCT 当代艺术中心，另一处为设计中心。

3. 交通现状

东部工业区对外交通由深南大道主干道、侨香路、侨城东路组织。侨香路承担东西向过境交通和城区周围的集散性交通。侨香路段有两个出入口，即香山中街和香山东街。侨城东路是连接南北环的主干道，香山东街有一个连接侨城东路的出入口。园区对外出入口共有 4 个，分别是香山东街北向和东向各一个出入口，汕头街、恩平街南面各一个出入口。总体来说，工业区的对外交通很便捷。

地铁 1 号线沿深南大道经过华侨城区，主要站点有两个，分别为侨城东站和华侨城站。其中侨城东站距离园区入口 550 米，华侨城站距离园区入口 1 200 米。园区接入三条主干道的交叉口附近都有公交站台，距离园区较近的公交站点为华侨城医院、警校、康佳集团东、康佳集团、创意文化园。其中经过康佳集团东站和警校站的线路有 12 条，经过康佳集团的线路有 20 条，经过华侨城医院的线路有 9 条。

4. 现状评析

华侨城 LOFT 之所以有今天的吸引力，离不开它多年的统一规划和建设。规划和建设不仅从空间功能考虑，更加重视人的活动需求、文化氛围营造、生态环境的需求，为增强整个 LOFT 园区的社会互动性、情境体验性、创意趣味性奠定了基础。本研究团队认为，华侨城 LOFT 的成功特质主要包含以下几个方面：

其一，文化艺术氛围浓厚。深圳作为"设计之都"，有大量创意人群和企业的集聚，而该园区为各类创意设计类产业提供了发展平台。随着深圳的发展，各类现代化的高楼大厦拔地而起，而华侨城 LOFT 却保留了旧厂房的历史烙印，并没有被这些现代化高楼所淹没，这种以厂房为载体发展公共空间的形式，体现出文化印记的传承，能够唤起大众对于历史的丰富想象，具有超出一般场所的体验价值。

其二，社会互动价值明显。华侨城 LOFT 为年轻人搭建了一个聚集的平台，园区不仅仅是创意创业产业发展的乐土，还集聚了其他特色产业。在数字化时代，人们的需求越来越丰富，该园区紧跟时代的要求，营造集办公、展览、商业、居住、娱乐等多功能协同发展的公共活动空间，这些空间不限制在专业领域供设计师或艺术家使用，而是融入都市生活，可供广大市民参与和使用。因此，这里并非局限于一处专业人士交流的天地，更是举办各式活动的理想场所，成为广大市民休闲、交流、娱乐的天地。

第二节 华侨城 LOFT 的空间解读

从对华侨城 LOFT 多次实地调研获得的实际感受和资料出发，本节将从华侨城 LOFT 的社会互动性、情景体验感和创意趣味性 3 个方面解释数字化时代背景下公共空间的新价值观。

一、华侨城 LOFT 的社会互动性

华侨城 LOFT 作为一处富有魅力的公共空间，与社会各个阶层人群发生着广泛的社会互动。这种互动很大程度上与其空间本身的特性密不可分，其中建筑界面的开放性和建筑功能的多样性占据了主导因素。

1. 建筑界面的开放性

正如前文所分析的那样，在数字化时代，以免费为引领的开放空间模式对于公共空间的发展具有重要价值。与封闭式的或私人的建筑空间相比，向公众开放的建筑空间更具吸引力，其社会互动性更强。

其中，临街界面对公众开放的比例大小，对延长人们停留的时间至关重要。根据开放性程度，华侨城 LOFT 的建筑界面设计分为行为可进入界面、视线可进入界面、封闭界面 3 类（图 7-6）。

（1）行为可进入界面。

在园区的临街一层空间中，有大面积的建筑界面是人们可进入的，如 INCOVER 星图书店、喜欢里花店、普语堂茶堂小厨、星巴克咖啡厅、一渡堂艺术空间、当代艺术中心展厅等（图 7-7, 7-

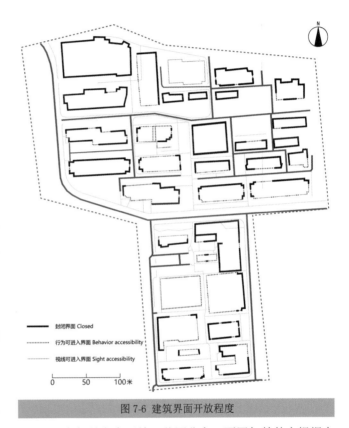

图 7-6　建筑界面开放程度

8）。这些空间虽然隶属于不同功能，但共同点都是完全开放、共同分享。不同年龄的人根据自己不同的使用需求，可以与空间发生不同的互动。同时，不同阶层的人共享同一个空间时，他们彼此也发生语言或行为的互动，充分体现了空间的包容性和开放性。

（2）视线可进入界面。

除了行为可进入的界面外，这个公共空间的临街界面中还分布有不同高宽比的玻璃窗或玻璃幕墙，它们可以称为视线可进入界面，可以最大化地使人与人、人与物、人与空间之间发生视觉的互动。例如途经商业空间的人们可以透过玻璃幕墙欣赏到里面陈列的艺术品，在人们获取视觉上愉悦感的同时，也无形中增加了商品的广告效益（图 7-9）；再如餐饮空间，大部分界面都是通透的玻璃幕墙，室内的人们可以通过玻璃看到室外的广场或庭院景观，相比一堵实墙而言，人们会感觉心情更加舒畅。

（3）封闭界面。

园区中除行为可进入界面、视线可进入界面外，便是封闭界面，这些封闭空间与外界的互

动性较弱。在华侨城 LOFT 区内，封闭界面的设计也是从建筑使用需求上考虑的。深圳属于夏季炎热的城市，于是在一些建筑的西侧，为了避免日晒，减少了开放界面的面积，此外，在园区北部，以工作空间为主，为了保持工作空间的私密性与安静性，封闭界面设计相对增多（图7-10）。这样的虚实对比，也更加强调了其他通透空间（如展览空间、餐饮空间、娱乐空间）的开放性。

图 7-7 行为可进入界面——餐饮

图 7-8 行为可进入界面——零售

图 7-9 视线可进入界面——零售

图 7-10 封闭界面——办公

2. 建筑功能的多样性

整个华侨城 LOFT 的建筑空间按区位分为南区建筑空间和北区建筑空间。在南北两区中，根据空间基本使用需求大致又分为展览空间、零售空间、工作空间、交流空间、生活空间和其他空间，它们为园区内驻户和外来游客提供了全方位的休闲、交流及互动体验（图7-11至7-18）。

（1）展览空间。

在创意文化园中，无论是企业还是个体创作者，都希望通过展示来提高企业文化形象或推广创意产品，因此展览空间在园区中占有重要地位。

在整个华侨城 LOFT 的南区和北区都分布有展览空间，其中南区居多。参观者通过欣赏展示的创意产品，获取审美的愉悦感，同时给创作者提供反馈建议，让创作者重新认识作品的表现方式；此外，不同的创作者在展览空间可以学习不同的创意产品，在相互交流中产生思想的火花，并获取了新的创作灵感。

（2）零售空间。

创意园包括以消费为主和以创作为主的两种空间类型。在以创作为主的空间类型中商业空间并不多，而在大部以消费型创业产业为主的创意园中，商业空间则占据主导地位。

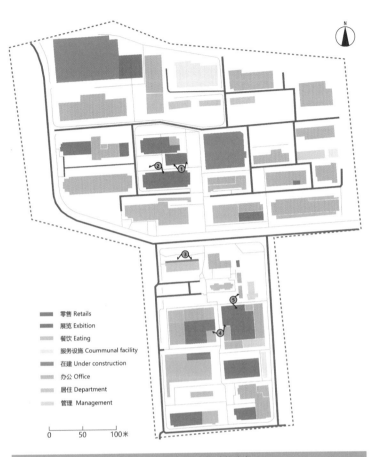

图 7-13 零售空间

图 7-14 交流空间

零售 Retails
展览 Exbition
餐饮 Eating
服务设施 Coummunal facility
在建 Under construction
办公 Office
居住 Department
管理 Management

0　　50　　100米

图 7-11 园区一层空间功能分布

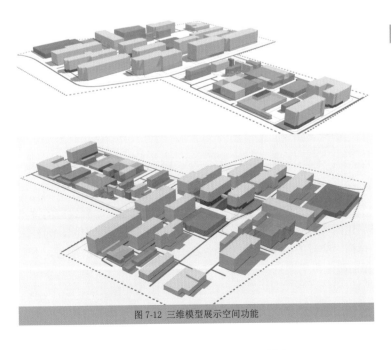

图 7-12 三维模型展示空间功能

图 7-15 生活空间

191

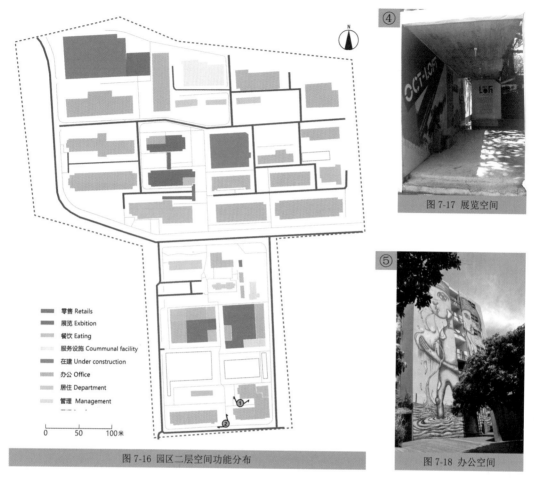

图 7-17 展览空间

图 7-18 办公空间

图 7-16 园区二层空间功能分布

零售 Retails
展览 Exbition
餐饮 Eating
服务设施 Coummunal facility
在建 Under construction
办公 Office
居住 Department
管理 Management

0　　50　　100米

作为综合型的创意园，华侨城LOFT的公共空间中分布有大大小小的零售商店，大部分属于创意产品零售空间。在展示创意产品的同时，也满足了游客的消费需求，更进一步提升了创意产品的使用价值，实现了创意产品的流通。此外，还有零散的书店、花店等，在展现创意的同时也增强了整个园区的文化氛围和文艺气息。

（3）工作空间。

工作空间是华侨城LOFT北区的主体空间，具体涵盖了办公空间和展览空间。其中包括了建筑设计公司、文化传播公司、环境艺术公司、广告设计公司、传媒演艺公司等，为创意产业的发展提供良好的载体与平台。

（4）交流空间。

人们在公共空间，特别是创意园区的生活离不开思想与信息的交流。华侨城LOFT的设计者充分考虑到交流的重要性，不仅仅是在室外，更多地在办公建筑的连廊空间、餐饮店的挑檐空间、零售商铺的过道空间或加建的构架空间等区域，最大化地提供了积极休息空间，为外来游客或者区内工作人员提供了休憩、交流的最佳场所。这种交流不受时间和空间的限制，不限制人群，随时随地都能发生思想的碰撞。

（5）生活空间。

华侨城LOFT区内的生活空间主要包括餐饮、娱乐、居住等与生活息息相关的配套空间。

无论是在展览区抑或是办公区都分布有生活空间，其中餐饮空间居多。在数字化时代，人们的生活方式开始改变，一些餐饮空间，如星巴克咖啡厅等，在悄然地转变为另一类富于场景化的场所。它们不仅借助特色产品，更重要的是提供一种独特的氛围和场景魅力，使顾客流连忘返。人们可以在此交流创意、洽谈业务或是学习办公，它们的存在为整个华侨城 LOFT 注入了新的活力。

二、华侨城 LOFT 的情境体验感

正如前文所述，一个活力充沛的公共空间除了具有开放、共享的社会互动性外，还应具有独特的情境体验感。

数字化时代，信息技术和互联网行业的发展改变了城市空间在地域上的聚合形态，空间的分散化重组成为常态。在多元化的发展趋势中，公共空间始终在帮助人们形成对城市整体空间和生活的感知，并在记忆方面发挥着重要作用。同时，以公众体验为核心的数字化时代为公共空间的进一步改善指明了方向：重视情境在感受空间的过程中的体验功能。细致的设计、人性化设施的考虑、贴心的服务等无一不是提升情境体验感的重要方因素。具体到华侨城 LOFT 来说，在深圳这个气候炎热、高度城市化的城市，它为来深游客和本市公众提供了一个几乎不被车行分割的完整步行环境，以及被丰富的遮蔽物覆盖的室外休闲场所。

1. 步行空间的设计

步行环境在公共空间中是重要的体验载体，完整舒适的步行环境能够提供一个安全、不被车行干扰的场所，对于提升步行空间的体验感尤为重要（图 7-19，7-20）。

华侨城 LOFT 步行体系的设计主要有两个方面有待探讨：步行流线的连续性和步行空间铺装的设计。

（1）步行流线的连续性。

华侨城 LOFT 被一条车道分为南北两个区，北区多为办公建筑，对车辆的通达性要求较高，因此步行系统偶尔会被车行道路打断。南区的建筑功能多以休闲娱乐、餐饮零售为主，车辆不必进入其内部空间，因此步行流线畅通连续。

经过对华侨城 LOFT 的实地调研，本书研究团队认为步行流线的连续性可以在两个方面提升人们对空间的情境体验感：其一，连续的步行长度越长，越能够增加人们在空间中的愉悦感和体验感；其二，同样的步行长度，转折点越多，趣味性越强。具体分析如下：

其一，连续的步行长度较长的地方，步行活动不易受外界因素的打扰，平日快节奏的工作和生活在此步行空间中得到放松。在这里，没有其他公共空间中来来往往地忙碌的人群。相反，在这里，人们的生活是慢速的、安静的、有序的，人们在平静的环境中自由交谈，驻足观看周围发生的事情，愉悦感自然增强。

同时，连续的步行路径所营造的良好步行环境，可以通过为人们非正式的公共生活提供场所而提升人们的体验感。华侨城 LOFT 中连续的步行长度最大的区域是南区和北区中部，恰巧这两处也是室外咖啡座椅、室外吸引点以及活动最丰富的场所。这里，随处可见的是或坐或歇的人群，形成一处基于良好步行环境的人性化设计和以使用者为核心的空间场景。

其二，相同的步行长度，一通到底的形式容易产生乏味、无趣，多次转折的设计方式更容易让使用者感受到"柳暗花明又一村"的趣味性。类比于中国传统园林造景手法中的景墙和隔断起到的"藏"和"露"的作用，华侨城 LOFT 中步行道的每一个转折点也起到了"藏"和"露"

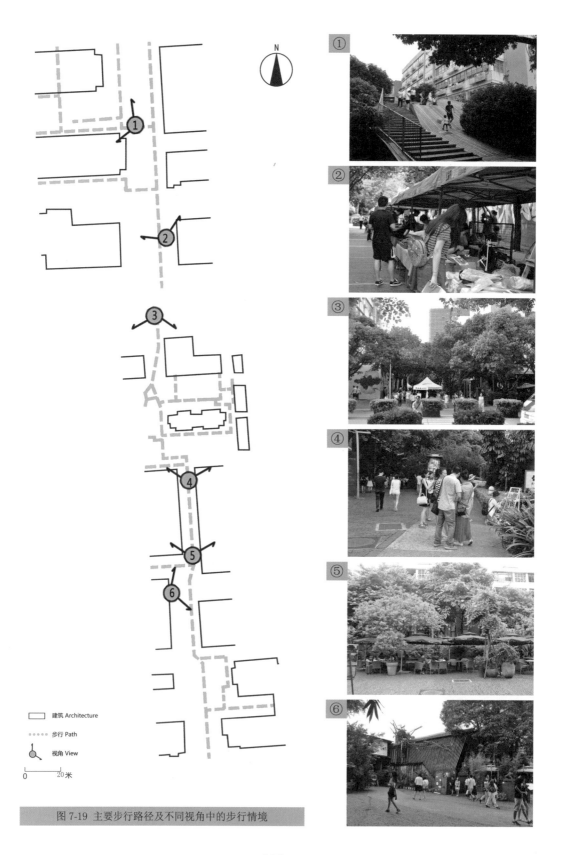

图 7-19 主要步行路径及不同视角中的步行情境

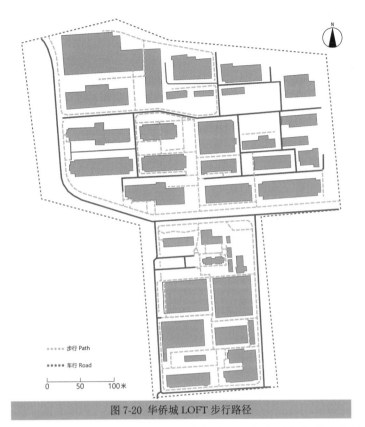

步行 Path

车行 Road

0　　50　　100米

图 7-20　华侨城 LOFT 步行路径

的作用，转折之后不同的环境为游览者带来异样的体验。

综上所述，调研和图示表明：连续的步行长度越长的区域、步行路径可选择性较多的区域，聚集在此的人群和活动更多。

（2）地面铺装的设计。

优秀的步行空间同样得益于精心设计的地面铺装。华侨城 LOFT 的地面铺装采用不同色彩和材质的组合来暗示空间的功能分区和性质。

华侨城 LOFT 的铺装使用了浅灰、砖红两种主色调；水泥、黏土烧结砖、石材、防腐木、碎石和草坪砖六种材质。园区主要以砖红色的黏土烧结砖和草坪砖铺设步行道的东侧、开放广场、道路和建筑之间的区域；以灰色系的水泥、石材铺设车行道、步行道，而灰色系的防腐木和碎石则主要出现在公司后院、餐厅的室外露台、私密的小公园等具有私人权属的地方。

由华侨城 LOFT 的铺装色彩、材质和空间组织的关系可知，具有现代质感的灰色系材质主要用作通过性的交通空间，平稳柔和的灰色系防腐木和碎石主要用于休闲空间，而颜色强烈的暖色系砖红色则用于暗示速度缓慢的步行、休憩空间。

2. 室外遮蔽物的分布

可以覆盖地面和为人们提供惬意场所的设施为人们使用该空间提供了舒适感和吸引力，本研究把这些在室外公共空间中可以遮阳、挡雨的设施统称为室外遮蔽物。这些遮蔽物为室外空间提供了良好的情境体验感。由于华侨城 LOFT 室外的舒适环境，每天来到此处的人群络绎不绝，因此本研究尝试探究华侨城 LOFT 遮蔽物空间分布、种类选择和配置比例（图 7-21），以期找到其设计要诀之所在。

通过实地调研，将华侨城 LOFT 中的遮蔽物分为行道树、景观树、小树林、建筑出挑檐、建筑骑楼、室外遮阳设施六类，根据这些遮蔽物投射在地面上的面积来界定整个 LOFT 的遮蔽物分布情况。①华侨城 LOFT 遮蔽物整体覆盖程度高，环境品质良好。②南区的遮蔽物种类丰富，分布较均匀；北区的遮蔽物除了个别遮阳设施，其余以行道树为主。③行道树的覆盖面积在所有遮蔽物的总覆盖面积中占比最高，其次是景观树和小树林。

在前述分析以及对华侨城 LOFT 中人群的观察的基础上，可以初步得出以下结论：

（1）通过整体提升遮蔽物的覆盖面积来改善环境的品质，可以增加人们使用该公共空间的可能性。

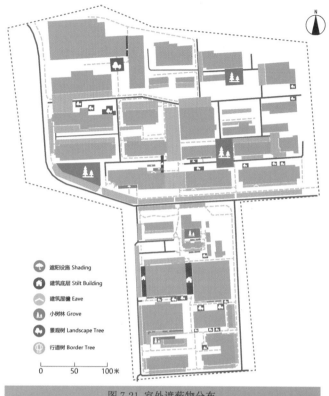

图 7-21 室外遮蔽物分布

一方面，遮蔽物延长了室外空间的使用时间。深圳属亚热带海洋性气候，气候温和，常年平均气温 22.5 摄氏度，雨量充沛，日照时间长，使得人们在室外空间的活动会受到长时间天气太热、阳光太强等因素的影响。因此，行道树、景观树、建筑出挑檐这 3 类遮蔽物在室外公共空间的存在非常重要的（图 7-22 至 7-27）。

另一方面，遮蔽物从空间上延展了室内空间。在华侨城 LOFT 的室外遮阳伞、遮阳棚和花架下，经常可以看到三三两两的游人。即使在室内没有满座的情况下，也还是有很多人选择坐在室外。

2013 年，英国高校的心理学家在研究中发现，人们在进餐等个人活动中，更偏好在室外亲近自然与舒适氛围的环境中进行[1]。

图 7-22 行道树

图 7-24 景观树

图 7-26 室外遮阳设施

图 7-23 小树林

图 7-25 建筑出挑檐

图 7-27 建筑骑楼

为了使室外空间更具吸引力而符合人们的愿望，提供可在室外休憩、就餐的构筑物、遮阳伞和花架，就显得格外重要。如果一个公共空间具备了这些元素，这个空间将是充满吸引力和趣味性的。华侨城 LOFT 就是这样的一处所在。

（2）通过多类遮蔽物混合的组合方式来满足不同人群的需求，为人们创造愉悦的体验。

纵观园区中南北两区，南区的人群活力明显大于北区。仅从遮蔽物的角度分析，虽然南区的遮蔽物覆盖面积不如北区大，但是那里的遮蔽物种类多样，搭配丰富，创造出不同的空间体验，胜于覆盖面积大，但却体验单调的北区。

（3）通过提供可使人们停留于该空间的遮蔽物，为人们带来更好的体验。

为通过性人群服务的遮蔽物虽然必要，但是为了创造公共空间的活力，应该搭配为停留、休憩的人群服务的遮蔽物，比如花架、遮阳伞等遮阳设施。

在探究华侨城 LOFT 室外遮蔽物的过程中，本研究团队发现总体覆盖程度高、种类丰富、比例搭配合理是其具有极大吸引力的关键之一。而遮蔽物这一重要因素，使得当人们行走于其室外空间时，不会注意时间的流逝，而是自由地体验美好的环境所带来的享受。

三、华侨城 LOFT 的创意趣味性

创意开放空间以其独具魅力创意氛围和趣味体验一跃成为时下公共空间的典型代表，受到广泛的关注和追捧。华侨城 LOFT 作为深圳人气较高的公共空间，在空间创意感与趣味性的营造方面的设计十分值得探究。华侨城 LOFT 中大大小小的创意吸引点有 60 处左右，这些公共创意艺术品种类繁多、体积大小不等，经过精心的设计和组合，从整体上提升了创意园的空间吸引力。在空间高度处理上，巧妙利用地形高差，形成了富于趣味变化层次感强的几处小空间。创意吸引点和空间高差处理，这两点将园区的趣味性表现得淋漓尽致。

1. 室外吸引点分布

公共艺术品能够直接吸引人们进入其所在的空间，因此本研究把这些公共艺术品称为公共空间的吸引点，而这些吸引点的艺术水准高低与空间组织是否合理是关系到其所在空间是否足够有趣的关键。华侨城 LOFT 从开园之日起便成了各类人群热衷前往的地方，探究华侨城 LOFT 吸引点的分布与组织，也许会为我们解答什么样的吸引点或者如何组织这些吸引点能够带来更多的参观者进入并且使用空间这一问题。

通过对华侨城 LOFT 的多次实地调研，本研究团队将华侨城内的公共艺术品（吸引点）分为五类：观赏类、绿植类、互动类、临时类、广告类。由于不同尺度吸引点的影响力不同，各类吸引点依据其尺度的大小还可以分为大型、中型和小型（图 7-28）三种。

华侨城 LOFT 的大型观赏类吸引点以建筑壁画为主，一般是整面墙体的彩绘，有的可高达二三十米，这种吸引点最能够直接抓住参观者的眼球；中型观赏类吸引点数量

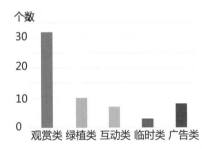

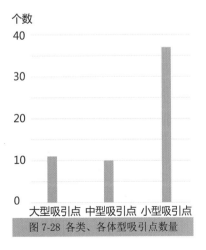

图 7-28 各类、各体型吸引点数量

不多，同样是以建筑壁画为主，这种墙体彩绘一般只有一层到两层楼的高度，适合参观者近距离地观赏与拍照；小型观赏类吸引点的数量是华侨城各类吸引点中数量最多的，内容也是最灵活的一类，包括工艺品、工业设备改造、雕塑等，这种吸引点与参观者的互动最为频繁（图7-29）。

绿植类吸引点主要是园区内的特色植物和经过设计的观赏植物组合，这种吸引点给参观者带来的视觉冲击力可能不如其他几类，但其在看似不经意中却为参观者营造了良好的自然氛围，也提升了空间的品位与亲近感（图7-30）。相比之下，近年来国内不少城市为了追求气派而营造了不少几乎全是硬质铺地的"大广场"，这种广场的绿化率很低，尤其在炎炎夏日下偌大的空地几乎看不到人影，造成了公共空间使用的浪费。

图 7-29 观赏类吸引点

图 7-30 绿植类吸引点

互动类吸引点（图7-31）的数量虽然不多，有些甚至是临时性的，但却可以给参观者带来更切实的体验感，因此也容易成为园区里最热闹的地方。以华侨城LOFT北区的木质斜坡为例，很多孩童甚至少数成年人会在这里嬉戏玩耍，不直接参与玩耍的人们也乐于驻足于此分享游戏者们的快乐，由此可以看出一个充分与人们互动的公共空间设施能够提升整个空间的活力。

临时类吸引点（图7-32）主要为一些店家在园区入口或者人流量较大的主路上设置的临时摊位，通过赠送免费的鲜花或者饮品来吸引参观者。这类吸引点的特点是更新周期短，体现了公共空间中内容快速迭代的特征。

广告类吸引点（图7-33）是商家在自己店铺门口设计摆放的工艺品，这类吸引点易于组装安放，会定期进行改换与再设计以达到吸引更多参观者进入店铺的目的。

华侨城LOFT在局部公共空间的设计上注重各类型、各尺度吸引点的相互组合，本研究团

图 7-31 互动类吸引点 　　　图 7-32 临时类吸引点 　　　图 7-33 广告类吸引点

队经过多次调研绘制了其中各类吸引点空间分布图（图 7-34），便于直观反映华侨城 LOFT 中所有吸引点的空间布局和组合的实际情况。进而，本研究选取了园区中吸引点分布密集、活动丰富的三个小空间，以普通人的视角对它们进行了拍照（图 7-35）。从这三张照片中，可以发现吸引点占据了照片中较大的比例，而且这些空间中的吸引点种类的组合多种多样，不会让人产生视觉疲倦的感觉，以保持园区的新鲜感和趣味性。（图表内容均来自于 2015 年 12 月至 2016 年 3 月的实地调研）。

2. 空间水平高差处理

　　华侨城 LOFT 空间趣味性同样也表现在对于空间水平高差的处理上——不同空间利用台阶、斜坡的连接为参观者们带来了丰富的空间层次感受，使他们走在其中不会觉得单调乏味。

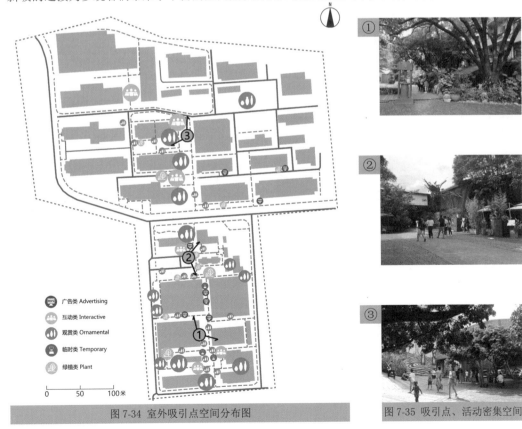

图 7-34 室外吸引点空间分布图 　　　图 7-35 吸引点、活动密集空间

广告类 Advertising
互动类 Interactive
观赏类 Ornamental
临时类 Temporary
绿植类 Plant

南区中部巧妙地利用高差分割空间，通过几步台阶的连接使得步行流线富于变化，增加了步行的趣味性（图7-36）。同样，高差的变化也为在此停留的参观者带来了两处理想的驻足休憩空间：①高台之下的一小块空地，倚靠台壁形成了一处相对独立且私密的半开放空间，这里的阳伞座椅和绿色植物也为参观者提供了一处理想的休憩空间；②高台之上的边缘地段，这里是一家咖啡馆的户外经营区，座椅和建筑屋檐为人们提供了舒适的休憩场所；③而高台边缘同样为人们观察空间提供了一个很好的位置，坐在这里可以观察到高台下的行人的各种活动，正如扬·盖尔在其《交往与空间》中所述："边界区域之所以受到青睐，显然是因为处于空间的边缘，为观察空间提供了最佳条件。"在数字化时代，人们依然喜欢在真实的空间中进行"人看人"的观赏活动。北区主路附近的木质斜坡，则巧妙地连接了地面与建筑的二层（图7-37）。孩子们利用这里的空间变化嬉戏玩耍，为整个园区注入了活力；参观者们在这里驻足感受童真的快乐，或是坐在斜坡上享受午后的阳光。斜坡下的空间也没有浪费，这里"隐藏"着一家创意书店：屋内的天花板随着坡面的变化而变化，打破了传统建筑内部方盒子的形式，带来了全新的空间感受。

图 7-36 南部水平高差处理

图 7-37 北区水平高差处理

华侨城 LOFT 公共空间的趣味性营造也通过丰富的空间拓扑路径设计表现出来，在整体空间组合上注重多变的方向转折和小趣味的营造，为原本横平竖直的厂区道路格局注入了很多丰富的变化。以华侨城创意园的南区为例，全部逛完南区的建筑和室外小空间需要经过 40 多次的转折，这些转折和高度变化从整体上提升了园区空间层次的体验度和趣味性。

第三节 空间赛克度的解析

一、拓扑图与空间分级

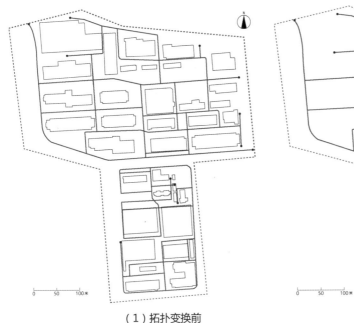

（1）拓扑变换前

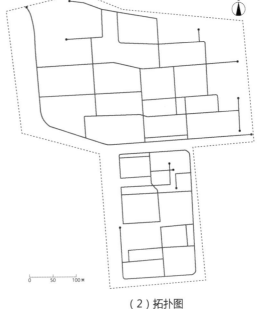

（2）拓扑图

1. 拓扑图与拓扑步数

为了计算空间的"赛克度"，需要结合空间特征的特殊性和数学抽象的一般性，因此，按照前文所述的抽象空间拓扑关系图时的原则：

（1）凡是现状空间中出现的点状空间，均可视为一次拓扑步数变换。

（2）凡是在线状或者点状空间中出现超过一个以上的路径选择，则被视为一处拓扑步数变换。将华侨城 LOFT 的实际步行空间抽象为如图 7-38 所示。

2. 空间分级

空间分级的方式依照从宏观到微观的层级可以分为如下类别：

（1）空间组团。

按照前文以车行道路为边界的界定方式，基于华侨城 LOFT 四周被车行道与其他外部空间分隔开，同时其内部又被一条双车道和自行

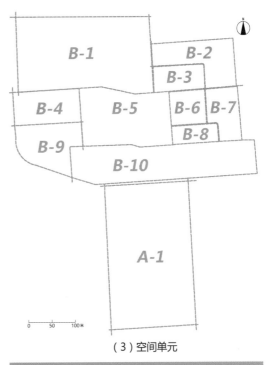

（3）空间单元

图 7-38 空间分级示意图（1）（2）（3）

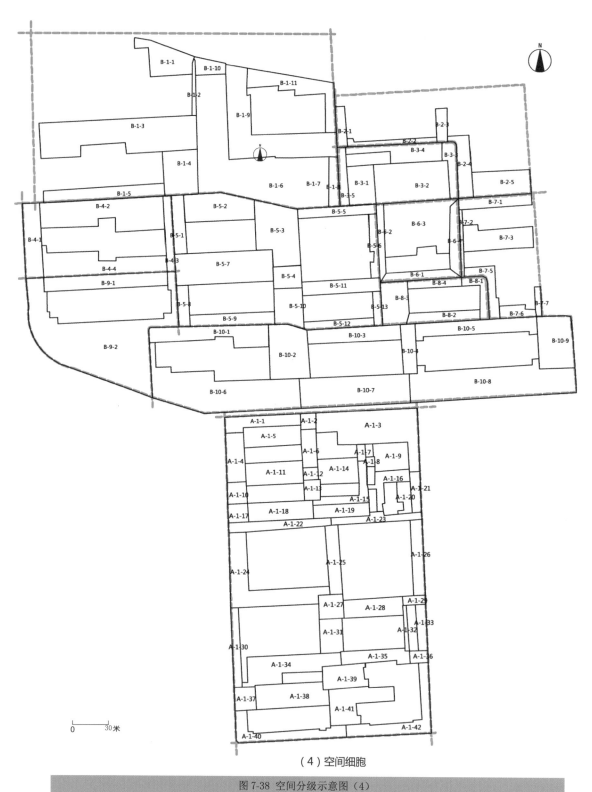

（4）空间细胞

图 7-38 空间分级示意图（4）

车道分为南北两区，因此可以以车行道为边界，将华侨城 LOFT 分为 A、B 两个空间组团。

（2）空间单元。

根据定义，若干个步行系统相互连接的空间细胞组成一个空间单元。在华侨城 LOFT 中，其南区内部空间步行系统连续，因此将南区设为一个完整的空间单元 A-1。在北区，以内部车行道为分割界限，将其设为 10 个完整的空间单元，分别是 B-1、B-2、B-3、B-4、B-5、B-6、B-7、B-8、B-9、B-10。

（3）空间细胞。

在空间经过拓扑关系变换后，空间细胞通常表现为空间单元中的最微观构件，即由一段拓扑步行路径及其周边建筑所构成的空间。据此可以将华侨城 LOFT 分为总共 106 个空间细胞。空间细胞的编号按照 A-1-1 的模式进行。

二、空间细胞赛克度解析

1. 室内建筑空间与室外吸引点的计算

结合前文，关于空间细胞"赛克度"的量度公式为

$$K_{cell-k} = \lg\left\{\left[\sum_{t=1}^{t}\left(\lg AREA_{in-t} \times e^N \times SHARE_{in-t}\right) + \sum_{m=1}^{m}\left(e^M \times SHARE_{out-m}\right) - NEG\right] \times \left(ACCESS_{auto} + ACCESS_{foot}\right)\right\}$$

在此，对公式中所包含的因素进行——解析。

首先本研究假定，对于室内空间，不同功能的建筑空间均有不同的免费系数 e^N 和共享系数 $SHARE_{in-t}$，因此可以将不同建筑空间的面积、免费系数与共享系数的乘积进行加和，由此得出该空间细胞中室内空间部分的总体赛克度。其中，免费系数 e^N 中的 N 取值 0～2，取值越高，开放程度越高，免费系数越大。共享系数 $SHARE_{in-t}$ 根据共享球理论在 1（1^3），9（1^3+2^3），36（$1^3+2^3+3^3$），161（$1^3+2^3+3^3+5^3$），673（$1^3+2^3+3^3+5^3+8^3$）之间取值。

其次本研究假定对于室外空间，不同规模、不同分类的吸引点具有不同的影响范围 e^N 和共享系数 $SHARE_{out-m}$，因此可以将不同吸引点免费系数与共享系数的乘积进行加和，由此得出该空间细胞中室外空间部分的总体赛克度。其中，影响范围 e^M 中的 M 根据吸引点的大小取值 0～3，取值越大，影响范围越广。共享系数 $SHARE_{out-m}$ 和建筑空间的共享系数 $SHARE_{in-t}$ 取值原则和范围一致，在此不做赘述。

以空间细胞 A-1-28 为例，该处的建筑功能中包括展览（N=2，共享系数 673）、管理（N=0，共享系数 36），餐饮（N=1，共享系数 161）；室外空间中有一小型吸引点（N=0，共享系数 36）。由此可以依照公式对空间细胞 A-1-28 进行赛克度的计算。其他空间细胞均可由此类推。

2. 负面影响的考量

华侨城 LOFT 中的消极环境因素相对不多，园区整体以步行路为主，车行道路较少。尤其是南区，仅在外围有一圈车行道路，内部并没有机动车道路。根据实地调研，华侨城 LOFT 中由车行道路带来的噪声和污染的消极因素相对较小。园区内仅在北区 B-7-3 地块中有一处垃圾转运站（图 7-39，图 7-40），会对其所在空间细胞的环境造成负面影响，在计算赛克度时需要将其视为一处消极因素。

3. 交通可达性的评估

交通可达性意味着人们选择不同交通方式及其组合，抵达目的地的可能性的高低。在评估时，主要是评价研究区域范围内各种交通设施所能综合提供的抵达便利程度。这一思路的评价基点

图 7-39 垃圾车

图 7-40 垃圾转运站

是建立在分析研究区域自身的基础条件之上的，而不对其周边甚至更大范围内的区域状况进行研判。其好处是，相比于大区域分析，其分析变量相对较少，且比较容易统计准确，在实践中也更易于操作。

就研究案例而言，到达华侨城 LOFT 的交通方式主要有步行、乘坐小汽车、乘坐公共交通（包括公交和地铁）这三种选择。在对交通可达性进行量化时，通过观察及查阅资料，本研究团队发现交通可达性系数受到各类交通方式影响范围及影响系数的综合作用。因此，交通可达性分析也从这两者入手：

对于不同交通方式的影响系数，本研究采用了以下规定：

①步行者为独立的个体，因此将步行方式的人员抵达系数设为基准单位"1"。

②通过估算和调查，一辆私家车的人员抵达系数可视为步行的 2 倍，因此开车方式的影响系数定为"2"。

③通过估算和调查，平均一辆公交车的人员抵达系数可视为步行的 4 倍，因此乘公交车方式的影响系数定为"4"。

④通过查阅资料，一条地铁线路是一条公交线路人员抵达系数的 30 倍，因此乘地铁方式的影响系数定为"120"。

对于不同交通方式的影响范围，本研究采用了分类讨论的方法：

①在步行方式中，主要考虑园区外部的步行路和步行入口这两者的影响范围。

②在乘车方式中，主要考虑园区内的车行道路和停车场这两者的影响范围。

③在乘坐公共交通方式中，主要考虑公共交通站点的影响范围。

在绘制各类交通方式可达性图时，以不同透明度的颜色来表示影响系数，综合各类交通方式影响范围，进而以颜色的深浅表示交通可达性的好坏。

（1）步行可达性。

步行可达性主要考虑步行道路和步行出入口两种类型的影响。其逻辑在于凡是具有密度较高的人行路网，或者距离该区域的步行出入口较近，则通过步行抵达目的地附近的便利程度较高，那么人们选择步行前往该区域的可达性也会较高。

步行道路对其周边可及范围内的空间细胞可达性具有较明显的影响。华侨城 LOFT 南区四周被步行路环绕，而北区只有西侧和南侧的边界有可供步行到达的人行道路。考虑到步行可及的空间细胞与步行道路的距离较为有限，因此以 20 米为限，设为步行方式的空间影响范围。据此将园区外围的步行路向园区内部偏移，偏移线与外围步行路所围合的区域即为受步行路影响的范围。

此外，步行出入口也是步行方式必经的路径所在，对其附近空间细胞的可达性也具有较大的影响。据观察，南区的步行入口有 8 处，北区的步行入口有 5 处。考虑到步行出入口相对影响范围较大，因此以 50 米为半径向园区内画圆所形成的区域即为受步行入口影响的范围。

综合考虑步行到达方式的影响范围及影响系数，本团队绘制了反映各空间细胞步行可达性的示意图（图 7-41）。

从图 7-45 中可以看出，南区的步行道路覆盖面比北区更广阔，而且南区的步行入口比北区多，因此南区的整体步行可达性优于北区。

（2）车行可达性。

同理，可以推导出车行设施的可达性测算方式。车行设施主要考虑车行道路和停车场，其逻辑在于凡是具有密度较高的车行路网，或者具有较好的停车条件，则通过车行抵达目的地附近的便利程度较高，那么人们选择乘车前往该区域的可达性也会较高。

华侨城 LOFT 南区只有外部有车行道路环绕，内部并无车行道路；而北区的车行道路则分布较为均匀。为此以 20 米为距离将园区内的车行道路向两侧偏移，两条偏移线所围合的范围即为受车行道路影响的范围。此外，华侨城 LOFT 的南北区各有一处停车场，可以 100 米为半径作圆标示其对周边的影响范围。

综合考虑开车到达方式的影响范围及影响系数，本团队绘制了反映各空间细胞车行可达性的示意图（图 7-42）。

由图 7-42 中可以看出，北区的车行路影响范围明显高于南区，因此北区的车行可达性优于南区。

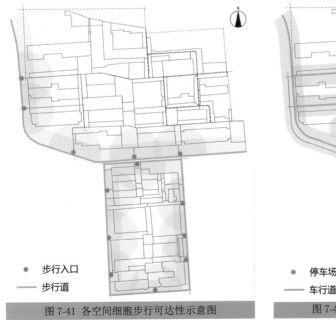

● 步行入口
—— 步行道

图 7-41 各空间细胞步行可达性示意图

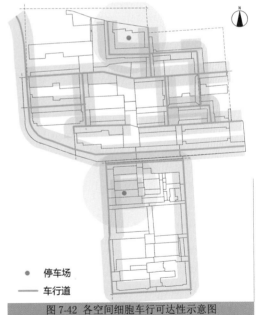

● 停车场
—— 车行道

图 7-42 各空间细胞车行可达性示意图

（3）公共交通可达性。

公共交通主要由公交车和地铁两类组成。

华侨城 LOFT 附近的地铁站有两处：侨城东和侨城北。考虑到人们乘坐地铁之后都需要换为步行抵达目的地，分别以 400 米和 600 米步行距离作为半径作圆，标示地铁站的两级影响范围。

其中 400 米半径表示可达性较高，600 米半径表示可达性相对较低。综合地铁站点的影响系数，得到反映地铁到达方式的可达性示意图（图 7-43）。

华侨城 LOFT 附近的公交站点有 9 处：华侨城医院（10 条线路）、侨城东路口（3 条）、创意文化园（1 条）、警校（4 条）、光华街（1 条）、园博园西（8 条）、深高技西校区（3 条）、康佳集团（8 条）、康佳集团东（12 条）。同理，分别以 200 米和 400 米步行距离为半径作圆，标示公交站的两级影响范围。综合公交站点的影响系数和各站点公交车线路条数，得到反映公交车到达方式的可达性示意图（图 7-44）。

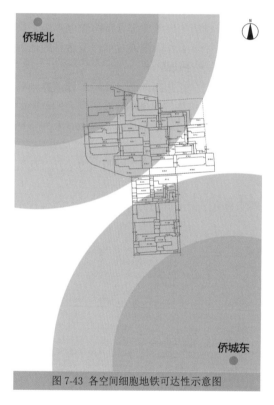

图 7-43 各空间细胞地铁可达性示意图

图 7-44 各空间细胞公交可达性示意图

从图 7-44 中可以看出，虽然南北两区受公交影响的范围和程度相似，但影响南区的公共交通站点数量明显多于北区，因此南区的公共交通可达性要优于北区。

（4）综合交通可达性。

将以上四张可达性示意图进行叠加，可得各空间细胞的综合交通可达性示意图（图 7-45）。从图 7-45 中可以看出，南北两区的交通可达性都比较好：南区各类交通可达性影响范围分布比较均匀，其东侧和南侧的公交车站点分布较多，且影响范围比较广，几乎能覆盖到南区的全部范围；相比较而言，北区受西北侧公交站和地铁站的影响比较集中和明显。

4. 空间细胞赛克度计算

综合考虑上述室外吸引点、室内建筑空间、负面影响及交通可达性的影响，进行列表计算，可以得出华侨城 LOFT 各空间细胞的赛克度。为了更加直观地看出计算结果，本研究团队利用 Arc GIS 将表中的数据进行图示化，得到图如 7-46 所示的空间细胞赛克度示意图。

为使各个空间细胞赛克度的差别表达得更加明显，本研究采用自然断点分级法对空间赛克

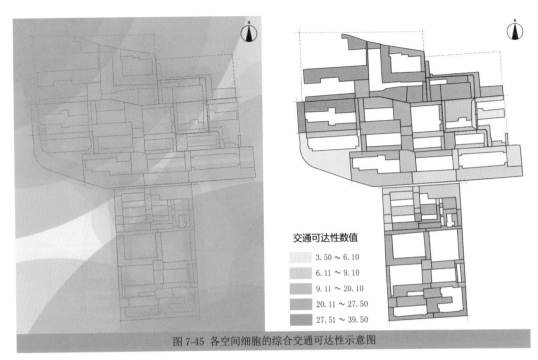

图 7-45 各空间细胞的综合交通可达性示意图

度的区间进行了分类,共分为 9 个区间。使用该分级方法可使同区间之间方差最小,各区间之间方差最大,从而使空间细胞赛克度之间的差别能够更为突出地表现出来。

三、空间单元赛克度解析

1. 步行连续性

步行空间的连续长度可以直观地反映出公共空间的步行基础条件。各区域步行连续长度参见附录。

2. 拓扑步数

拓扑步数可以反映出空间步行环境的趣味性和空间丰富程度。各区域拓扑步数参见附录。

3. 空间单元赛克度计算

将各空间单元的连续步行长度、拓扑步数及其包含的各空间细胞赛克度综合运算,可得华侨城 LOFT 各空间单元的赛克度。为了直观表示出各空间单元的赛克度大小,本研究团队将表中的数据进行图示化,得到如图 7-47 所示的空间单元赛克度示意图。

四、华侨城 LOFT 园区赛克度验证

经过对华侨城 LOFT 的多次调研,可以发现在其中的 106 处空间细胞当中,整体活力分布并不均匀,甚至反差很大。人群活动主要集中在社会互动、情境体验和创意趣味各方面体验良好的若干个区域,而在这些方面较为欠缺的空间则使用率比较低。为此,本研究根据对典型空间使用活力的观察,选择了两个活力充沛的区域和两个活力欠佳的区域,利用公共空间的新价值观进行具体解析。

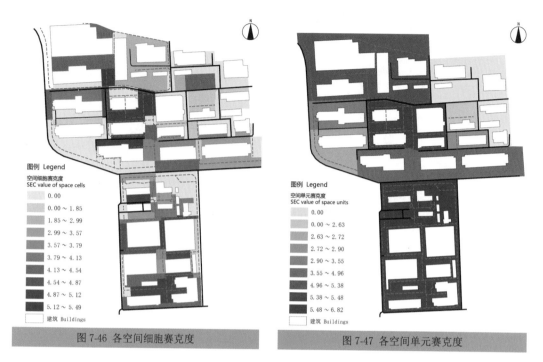

图 7-46 各空间细胞赛克度　　　　　　　　　　　图 7-47 各空间单元赛克度

1. 活力充沛空间的赛克度评价

本研究所选择的第一个活力充沛的区域位于华侨城 LOFT 南区入口。该片区人群聚集相对较多，空间所包含的元素如图 7-48 和图 7-49 所示。

从图中可以看出，该区域人群活动丰富的主要原因是：

（1）该区域具有建筑功能多样性，包括餐饮、零售、办公、展览等。同时，餐饮空间外多处设有遮阴设施，在下午或傍晚时分，这里便是人们茶饮、聚餐、闲聊甚至办公的最佳场所。

（2）建筑立面墙体不是简单的白墙，多处用丰富的颜色进行了涂鸦，这不仅是一种视觉的体验或互动，更提升了空间的趣味性。

（3）室外空间的设计中，含有多个大、中、小型吸引点，尤其是观赏类吸引点丰富。除此之外，还零散地分布有互动类吸引点或临时类吸引点。同时，室外空间中绿植种类丰富，包含大榕树、椰子树、竹子和小灌木等。

（4）园区南区入口靠近地铁站与公交站，交通可达性高。同时，空间道路基本都是为人行服务，入口空间不被机动车打断，形成了连续的步行交通体系，人们愿意来此驻足、休憩，这也是形成环境舒适性的一个方面。

（5）该区域道路铺装形式并不单一，在细节上表现了一定的创意性。铺装材料主要是红砖与水泥，红砖步行道上铺设的井盖上还有涂鸦而成的创意图案，颇显趣味性。

本研究选取的另一个活力充沛的空间与上述空间具有一定的相似性，它位于北区中部，所包含的元素如图 7-50 和图 7-51 所示。

从图中可以看出，该区域人群活动丰富的主要原因是：

（1）空间吸引点丰富，主要吸引点包括互动类、观赏类的大型吸引点。其中互动类吸引点是指两栋建筑之间的木质大斜坡。冬季，人们坐在大斜坡上晒太阳、聊天、休憩；夏季，人们可以坐在大斜坡旁的树荫下乘凉、下棋；无论是白天或是傍晚，都能看见小朋友们在此互动、

图 7-48 南区入口活力充沛空间各元素　　　　　图 7-49 南区入口实景空间

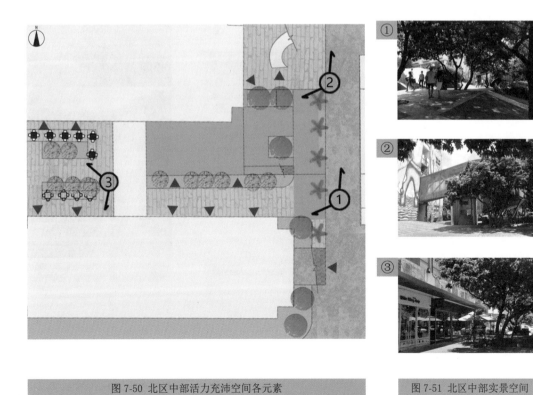

图 7-50 北区中部活力充沛空间各元素　　　　　图 7-51 北区中部实景空间

游戏。同时，在大斜坡旁还有一个旋转式玻璃体构筑物，它不仅为园区内驻民提供了展览和理发等实用功能，其创意的形体设计无形中也成为此空间的观赏型吸引点，来往游客常常在这里驻足拍照。

（2）从整个北区建筑的类型来看，建筑功能基本是办公用途，此外还配置了多种类的商业空间，包括零售、餐饮等。在这些空间之外，还存在多个吸引点或趣味点，比如雕塑、墙体涂鸦、盆栽景观等。它们在增强空间可识别性的同时，也增加了视觉的可观赏性。遮阴的太阳伞、休憩座椅、绿植灌木，共同为人们提供了一处非常舒适的休憩和交往空间。

（3）这处空间由于存在高差变化，因此不会被车行干扰。不同高差范围内，地面铺装形式（主要包含木质和灰砖）也不尽相同，水平和竖向的变化给人们一种富于趣味性的体验。

总之，从赛克度的角度来衡量，从社会互动、情境体验和创意趣味三个方面来评价，上述空间的吸引力相对较强，这也是这两个区域人气较旺的主要原因。

2. 活力欠佳空间的赛克度评价

第一处研究区域位于华侨城 LOFT 北区东部，该空间中包含的实际元素如图 7-52 和图 7-53 所示。

从图中可以看出，该空间人群活动较少的原因是：

（1）该空间建筑类型基本是清一色的办公建筑，不存在具有趣味性的吸引点和休憩空间。

（2）场地中遮阴设施少，舒适度不高。

（3）道路基本为车行使用，尽管道路铺装的材料搭配较为丰富，但立足点不是为人行体验

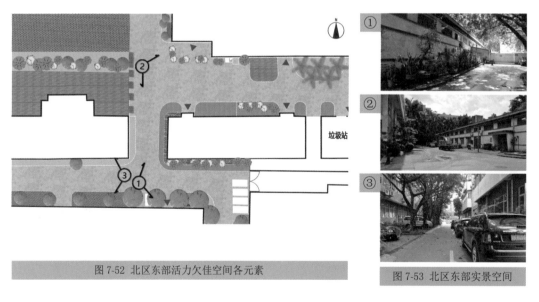

图 7-52 北区东部活力欠佳空间各元素

图 7-53 北区东部实景空间

服务。

（4）该区域的最东侧存在一处垃圾站，东西堆放杂乱、气味难闻，而且影响范围较大，造成了较为低劣的环境品质。

第二处研究区域位于华侨城 LOFT 南区东北角道路交叉口处（图 7-54，图 7-55）。

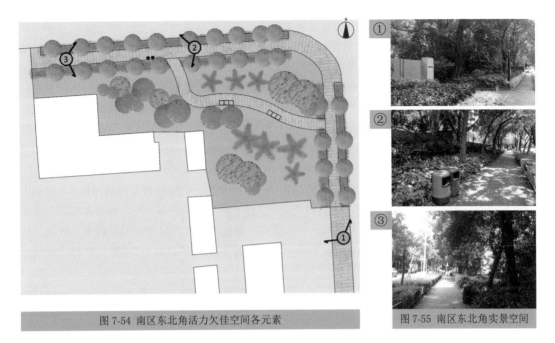

图7-54 南区东北角活力欠佳空间各元素　图7-55 南区东北角实景空间

从图中可以看出，该空间使用人群较少的原因是：

（1）室外空间中不存在可以引发人们进行社会互动或感受该空间的创意趣味因素，即本研究所描述的吸引点。

（2）该空间的不可进入性成为阻碍人们体验场所感的另一关键因素。

从总体上看，该空间也具备了一定的吸引要素，例如该区域树木的覆盖度大，绿色环境良好，周边建筑功能的分享系数也较高等。但该处空间与周边区域相隔离：当人们从东侧进来时，此处的步行路径是断头路；西侧也以铁门与人行道相分隔；从北侧而来的人群也被木制的栅栏阻隔，这些规划使得整个空间的对外联系度较低。

另外，此区域位于道路交叉口处，道路上多为通过性人流，并无停留的意愿。只偶尔有走路累了的人在此处稍作停留，然后就会继续前行。

因此，无论从建筑功能的多样性、吸引点的个数、遮蔽物的多少，还是步行空间的设计、环境品质的营造来看，以上两个区域均不具备足够的吸引力。因此，从公共空间的赛克度指标来具体评析，此两处空间均不属于活力充沛的空间。

3. 空间赛克度与实地验证

通过对于华侨城 LOFT 空间细胞和空间单元赛克度的详细推导和计算，经过图示化表现的空间细胞和空间单元赛克度可以直观地反映各层级空间的活力状态（图7-46, 7-47）。从图中可以看出，华侨城 LOFT 空间细胞的赛克度高低跨度较大，范围区间在 0 至 5.49 之间。根据本研究前述的理论，空间赛克度是反映公共空间活力的标准，赛克度越高说明空间吸引力越高，反之亦然。那么这个标准是否符合实际的空间使用情况呢？

为了验证理论研究和定量计算的结果，本研究特意分别选取了华侨城 LOFT 中赛克度较高的两处空间（南区南入口处 A 点、北区中部）与赛克度较低的两处空间（南区东北角、北区东部）进行了实地的对比检验。

本研究团队运用分时定点拍照的方法来对赛克度的计算结果进行验证。在这 4 处空间中共选取 5 个拍摄点，其视角尽可能涵盖所研究的区域空间。在同一天内（2016 年 7 月 2 日，星期六）从早上 9 时到晚上 21 时每间隔两小时对空间进行一次拍照（图 7-56）。

从这些实拍照片中，可以直观地反映游客的密集程度，进而体现出各处空间活力的差异。在南区南入口 A 点和北区中部这两处赛克度较高的空间中，全天的人流量都比较大，空间活力较高；而在南区东北角和北区东部这两处赛克度较低的空间中，全天的人流量都比较少，空间活力偏低。本研究团队对这些不同空间的使用人数进行了统计，得到如下结果：南区南入口 A 点处共计 116 人，南区东北角共计 2 人，北区中部共计 60 人，北区东部共计 6 人。

按照本研究团队原先的计算结果，南区南入口 A 点和北区中部的赛克度都超过 5，而南区东北角和北区东部的赛克度几乎为 0。对照其空间实际使用的人数可以发现，以公共空间三个新价值为依据的赛克度计算结果与实际情况基本吻合：赛克度高，则空间使用人数多而热闹，空间活力高；赛克度低，则空间使用人数少而冷清，空间活力低。因此，空间赛克度的计算结果能够比较真实地反映空间的使用情况和空间的活力。

参考文献

[1] 李文. 让员工在户外吃饭可提高工作积极性 [EB/OL]. （2013-05-18）[2016-08-02].
    http://www.ezhijiao.net/newmodel.asp?newsid=1301&t=88.

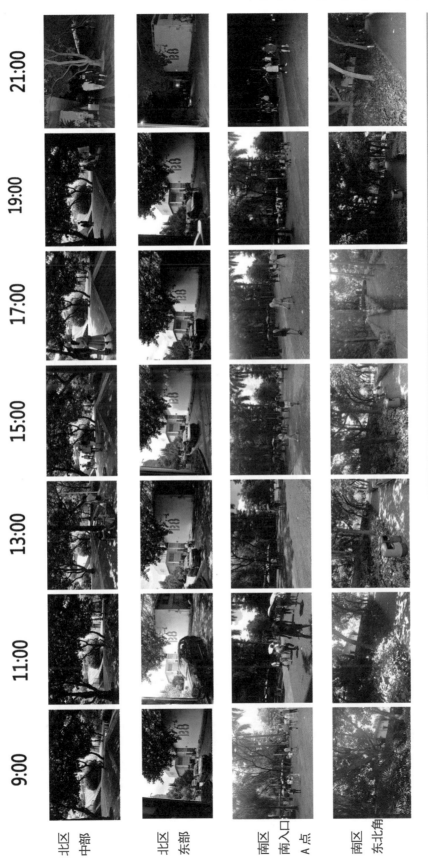

图 7-56 定点照片

第八章　展望数字化时代公共空间的诊断与
形塑之道

**Chapter 8　Prospect on the diagnose
and shaping of public spaces in digital era**

一、公共空间的新价值观

数字化时代的来临，使得公共空间在经历了漫长的演变阶段之后，迎来了新的历史转折点。在被数字技术扁平化的世界范围内，后工业阶段的生产型城市正在向生活型城市转变，公共空间当仁不让地成为这一过程中的重要符号，它的品质标志着一个城市在全球化竞争语境下的国际品牌号召力。公共空间不仅凝聚着城乡公共生活的活力，更集聚着在数字化时代可能由此产生的一系列社会经济效益，是值得社会各界高度重视的新兴"城市战略资产"。

为此，有必要对本书中各类从理念到案例跨度颇大的论述，进行一次较为系统的梳理和延伸探讨。

首先需要充分认识到数字化革命的爆发，对我们当下和未来即将生活于其中的社会都造成了极为深远的冲击。"风起于青萍之末"。互联网、人工智能等数字化典型力量对于传统社会的颠覆进程只是刚刚拉开帷幕，更大的变革风暴还在并不遥远的将来酝酿着。尽管现在看来有的数字化技术还只是小荷初露，但其中的技术变革对于公共空间的深远影响，将迅速地改变我们久已习惯的空间概念。

在数字化时代，公共空间的发展已经远远超出了过往人们的惯性设想。公共空间之所以在人类社会的发展中能够始终扮演重要的角色，其中一个关键的因素就是它一直作为人类社会的重要价值交换场所而发挥作用。

人类社会所使用过的价值交换方式包括物质流、资金流和信息流。当数字化时代降临之后，公共空间中无论是所承担的价值交换内容还是形式，都已经发生了深刻的变化，从以传统实体化的物质流、模拟化的能量流为主，转向以数字化的能量流为主，从熙熙攘攘的肩挑手提与车马驱驰转向无形而海量的大数据和云计算传输。这样一来，传统空间的固有角色格局将被打破而得到重新定义，过去被井然界定的各种空间功能也将从单一走向多元、从清晰走向弹性。其间，公共空间所扮演的角色也随之发生显著的变化，有望从服务于生产功能的次要休闲和社交配角一跃成为融生产、交易、交往、休闲等多种用途为一体的未来社会的主角。

同时，作为实体的公共空间与虚拟世界的关系也将成为未来时代的一大看点。毋庸置疑的是，虚拟世界的飞速发展，将促使公共空间与之实现深度的融合，同时体现出快速迭代、用户导向等线上世界的特征，公共空间的数字化将给我们的生活带来更多的精彩和惊喜。从另一个角度来看，数字世界的快速发展过程中也如影随形地附着了各种优势与不足，相形之下公共空间又将凸显出自身的互补作用。在一个虚拟数字世界无时无地不在环绕我们的时代，人们对于线下真实生活和群体交往的需求将变得前所未有地迫切。具有良好线下交往环境，并能呼应数字时代需求的真实空间，将会成为新时代公众活动的宠儿。

为此，从以上维度看来，公共空间的时代进步将带有3方面明显的烙印：一是突出空间的社会互动效应；二是体现鲜明的场景性和体验感；三是追求空间的创意性和趣味度。这3个方面的特征，无一不在响应着数字化时代对于线下空间发展的外在需求，体现出真实场所与虚拟世界齐头并进的态势。

二、中国与欧洲的比较

由此，我们可以进一步观察中国和欧洲的公共空间营建趋势。中国和欧洲，作为世界两大重要的经济体和文明体，在探索未来社会发展趋势的道路上具有代表性。通过对这两大主体的平行透视，可以窥见当下人们对于公共空间转型趋势的判断和认知程度。

这两个地区在数字化时代面临着高度相似性的挑战。例如线下生活在某种程度上的衰退，人际交往受到虚拟世界的吸引而变得疏离，等等。这些问题的解决都有待于公共空间内涵的深度发掘和新型技术手段的引入。

同时，中国和欧洲在各自的公共空间类型和表达方式上又各具特色。中国作为具有强烈创新动力的后发经济体，一方面，在高密度条件下努力开辟出众多的公共空间样式，包容着其中丰富而颇具活力的公众生活内容；另一方面，作为互联网经济的新秀（在全球范围内中国互联网经济的发达程度与美国并立潮头），在将数字化融入公共环境塑造方面已展现出蓬勃的后劲。而欧洲作为老牌的创意生产基地，在公共空间的品质塑造、品牌营造、自下而上式营建以及多元文化的包容性等方面的优势依然突出，也充分体现出与数字化时代相匹配的去中心化、自组织等先进意识。这些与欧洲长期以来深厚的市民社会背景和浓郁的文化氛围是分不开的。

有意思的是，尽管中国和欧洲在社会与城市发展的背景、阶段和特征上各有千秋，但在公共空间典型案例中所折射出来的主要特征，却有着高度的共鸣性。这些共鸣尽管是初步的——可能它们当中的许多案例还是属于前数字化时代里下意识的设计响应，但其中所隐含着的对于时代进步的先见之明，却是相当明确的。

综合而言，中国和欧洲在新型公共空间的发展潜力上都是充沛的，各自具有独特的优势，也面临着巨大的挑战。如果一定要抽象出中国和欧洲目前各自在公共空间营建方面的特长，我们愿意选择"技术"这个关键词来形容中国，而选择"文化"来形容欧洲。重要的是，应当看到公共空间的营建实际上是一个长期而综合的过程——数字化技术的澎湃发展有利于快速发力并赶超世界先进水平，便于在短期内见到公共场所营造的成效，而开放包容的社会文化则是公共空间可持续发展的长期动力，也是所有创意和品质的重要源泉，两者不可偏废。因此，中国和欧洲如果能从彼此身上相互观照、相互借鉴，则有希望实现近期与远期的协调发展，有利于社会的均衡稳定。

值得思考的是：未来随着数字化技术的无远弗届，以及物联网等数字化基础设施的全覆盖，我们周边任何一处在今天看来或开放或私密的场所，包括广场、街巷、餐厅、办公室乃至私人家宅等，是否都有可能被发展成为某种"公共空间"？这种变化对人类社会的发展意味着什么？在中国和欧洲这样不同的语境中又会各自带来何种变化？规划设计师的工作范围是否会延伸到虚拟世界中？这一系列问题接踵而来，无疑都将突破今天某些社会领域的既有秩序，并对我们的生活产生极为深远的影响。对于这些挑战，我们需要在城市基础设施建设、公共空间营造、多元文化理解、法律条款修订以及专业教育等众多方向上预存足够的思想准备空间。

三、赛克法则：公共空间的诊断与塑造

讨论至此，已经初步廓清了公共空间在数字化时代的发展趋势，不过上述观点只是在宏观层面展开了定性的评价和预测，考虑到未来微观公共空间发展的重要价值及其对于科学化和客观化评估方法的需求，还需要进一步发展和建立更为细致和可量度的数学模型。

为此，本研究在总结前人研究成果的基础上，结合数字化时代发展的独特表征，探索建立了基于"赛克度"的空间解析模型。所谓赛克度（SEC），就是融合了对于社会互动（Social Interaction）、情境体验（Environmental Experience）以及创意趣味（Creative Interestingness）3种关键元素的考量所建立的空间评价指标。

与传统空间评价方法不同的是，赛克度并不局限于从空间尺度、生态环境等物质环境的视角去进行空间分析，而是强调顺应时代发展的趋势，力图从面向未来数字化时代需求的角度，

结合社会、经济、心理、交通、空间、数理关系等多重因素，重新建构起评价公共空间使用效应的衡量体系。本书通过对空间赛克度指数 K 的解析，提出了"共享球"的新概念，并且指出数字化时代公共空间的吸引力来源于各种室内外功能的可共享程度、体验程度、舒适度、空间网络联系和可达性构成的综合体系，并由此建立了均衡考虑交通可达性、功能分享度、空间拓扑关系、物理舒适度等多种层面因素的计量公式。

如果说，赛克度理念及其评价方法的提出是一种较为大胆的尝试，那么这种评价方式无疑需要接受实践的检验。为此，本书进一步以中国华侨城 LOFT 这个较为经典的公共空间为例，应用该理论和模型分别进行了解析。

研究发现，赛克度对于空间的理解和判断与现实空间使用情况具有高度的吻合性。它能够较好地揭示出在某个公共区域中，从空间细胞，到空间单元，再到空间组团这 3 个主要层次中各类空间的细腻结构关系，并映射出它们各自在吸引公众与创造空间活力方面的实际效力。

因此，本书不揣冒昧地提出，不妨将这个方法称之为"赛克法则"，意味着一种有别于前数字化时代的新型公共空间价值观，用以指导未来公共空间的营造方向。

赛克法则的应用范围应当说比较广泛，概括而言主要体现为"诊断"与"形塑"两个方面。

1. 诊断

对现有公共空间的活力程度高低及其成因进行分析，通过实地测算分析其中影响活力高低的主要因素，并指导开展必要的改造；对未来各类公共空间规划设计所可能形成的空间活力进行量化预测，从而能够较为客观地预见未来空间环境的建成效果，为城市投资和开发提供方案比选等决策指南。

2. 形塑

作为必要的城市管理测评工具，可以帮助城市管理者抑制或者约束无效空间与消极空间的开发，实现空间价值的最大化，并引导紧凑型城市、步行城市等先进理念的实施。

作为一种新鲜的空间价值观，赛克法则能够有效地揭示公共空间蓬勃发展的动力和源泉，是一种值得在实践中进一步去应用和普及的评价方法。毋庸讳言，赛克度在测算过程中还存在着许多有待完善的细节，比如可以尝试纳入更多的评价元素；在目前可见的案例中还未能充分演示出数字化技术对于公共空间的渗透关系；可以应用更为细致的大数据方法进行实效验证等。鉴于本书篇幅有限，有些论述的过程也未能在书中充分地进行阐释，这些都有待后续论著加以完善。本研究团队计划在今后陆续推出更多相关领域的研究成果，将赛克法则在更多的公共空间类型中进一步去推广与试验，力争建立更为完善和更为宽广的空间评价体系，以便为公共空间规划设计的科学性和合理性提供卓有成效的评价和预测手段。

未来已来，让我们拭目以待！

附　　录

附录一　华侨城 LOFT 各空间细胞交通可达性（附表1）

附表1　华侨城 LOFT 各空间细胞交通可达性

编号	地铁		公交		车行道		步行	
	400 米 半径	600 米 半径	200 米 半径	400 米 半径	20 米 偏移	100 米 半径	20 米偏移 +50 米半径	
	权 重（120）与 条数的乘积		权 重（4）与 条数的乘积		权 重（2）与 条数的乘积	权重20	权 重（1）步行道 与步行入口之和	transit 最大值 （之和）
A-1-1	—	—	4	24	8	20	2	5.8
A-1-2	—	—	4	24	8	20	2	5.8
A-1-3	—	—	4	56	8	20	2	9
A-1-4	—	—	4	24	8	20	2	5.8
A-1-5	—	—	4	24	4	20	3	5.5
A-1-6	—	—	4	56	4	20	2	8.6
A-1-7	—	—	4	56	—	—	1	6.1
A-1-8	—	120	4	56	—	—	0	18
A-1-9	—	120	4	56	4	—	2	18.6
A-1-10	—	—	4	24	8	20	2	5.8
A-1-11	—	—	4	56	8	20	3	9.1
A-1-12	—	—	4	56	4	20	1	8.5
A-1-13	—	120	4	56	4	20	1	20.5
A-1-14	—	120	4	56	—	20	1	20.1
A-1-15	—	120	4	56	4	20	2	20.6
A-1-16	—	120	4	56	4	—	2	18.6
A-1-17	—	—	4	24	8	20	2	5.8
A-1-18	—	120	4	56	8	20	2	21
A-1-19	—	120	4	56	4	20	1	20.5
A-1-20	—	120	—	56	4	—	2	18.2
A-1-21	—	120	—	56	4	—	2	18.2
A-1-22	—	120	—	56	8	20	2	21
A-1-23	—	120	4	56	4	20	2	20.6
A-1-24	—	120	4	56	4	20	3	20.7
A-1-25	—	120	4	56	—	20	0	20
A-1-26	—	120	—	56	4	—	4	18.4
A-1-27	—	120	—	56	—	—	0	17.6
A-1-28	—	120	—	56	4	—	3	18.3
A-1-29	—	120	—	56	4	—	3	18.3
A-1-30	—	120	4	68	4	—	3	19.9
A-1-31	—	120	—	56	—	—	0	17.6
A-1-32	—	120	—	68	4	—	3	19.5
A-1-33	—	120	—	68	4	—	3	19.5
A-1-34	—	120	—	68	4	—	3	19.5
A-1-35	—	120	—	68	4	—	3	19.5
A-1-36	—	120	—	68	4	—	3	19.5
A-1-37	—	120	—	72	4	—	2	19.8

续附表 1

编号	地铁		公交		车行道		步行	
	400 米半径	600 米半径	200 米半径	400 米半径	20 米偏移	100 米半径	20 米偏移 +50 米半径	
	权重（120）与条数的乘积		权重（4）与条数的乘积		权重（2）与条数的乘积	权重 20	权重（1）步行道与步行入口之和	transit 最大值（之和）
A-1-38	—	120	—	72	4	—	3	19.9
A-1-39	—	120	—	100	—	—	2	22.2
A-1-40	—	120	—	120	4	—	3	24.7
A-1-41	—	120	—	148	4	—	3	27.5
A-1-42	120	120	—	148	4	—	3	39.5
B-1-1	120	120	40	56	—	—	0	33.6
B-1-2	120	120	—	56	—	20	0	31.6
B-1-3	120	120	40	56	—	20	2	35.8
B-1-4	—	120	4	56	4	—	0	18.4
B-1-5	120	120	4	56	4	—	2	30.6
B-1-6	—	120	16	72	4	20	0	23.2
B-1-7	—	120	12	72	8	20	0	23.2
B-1-8	—	120	12	72	8	20	0	23.2
B-1-9	120	120	12	72	8	20	0	35.2
B-1-10	120	120	—	56	4	20	0	32
B-1-11	—	120	12	56	4	20	0	21.2
B-2-1	—	120	12	72	8	20	0	23.2
B-2-2	—	120	12	72	8	20	0	23.2
B-2-3	—	120	28	32	8	—	0	18.8
B-3-1	—	120	12	72	8	20	0	23.2
B-3-2	—	120	12	72	8	—	0	21.2
B-3-3	—	120	12	32	8	—	0	17.2
B-3-4	—	120	12	72	8	20	0	23.2
B-3-5	—	120	12	60	8	20	0	22
B-4-1	120	120	4	56	8	—	3	31.1
B-4-2	120	120	4	56	8	—	3	31.1
B-4-3	—	120	4	56	8	—	0	18.8
B-4-4	—	120	4	56	8	—	3	19.1
B-5-1	—	120	4	56	8	—	0	18.8
B-5-2	—	120	4	56	8	—	0	18.8
B-5-3	—	120	4	56	4	—	0	18.4
B-5-4	—	120	4	56	—	—	0	18
B-5-5	—	120	4	56	8	—	0	18.8
B-5-6	—	120	4	56	8	—	0	18.8
B-5-7	—	120	4	56	4	—	0	18.4
B-5-8	—	120	4	56	8	—	1	18.9
B-5-9	—	120	4	56	4	—	0	18.4
B-5-10	—	120	4	56	4	—	0	18.4
B-5-11	—	120	4	16	4	—	0	14.4
B-5-12	—	120	4	4	8	—	0	13.6
B-5-13	—	120	4	4	8	—	0	13.6
B-6-1	—	120	12	16	8	—	0	15.6

续附表1

编号	地铁		公交		车行道		步行		
	400 米半径	600 米半径	200 米半径	400 米半径	20 米偏移	100 米半径	20 米偏移 +50 米半径		
	权重（120）与条数的乘积		权重（4）与条数的乘积		权重（2）与条数的乘积	权重20	权重（1）步行道与步行入口之和	transit 最大值（之和）
B-6-2	—	120	12	16	8	—	0	15.6
B-6-3	—	120	12	16	8	—	0	15.6
B-6-4	—	—	12	16	8	—	0	3.6
B-7-1	—	—	28	16	8	—	0	5.2
B-7-2	—	—	12	16	8	—	0	3.6
B-7-3	—	—	28	16	4	—	0	4.8
B-7-4	—	—	28	48	8	—	0	8.4
B-7-5	—	—	28	48	8	—	0	8.4
B-7-6	—	—	28	48	8	—	0	8.4
B-7-7	—	—	28	48	4	—	0	8
B-8-1	—	—	28	48	8	—	0	8.4
B-8-2	—	—	28	48	8	—	0	8.4
B-8-3	—	120	12	48	8	—	0	18.8
B-8-4	—	—	28	48	4	—	0	8
B-9-1	—	—	4	20	8	—	2	3.4
B-9-2	—	—	4	20	8	—	3	3.5
B-10-1	—	120	4	60	4	—	1	18.9
B-10-2	—	120	4	20	4	—	2	15
B-10-3	—	120	4	48	4	—	2	17.8
B-10-4	—	—	—	48	4	—	2	5.4
B-10-5	—	—	16	48	4	—	1	6.9
B-10-6	—	120	4	20	8	—	3	15.5
B-10-7	—	—	4	52	8	—	3	6.7
B-10-8	—	—	16	48	8	—	2	7.4
B-10-9	—	—	16	48	4	—	1	6.9

附录二　华侨城 LOFT 各空间细胞赛克度（附表2）

附表2　华侨城 LOFT 各空间细胞赛克度

空间编号			建筑功能 $AREA_{in-t} \times e^h$ $\times SHARE_{in-t}$	室外空间 $\ni^w \times SHARE_{out-n}$	负面因素 NEG	可达性 ACCESS	K_{cell-k}	K_{cell-k}之和
A	A-1	A-1-1	649.49			5.80	3.58	
		A-1-2	618.27			5.80	3.55	
		A-1-3				9.00	—	
		A-1-4				5.80	—	
		A-1-5				5.50	—	
		A-1-6		1 225.64		8.60	4.02	
		A-1-7				6.10	—	
		A-1-8				18.00	—	
		A-1-9				18.60	—	
		A-1-10				5.80	—	
		A-1-11		13 517.57		9.10	5.09	
		A-1-12				8.50	—	
		A-1-13		437.64		20.50	3.95	
		A-1-14	3.05	161.00		20.10	3.52	
		A-1-15		437.64		20.60	3.95	
		A-1-16		437.64		18.60	3.91	
		A-1-17				5.80	—	
		A-1-18		161.00		21.00	3.53	
		A-1-19		437.64		20.50	3.95	114.38
		A-1-20				18.20		
		A-1-21				18.20		
		A-1-22	284.81	322.00		21.00	4.11	
		A-1-23	5 529.82	437.64		20.60	5.09	
		A-1-24	1 617.89	1 509.93		20.70	4.81	
		A-1-25	6 284.33	358.00		20.00	5.12	
		A-1-26	2.79			18.40	1.71	
		A-1-27		322.00		17.60	3.75	
		A-1-28	5 328.74	161.00		18.30	5.00	
		A-1-29	2.50			18.30	1.66	
		A-1-30				19.90		
		A-1-31		161.00		17.60	3.45	
		A-1-32	17.53			19.50	2.53	
		A-1-33				19.50		
		A-1-34		1 788.28		19.50	4.54	
		A-1-35	5 351.36			19.50	5.02	
		A-1-36	258.68			19.50	3.70	
		A-1-37				19.80		
		A-1-38	271.15	14 868.20		19.90	5.48	
		A-1-39	0.00	14 000.57		22.20	5.49	
		A-1-40	1 011.98			24.70	4.40	
		A-1-41	977.18	2 701.28		27.50	5.00	
		A-1-42	702.25			39.50	4.44	
		B-1-1	879.41			33.60	4.47	

续附表2

空间编号			建筑功能 $AREA_{in-t} \times e^x \times SHARE_{in-t}$	室外空间 $\ni^{ii} \times SHARE_{out-i}$	负面因素 NEG	可达性 ACCESS	K_{cell-k}	K_{cell-k} 之和
B	B-1	B-1-2				31.60		
		B-1-3	955.49			35.80	4.53	
		B-1-4	67.97	13 517.57		18.40	5.40	
		B-1-5				30.60		
		B-1-6	26.41			23.20	2.79	25.68
		B-1-7	27.07			23.20	2.80	
		B-1-8				23.20		
		B-1-9	27.87			35.20	2.99	
		B-1-10				32.00		
		B-1-11	23.88			21.20	2.70	
	B-2	B-2-1				23.20	2.24	
		B-2-2	7.49			23.20	2.24	
		B-2-3				18.80		2.24
		B-2-4				18.80		
		B-2-5	0.00			18.80		
	B-3	B-3-1	28.32			23.20	2.82	
		B-3-2	28.32	1 189.64		21.20	4.41	
		B-3-3				17.20		7.23
		B-3-4				23.20		
		B-3-5				22.00		
	B-4	B-4-1	757.31			31.10	4.37	
		B-4-2	172.23	161.00		31.10	4.02	13.26
		B-4-3	3 940.45	5.00		18.80	4.87	
		B-4-4				19.10		
	B-5	B-5-1		3 233.77		18.80	4.78	
		B-5-2				18.80		
		B-5-3		13 517.57		18.40	5.40	
		B-5-4				18.00		
		B-5-5				18.80		
		B-5-6				18.80		
		B-5-7		14 786.29		18.40	5.43	30.89
		B-5-8				18.90		
		B-5-9		13 955.21		18.40	5.41	
		B-5-10		1 189.64		18.40	4.34	
		B-5-11	3.66			14.40	1.72	
		B-5-12	265.70	197.00		13.60	3.80	
		B-5-13				13.60		
	B-6	B-6-1				15.60		
		B-6-2				15.60		1.74
		B-6-3	3.51			15.60	1.74	
		B-6-4				3.60		

续附表 2

空间编号			建筑功能 $AREA_{in-i} \times e_N$ $\times SHARE_{in-i}$	室外空间 $\partial^N \times SHARE_{out-n}$	负面因素 NEG	可达性 ACCESS	K_{cell-k}	K_{cell-k} 之和
	B-7	B-7-1	3.36			5.20	1.24	
		B-7-2				3.60		
		B-7-3	22.20		-673.00	4.80		
		B-7-4				8.40		4.66
		B-7-5				8.40		
		B-7-6	310.84			8.40	3.42	
		B-7-7				8.00		
	B-8	B-8-1				8.40		
		B-8-2	507.86	1 110.64		8.40	4.13	5.99
		B-8-3	3.81			18.80	1.85	
		B-8-4				8.00		
	B-9	B-9-1	4.21			15.40	1.81	1.81
		B-9-2				3.50		
	B-10	B-10-1		13 517.57		18.90	5.41	
		B-10-2		338.01		15.00	3.71	
		B-10-3	289.15			17.80	3.71	
		B-10-4	4.21			5.40	1.36	
		B-10-5	251.93			6.90	3.24	25.26
		B-10-6				15.50		
		B-10-7	4 634.26	133.86		6.70	4.50	
		B-10-8	256.50	36.00		7.40	3.34	
		B-10-9				6.90		

附录三 华侨城 LOFT 各空间单元赛克度（附表3）

附表3 华侨城 LOFT 各空间单元赛克度

空间编号		实际步行长度 / 米	拓扑步数	K_{cell-k}之和	K_{unit}
A	A-1	1 385.74	42.00	114.38	6.82
B	B-1	862.65	11.00	25.68	5.39
	B-2	0.00	5.00	2.24	—
	B-3	0.00	5.00	7.23	—
	B-4	67.66	4.00	13.26	3.55
	B-5	755.63	13.00	30.89	5.48
	B-6	61.80	4.00	1.74	2.63
	B-7	0.00	7.00	4.66	—
	B-8	33.64	4.00	5.99	2.91
	B-9	145.91	2.00	1.81	2.72
	B-10	402.81	9.00	25.26	4.96

附录四 The creativity value of public space in digital era
（数字化时代公共空间的创意趣味价值）

· Creativity is about the production of something novel, or the "the birth of a genuine idea". It is concerned with the difference between"reproductive thinking" and "productive thinking". Creativity became absolutely relevant in recent years, following the transition from an industrial economy to a "post-industrial""information-based, knowledge-driven" economy. The rise of creative industries and related creative economy, constituted the basis for the formation of the creative class and other important social transformations. The creative economy is structured as a rentier system of intellectual property rights.

·The process of the industrialization has been carried out at the same pace as the booming of the so called digital revolution. Creative industries rise with and thanks to digital technologies, in such a symbiotic way that it is difficult to define a clear border between them. This synergetic bond of creativity and technology significantly contributed to economic, social and urban regeneration.

·Changes are not only happening in the physical structure of space, but rather they have much to deal with the way in which space is used and perceived. Areas that before were considered remote, became the core centres of new activities and social interaction. Furthermore, creative industries move out of cities to find the best environmental conditions were creativity can be farmed, giving shape to a completely new form of space.

In the summer of 2016, a remote and picturesque area of north Italy, not far from Milan (about 100 kilometres), Switzerland (about 100 kilometres) and Venice (about 200 kilometres), became the centre of attention of the international media and it has been able to attract about 1.5 million people in only 16 days (from June 18 to July 3 2016). A temporary land art installation designed and financed by the worldwide famous artist Christo was the reason of all of this. The work named Floating Piers consisted of "100,000 squared meters of shimmering yellow fabric, carried by a modular floating dock system of 220,000 high-density polyethylene cubes [undulating] with the movement of waves as the Floating Piers rise just above the surface of the water".The Floating Piers, 16 meters wide, temporarily hinged two island to the inland coast of the lake through a 3-kilometre-long walkway extending across the water. The fabric continued along 2.5 kilometres of pedestrian streets inside the small villages located on the coasts. "The Floating Piers was first conceived by Christo and Jeanne-Claude together in 1970". The cost of the work was about 15 million Euro, "funded by the artist through the sale of drawings and preliminary sketches" (Figure 1,2) [1].

Figure1 The Floating Piers by Christo and Jeanne-Claude, Lago d'Iseo, Italy

Figure2 The Floating Piers by Christo and Jeanne-Claude, Lago d'Iseo, Italy

With peaks of almost 100,000 visitors a day, Floating Piers has been a great success and was able to provide jobs for 600 persons directly involved in the development and construction of the installation. The work determined a great rise on the income of several categories of people, who were not involved in the realization of the project, but who were providing services to visitors and tourists. "The Floating Piers [was] free and open to the public, weather permitting. There [were] no tickets and no reservations needed".

Among all these different aspects Christo's work was important for one main reason: it was a creative public space. A space conceived by an artist, providing an extraordinary and unique experience, building an open public space for several activities and opportunity for people to interact and, finally tightly related to the natural and historical surrounding.

The process of transformation of our environment by the use of creativity regards many different people and professional categories who, whether directly or indirectly, temporarily or permanently, are part of the process or are establishing a relationship with the final product of this transformation.

This process regards primarily the production of a new typology of spaces, which greatly varies in terms of form, extension, hosted functions, but all having a similar nature: being at the same time creative and public. Here the focus is on how creativity leads to the transformation of the physical environment within the production of specific public spaces.

Section 1 What we talk about, when we talk about creativity

1.Origins, development and recent boom

The word creativity has its roots in ancient Rome, in the Latin term creō "to create, make". However we can trace its contemporary meaning starting from the Enlightenment, a European movement marked by an emphasis regarding the human action, individual liberty and freedom of expression. We can record a relevant progress if we take a closer look at the definition of creativity and creative processes, starting from the beginning of the XX Century. Thanks to psychologists such as Wertheimer and Wallas. Max Wertheimer condensed his life theories on creativity in his last book, Productive Thinking (1945), in which he argued that creativity plays a relevant role in the distinction between "reproductive thinking" and "productive thinking". He asserted that "productive thinking" involves "the transition from a blind attitude to understanding in a productive process". In his words this process is also linked to "the birth of a genuine idea". Graham Wallas in his work Art of Thought (1926), conceptualized the logical process of creative insights in five phases: ① preparation; ② incubation; ③ intimation; ④ illumination; ⑤ verification.

The period in which these theories appears, has been also really significant in the conceiving and spreading of new forms of abstract art, as underlined by various scholars, such as Heider, who liked Wertheimer's investigation of "unit-forming factors" to Pablo Picasso's gestating procedures[2]. This link is particularly important to understand the core difference between the work of abstract painters such as Picasso and the Figureurative ones. In fact, as Plato affirmed concerning the painters of his time, who were merely Figureurative, Figureurative art is not related to creating, rather just imitating [3]. On the contrary the conceiving process undertaken by abstract art, it is able to produce not just an imitation of reality, but a radically different panorama.

Historian seems to agree on dating the emerge of "art", as we interpret it today, to the Renaissance period, a time in which kingdoms and republics were competing in trying to attract the best artists. A good examples to illustrate this phenomenon could be the Figureof Lorenzo de' Medici, ruler of the Florentine Republic during the XVI century, who was known as Lorenzo the Magnificent (Lorenzo il Magnifico) for playing an important role in the Italian Renaissance, cultivating noble virtues and ideals and supporting humanist scholars and artists. In fact, Lorenzo de' Medici greatly contributed to contemporary art, sponsoring the best artists of his time such as Botticelli and Michelangelo. At that time a lay market for creative works relevantly increased, allowing artists to step back from clients demands, therefore being able to give space to an "autonomous creativity".[4]An other important turning point in engendering artistic freedom or autonomy, has been a particular time in the European cultural history, an era known as Enlightenment. Finally, the industrial revolution and the consequent fast growth of European cities, brought new media and means of distribution which allowed the formation of an "art industry". From that time on the artistic production has been oriented to meet the demand of the general public, and therefore producing even specific genres of art (eg. pop music).

While the Western understanding of creative arts is often regarded as foundational, a wider historical scan reveals otherwise. In ancient China, a work of art was both an object of admiration and a means of delivering philosophical ideas…Creative arts were central to court life but were also a dynamic part of social life. China was among many non-European territories to have prosperous cultural markets in which art was traded for popular as well as elite consumption.[5]

In recent years, the word "creative", has been one of the most used words. It is so all-pervasive that we can find it apply to many disparate fields: from art, architecture or fashion design, to cuisine, education and medicine. It is so fashionable that it currently appears on about 3.5% of New York Times articles(Figure 3). Moreover the terms is so widespread, that it risks to loose its value and power[6]. Beyond his great popularity, this concept is effecting our daily life, at many different levels. Understanding its potential and its limits is nowadays absolutely relevant.

The focus on creativity was primarily related to the process of finding a solution to a question, or "problem solving"[7]. In recent years the focus seems to have moved from problem solving to the economic value of such capacity[8]. The concept of creativity has been scientifically defined by several authors in the last decades, sometime diverging radically on their specific definitions. However, some general commonalities can be found: creativity is the process of production of something novel and useful. This usability has also to deal with the fact that this novel output has a monetary value.

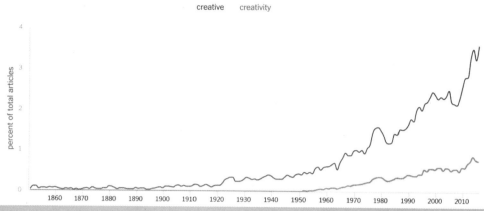

creative　　creativity

Figure3 "Creative" and "creativity" frequency usage in New York Times news coverage throughout its history

A big shift in the role played by creativity can be record starting from the 1980s, having one of its centre of implementation in Britain, where for some scholars it started to became evident that industrial forms of production were dominating cultural consumption[12]. As stated by Geoff Mulgan and Ken Worpole in 1986, the expression "cultural industries" was absolutely proper, indicating that the cultural production was actually an industrial one, thanks to the transformation of the ideological superstructure into an economical asset[9].

A process that began with the deindustrialization of cities, and the export of their functions and jobs to third world countries. Culture was then summoned up to repurpose those places and their people as contributors to cultural consumption. This started with the invention of the Heritage Industry, and reached its apotheosis with the conversion of an abandoned power station into one of the most visited tourist attractions in the world. The formerly oppositional art of the avant-garde was transmogrified into the fictitious capital that drives the international art market...It was an act of cultural capitalism on a grand scale.[10]

2.From culture to economy and from economy to society

Referring to Bourdieu, we can assert that creativity – in its nowadays more common meaning – is the transformation of a symbolic capital, in this case a cultural capital, into an economic one（Figure 4,5）. According to Robert Hewison this transaction can be traced back starting from the collapse of Soviet Union and the consequent imposition of an all-pervasive and all-encompassing neoliberalism[10].

The operator of the market were able to penetrate and privatize so many areas of what had once been considered the public realm because neoliberalism was not just an economic theory. It was an ideology, a system of ideas that achieved cultural change through its appeal to a powerful and specific set of values. They can be encapsulated as individual freedom, creativity, and hedonism. Individuals should be free from the constraints of the collectivism encouraged by the previous social democratic consensus, and must be allowed to maximize their profits in the market, retaining as much of their income as possible for their own benefit. They would be able to do this by being able to exercise their own individual entrepreneurial creativity and skills, while the market produced the optimum conditions in which creativity could flourish...The very identity of individuals becomes a commodity, where the culture of consumption defines them by what they consume..."Creative workers", especially, are persuaded that they are free because the transformative nature of their work – making the "new" — appears to give them personal autonomy（Figure 6）.[10]

Hewison's Cultural Capital analyses how Britain, starting from the 1990s was able to make culture the tool of social and economic regeneration: "Treating culture as a business not only encouraged an undiscriminating populism, it also played into the Thatcherite idea of an enterprise culture that used the arts and heritage as a catalyst for urban regeneration by stimulating domestic and international tourism."[10]

On the peak of this golden period for creative Britain, back in 1998, the British government included into the definition of creative industries 14 sectors of economy: advertising, architecture, art, craft, design, fashion, film, music, performing arts, publishing, leisure software, toys, TV, radio and video games. This definition became a global standard and it has been adopted, even with some modification (eg. Chinese list includes trade shows), by almost every country[11].

The rise of this specific sector of production did not go it alone. The rise of the Creative Economy has altered not only the economic patterns, but also the composition of the society. In fact Creative Industries constitute one of the most visible effects of the shift from a manufacturing to a "post-industrial" economy (Creative Economy) and contributed to the formation of a specific arrangement of individuals in society, known as Creative Class. As Richard Florida stated in his most popular book, "the rise of the Creative Economy has had a profound effect on the sorting of people into social groups or classes, changing the composition of existing ones and creating new ones"[12]. The ongoing economical crisis that started in 1973 with the oil one, are causing, in a Marxist perspective, the redefinition of the social composition with the born and the disappearing of new and old social classes. Many of the workers of the creative industries did not recognized themselves as a part of a coherent class for quite a long time. Some of them are still reluctant in doing this. But it is amply clear that the rise, in the last decades, of knowledge workers who can be sorted in a coherent group, is a common aspect of many developed areas of the world. Florida defined the Creative Class as made of two components. The "Super-Creative Core of the Creative Class ...producing new forms of design that are readily transferable and widely useful...Beyond this core group, the Creative Class also includes 'creative professionals'who work in a wide range of knowledge-intensive industries, such as high-tech, financial services, the legal and health care professions, and business management"[12].

Figure4 Tate Modern's predecessor: Bankside

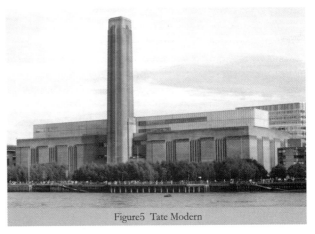

Figure5 Tate Modern

Figure6 Cool Britannia at Piccadilly Circus

The Creative Economy is characterized by specific aspects, such as the uncertainty of the demand, the caring of the creative workers for their product, the requirement of diverse skills, differentiated products, differentiated vertical skills, time coordination and durability of products[13]. On the other side, uncertainty is also one of the main characters of the Creative Class, along with individuality, meritocracy, diversity and openness[14].

The Creative Class plays an extremely relevant role in the composition of the most economically advanced societies, both in term of cultural and economic production. Taking the States as an example, "as of 2010, the Creative Class included some more than 41 million Americans, roughly one-third of the entire US workforce... Taken as a whole, the Creative Class packs an even larger economic punch, accounting for roughly half of all US wages and salaries"[14].

3. At the foundation of Creative Economy: intellectual property rights

Recently one of the most famous rock bands of all times, Led Zeppelin, has been accused of lifting a significant part of Stairway to Heaven, one of their most celebrated hits, from a 1967 track by the band Spirit.[14] "The plaintiff is reportedly seeking royalties and other compensation of around $40m (£28m). According to Bloomberg Businessweek, Stairway To Heaven had earned $562m (£334m) as of 2008".[15] Creative production, although not entirely, qualify as intellectual property and therefore is protected by intellectual property rights. There are two main kinds of rights related to creativity: copyright and patent. The first protects any qualified author's work during author's lifetime and following 70 years. The second, when meeting specific requirements, must undergo a registration, and typically protects an invention for only 20 years.

Intellectual property depends much more on statute and regulation than does physical property. Indeed, it exists only insofar as the government passes a law to say so. No law, no property. We need laws to define the kinds of ideas and works that qualify as property, spell out the owner's rights, set the terms and enable courts to punish offenders. It is a peculiar attribute of rights that they are mainly negative, they stop somebody from doing something. Copyright prevents others from copying and patent prevents others from making.[15]

Copyright started to be protected in Europe from the XIV century, when the British Parliament passed the world's first Copyright Act in 1710（Figure 7）. This law only protected books, the first British copyright law on design dates back to 1787, about one hundred years before the extension of copyright to art. Anyhow, with the internationalization of exchanges, the internationalization of copyright law became necessary to protect the intellectual work outside of the national borders. Unfortunately this is still an issue and many countries did not respect copyright for quite a long time (eg. USA only protected books produced in America till 1989, allowing its publishers not to pay royalties when copying a foreign book). Still nowadays many countries are not fully respecting the two principal international treatments on copyright, which are the Buenos Aires Convention and the Berne Convention for the Protection of Literary and Artistic Works.

The PRC is protecting copyright since 1979 and two years later, it became a member of the World Intellectual Property Organization (WIPO). Despite the international agreements in PRC copyright infringements are still really common, being copyright violation of music in PRC one of the highest in the world. In fact, piracy is concerning particularly digital contents that are easily accessible, such as music ones.

China is a market with huge potential for the music industry. Yet it has suffered from an estimated 99 per cent digital piracy rate in recent years, meaning the legitimate market has operated at only a fraction of its true potential.

China has nearly twice as many internet users as the US, but digital music revenues per-user are currently about 1 percent of that of the US. More than 70 percent of music sales in China are digital, but the market has

230

achieved a tiny fraction of its potential. In 2010, China's overall music sales were worth only US$67 million, making it a smaller market than Ireland.[16]

Figure7 The Statute of Anne, also known as the Copyright Act

However music is not the only one field affected by copyright violations: in central areas of Chinese megalopolis entire shopping malls selling fakes are still tolerated. In fact many of this fakes markets such as XiuShui Silk Street Market in Beijing, Hongqiao Pearl Market in Shanghai and Luohu Commerical City in Shenzhen, are currently selling high quality fakes of prestige brands. Likewise an entire suburban area of Shenzhen – formerly a village, nowadays an urban village – is focusing on the production of replicas of art masterpieces, primarily oil paintings. This is the case of Dafen Village, which is stated to produce 60% of the world's oil paintings (Figure 8).

Although the International Federation of the Phonographic Industry (IFPI) is activly Figurehting for copyright, on the other side several groups are advocating changes to copyright or, even its abolition. These groups are in favour of digital freedom and freedom of information and they are often tight by a marxist approach, considering copyrights and patents a peculiar aspect of rentier capitalist society.

Figure8 copies of Van Gogh in Dafen Village, Shenzhen

One of the theoretical milestone of anti-copyright groups is the The dotCommunist Manifesto, written by Ebel Moglen and published in 2013. Its author proposes:

1. Abolition of all forms of private property in ideas.

2. Withdrawal of all exclusive licenses, privileges and rights to use of electromagnetic spectrum. Nullification of all conveyances of permanent title to electromagnetic frequencies.

3. Development of electromagnetic spectrum infrastructure that implements every person's equal right to communicate.

4. Common social development of computer programs and all other forms of software, including genetic information, as public goods.

5. Full respect for freedom of speech, including all forms of technical speech.

6. Protection for the integrity of creative works.

7. Free and equal access to all publicly-produced information and all educational material used in all branches of the public education system[17].

Moglen claims that digital technology can transform the bourgeois economy. By turning the intellectual creation of individual people into common property, he exhorts "to wrest from the bourgeoisie ...the shared patrimony of humankind [and] the resumption of the cultural inheritance stolen from us under the guise of 'intellectual property', as well as the medium of electromagnetic transportation. [anti-copyright supporters are] committed to the struggle for free speech, free knowledge, and free technology". [17]

Section 2 Creativity and the digital revolution

In December 1952, for 4 days, London was affected by a severe air pollution, causing a great number of fatalities, which recent estimate consider to be about 12,000 over a population of 8 million people[18]. The so called "Great Smog" was produced by a combined series of sources in particular atmospheric conditions （Figure 9）. The coal, main source of energy at that time, was burned by the local population to keep warm during a harsh winter. Furthermore several coal-fired power stations, such as the Bankside, contributed greatly to the pollution. Visibility reduced sharply to a meter during daytime, causing the halt of surface modes of transport (including ambulance service). Every outdoor activity was difficult or impossible. Smog even flowed indoor. The Great Smog is still nowadays considered to be the worst air-pollution event in the

Figure9 The Great Smog of 1952, London

whole UK's history. The magnitude and the significance of the event produces a large concern among the local population and were the main reason of the Clear Air Act of 1956.

Four decades later, in the spring of 1994, the Tate Gallery made an official project of the renewal of the former Bankside power station, which would be the home for the new Tate Modern. Reconversion works started in 1995 and were completed 5 years later. "The conversion of an abandoned power station into one of the most visited tourist attractions in the world", was the apotheosis of "a process that began with the deindustrialization of cities, and the export of their functions and jobs to third world countries"[18].

1. De-industrialization and digital revolution

Following the fast growth many European countries have experienced after the second World War, a de-industrialization process greatly involved most of them, due to several reasons (Figure 10). Primarily the first signals of a period of economic crisis inaugurated by the collapse of oil price in the 1970s. Secondly the general rise of average salaries and family incomes. Thirdly a saturation of the market. In this panorama, fast global connections made the transfer of the production from the advanced economies towards the developing ones possible and convenient. Particularly towards China, which, at the end of the 1970s, decided to start its opening up to the market economy. In Europe the process of de-industrialization brought a series of consequences both to the structure of the society and to the territory. A great portion of the working force needed to be reallocated and an enormous build heritage had to be demolished or filled in with new functions (Figure 11).

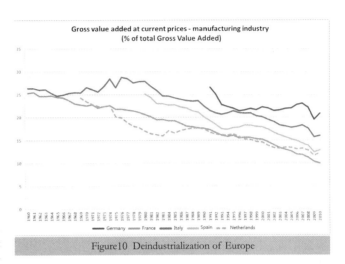

Figure10 Deindustrialization of Europe

Figure11 Lingotto (former FIAT factory) in Renzo Piano's renovation project, Turin, Italy

The transfer of the production radically transformed entire regions of Europe, such as the Ruhr in Germany or, later on, big industrial cities as Manchester in the UK and Turin in Italy. Secondary effects of such global transformation, began to be visible also in remote locations somehow connected to the European industrialization. This is the case of Weston-super-Mare, a small seaside resort town in Somerset (England), which was a popular holiday location among the working-class during the XX century. De-industrialization caused also many other consequences, mainly regarding the fast growth of unemployment rate and connected social issues.

In attempting to solve the problems caused by the de-industrialization, starting from the 1980s, European governments invested in the new possibilities given by the new technologies and the monetarization of the great cultural capital inherited from the recent past.

As already described in this book, the end of the last century registered a radical modification, firstly involving the advanced nations, which shifted to "information-based, knowledge-driven economies"[18]. An "information bomb"[19] blew up and the echo of its detonation is still possible to hear nowadays. Someone proclaimed "the end of history"[20] forecasting liberal democracy as final form of government for all nations. Other scholars focuses on the social impacts of the new global conFigureurations and the becoming "liquid" of many aspects of our lives. Finally someone else found that the new global revolution involved the understanding of "architecture as inhabited infrastructure"[21].

In this panorama, the rise of the creative industries and their becoming one of the most relevant economic assets of advanced nations was possible both due to the new technologies and the fresh availability of space and working force freed by the de-industrialization process. In fact, the contemporary rise of creativity and the spread of the information computerization are not just merely coincident. To some extent, it can be affirmed that digital technologies were the means of creativity growth and diffusion. Also it appears evident that digital technologies speed up a process that was already under way. A process that has much to deal with the transfer of the industrial production from the more economically developed countries to the developing ones and with dramatic changes in modes of production.

2. Creative industries and digital technologies: an unclear border

Thirteen areas of activity that had not previously been treated as connected were roped together: advertising, architecture, the art and antiques market, crafts, design, designer fashion, film and video, interactive leisure software (meaning videogames), music, the performing arts, publishing, software and computer services, and television and radio (but not newspapers)...the inclusion of all activities connected to the software had the advantage of making the creative industries appear much bigger...When the decision was taken in 2010 to exclude business and domestic software design and computer consultancy from the DCMS's annual economic estimate for the creative industries, there was a significant downward revision of the Figureures for employment and the Gross Valued Added (GVA) of the sector of a whole. [In 1998 creative industries] accounted for the 4 percent of Gross Domestic Product...Although the industries involved certainly made a significant economic contribution, the notion that they constituted a coherent group was a chimera... From a peak of 7.8 percent in 2001, the annual Gross Value Added Figurefell back, and, after the exclusion of software from the calculation, it fell even further, to 2.89 percent by 2009.[21]

Including software and computer services in the definition of creativity was relevant in terms of economic contribution, but probably also the result of a misinterpretation of the role that digital technologies played in the growth and development of creative industries. The emerging of information economy as a concept, took place before the rise of creative industries. Same for the idea of a post-industrial society based on knowledge production and consumption, popularized by Daniel Bell back in 1973 with the name of information society. This change of paradigm in society brought by the internet was later on described by Manuel Castells with the concept of network society (1996) or by Charles Leadbeather using the formula knowledge society (1999),But if Leadbeather sees the growth of creative industries as interconnected with the information economy. John Howkins helps us to distinguish the two concepts: the information society is "characterised by people spending most of their time and making most of their money by handling informations, usually by means of technology", while the creative society also requires "to be active, clever, and persistent in challenging this information"[22]. Still it is difficult to set a clear dividing line between the two concepts, as well as it is clear that the expansion of digital literacy was the base of creative productivity, allowing innovation in networked societies[23].

In practice, the proliferation of digital technologies and the phenomena of media convergence had made it difficult to make sharp distinctions between the categories of creative industries and the information economy. For instance, a critical element of making information more useful involves the design of the digital sources from which it is being accessed. This is the "creative" side of developing both information devices and user interfaces, where a company such as Apple under Steve Job's leadership retained its ascendancy through the design qualities of its products, even as other comparable products were made available to consumers and businesses at lower prices（Figure 12）[23].

3. Post-industrial economic, social and urban revitalization

The digital revolution occurred in a particular period of time, strongly marked by the end of the Cold War. The case of Britain is a good example to demonstrate how, in Europe, culture would not be

| 1998 | 2000 | 2002 | 2004 | 2005 | 2007 | 2009 | 今天 |

Figure12 The evolution of iMac under Steve Job

used anymore as a direct political and ideological mean, becoming the rough material of an industry which produce commodities. In fact, the collaps of the Berlin Wall was made possible with the political use of culture, like the concerts of Western artists close to the Wall (see David Bowie in 1987 and Bruce Springsteen in 1988), as well as the broadcasting of Radio Free Europe. After the Cold War was over, culture became a powerful means which could be used in a different ways. At the same time, thatcherism did not anymore have a conterpart. Consequently a new cultural capitalism was free to grow, privatizing a "shared wealth, absorbing it into the circulation of commodities, and putting it into commercial use"[23]. An existing cultural capital built by long term public policies and with public money could be the source of a new economic dividend through the use of new digital technologies.

In this perspective "creativity" can be seen as culture refined by digital technologies in order to be spoiled by the economical logics of industrial production. In other words, culture has been transformed into goods that could be commercialized by means of the new technology. Following this great shift that took place in the Western World, in a short period of time, creative industries flourished, producing a relevant economic growth. Somehow, in the creative industries, the two concepts of creativity and digital revolution are merged. In fact, in Hartleys definition of the creative industries, the emphasis is on the role of the new media technologies (ICTs)[22].

Mobile devices and platforms such as the iPod, iPhone (smartphone), iPad (tablet) and iTunes have dramatically transformed the music industry by changing how music is made, distributed and consumed, indicating that technologies can radically reshape media industries...But do the devices and associated technologies, from hardware such as servers to software code and protocols, cause or determine these changes? What is the relationship between ICTs and the changes associated with the creative industries? Part of the problem here is that the neoclassical model of economics considers technology as something that can be assumed in the background of analysis...However, key economic theorist following Joseph Schumpeter (1942) have questioned the failure of neo-classical economic theory to account for the centrality of technology to modern economic growth and change.[23]

Furthermore, technologies can not directly determine economic and social development. As well they must be considered as an integrated support material for economy and society. According to actor-netwok theory (ACT), technology and society are mutually constitutive[23]. Future developments depends on how we "combine human creativity with our machines...The creative industries may well be the economic sector in which we are discovering and learning these innovative responses to profound and sweeping technological change"[23].

If one side – to look to the phenomenon from a Leninist perspective – transferring the production to other continents, and getting incomes derived from patents, copyrights and brands transformed the European into a rentier society. On the other side this changes allowed the generation to develop new subcultural forms and the rise of new spaces for culture. Good examples to illustrate these new subcultures are Britpop and hipster. Britpop originates in UK as an answer to Seattle's grunge sound. British bands such as Oasis, Blur（Figure 13） and Suede became suddenly popular and had a worldwide success during the 1990s. Differently, the hipster subcultural phenomenon which had its roots in the American jazz scene, and it started to be particularly fashionable in the late 2000s（Figure 14）. The hipster subculture is of

Figure13 Britpop band BLUR

Figure14 Dali Art Factory, particular of the pavement contains the hippy culture style

particular interest from the point of view of creativity. In fact it is partially overlapping with the so called creative class. But the two categories are different in terms of type and size. On one side, the hipsters, which were early defined "bohemians" (The New York Times) or "arty East Village types" (Time Out New York), appeared to be a coherent group following the publication of Robert Lanham's best-seller (The Hipster Handbook) in 2003, and they can be regarded as a subculture, which is mainly composed of young persons, with medium class backgrounds, often resident in gentrifying neighbourhoods. On the other side, the creative class, as defined by Richard Florida, is a much larger group including in itself a smaller group which Florida named bohemian[24]. The creative class, as described by Richard Florida, constitutes the greatest new social group, which emerged in the post-industrial societies. This group produces a relevant part of most advanced countries' GDP and it is a really active one, not only in economic terms, but also at the scale of the society, particularly in cities.

In a creative city…people are not only opened to new ideas, they actively seek them out. The population continually switch between making their own work and experiencing the works of others, between selling and buying. They are creative both in their business as ideas people and as buyers, audiences, consumers and users of other people's ideas, whose interests can be just as eccentric and weird as any creator. It is not an either/or situation. Creative people think creatively whether giving or receiving.[24]

Figure15 Zollverein Coal Mine Industrial Complex in Essen, Ruhr Region

Suddenly, as a direct consequence of the shift from industrial production to the new informationbased economy, the whole Europe found itself full of a built industrial heritage, which was not any more useful to its original purpose. Entire districts, cities or even regions had to be re-invented. An exemplary case is the Ruhr in Germany (Figure 15), which has been one of the core regions of German industrial development and the centre of the fast economic growth (9% a year) of the 1950 and 1960s. Due to many factors, among the most important is probably the oil crisis of 1973 and the increasing cost of coal extraction, the heavy production of the region could no longer compete with low-cost suppliers. An astonishing number of industrial buildings, a giant infrastructure was left on the territory, as a sort of built legacy of the industrial past. The same process happened in many areas of Europe and more recently also in China, where the production is progressively moving far away from the city centres and freeing entire former industrial areas. The reconversion of this areas meet the growing demands of spaces for creative and cultural activities. At the same time artists, designers, architects and planners found cheap solutions to reconvert the old buildings into containers for the new functions. The Ruhr in Germany, the Tate Modern in London, 798 in Beijing, M50 in Shanghai, Dali Art Factory, OCT-Loft and iD-Town in Shenzhen, are part of the same process of urban regeneration based on the new creative economy. The scale can be very different, from vast regions to single buildings, as well as the number of subjects involved in the process that has been undertaken. In some cases, like the one of the Tate Modern, the transformation has been fully controlled, in others, like in OCT-Loft, the creative new occupants of the space are free to modify it in many of its parts, particularly talking regarding the interiors, a work-in-progress, contributing greatly to the vitality and ferment of the area.

In post-industrial Europe, culture became the core of social, cultural and economical regeneration. But this process of revitalization has much to deal with policies and space. A great impulse to the urban regeneration was given by the a European programme conceived in 1983 by the Greek Minister of Culture at that time, Melina Mercouri. The first city to be the title-holder was Athens in 1983. The program, which is still active, gave a great impulse to the urban regeneration of European cities, particularly talking if we look at the former industrial ones. Cities such as Glasgow, Cork, Essen (representing the Ruhr) were the objects of big public investments, that speed up their transformation from former industrial cities to contemporary hubs of creativity.

Section 3 Creativity and space

In a low urbanized area of Shenzhen, not far from the densely populated Luohu district (first urbanized core of the city), and really close to Dapeng resorts, there is a small valley, which has recently gained the world's attention (Figure 16). The valley is not reached by the noise and the dust of the city and it is surrounded by natural relief covered by vegetation. In the bottom part of the natural depression, an area of 8 hectare is occupied by the skeletons of a former printing and dyeing factory, that to some extent could remind the views of Rome by Giovanni Battista Piranesi. Indeed it is the idea of the ruin that

gives the place its strong contemporary character and which makes it so attractive to the new creative class. The classic ruins portrayed by Piranesi, are here replaced by modern ones. In a decade of inactivity and abandonment the flourishing sub-tropical vegetation of Guangdong invaded the old industrial buildings erected in 1989. A plan of regeneration of the whole area is currently under implementation and it aims to give home to an art district, exhibition spaces, accommodation facilities, administrative spaces (Figure 17). "The entire master plan will see the realization of 18 buildings over a period of 20 years"[25]. The area, renamed "iD-Town", started to host activities and events since 2014 and it is an ongoing process. The first projects to be constructed were the youth hostel and the Z Gallery, both designed by O-Office. As the architects stated, "design starts from this special on-site ruining atmosphere in the nature"[26]. Like the vegetation, the new constructions established a particular relationship with the built surroundings which can be defined saprobiontic. In fact, the new structures are not just like a parasite, they grow on the decomposed elements of previous artefacts. A sort of architectonic

Figure16 Creative atmosphere of iD-Town, Shenzhen

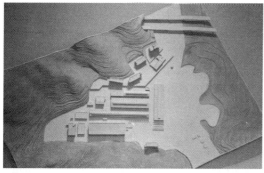

Figure17 Space Planning of iD-Town, Shenzhen

pagurus finding home in abandoned shells. The peculiar atmosphere of this space is not only given by the romantic idea of the ruins, but is also strongly influenced by the absence of cars and idyllic surroundings. The case of iD-Town is particularly interesting due to another reason: everyone who has access to the internet can easily find many images of the new creative district and its location. Much easier than really getting there.

1. A new America

A giant revolution has been happening thanks to the "discovery" of America. As Carl Schmitt stated in his Land and Sea, spatial revolution is in tight connection with the fundamental forces of history, which convey "new lands and new seas into the visual field of human awareness...Actually, all important changes in history more often than not imply a new perception of space." [27]. The astonishing revolution made possible by the new digital technologies, brought to the world panorama new spaces. What has been radically changing thanks to the new technologies is the dynamic throughout which spaces are "discovered". The digital revolution brought the possibility of making "hidden" spaces visible and accessible to many people.

In the beginning of the 1970s, a milestone in the field of architecture has been published in Cambridge, Massachusetts, USA. Robert Venturi, Denise Scott Brown and Steven Izenour, authors of Learning from Las Vegas, theorized that in the contemporary American cities, image had a far greater importance than architecture, particularly regarding its communicative power. In fact, at that time, cars were becoming the first mean of transportation and the visual impact of sign on the side of the roads was crucial to attract drivers. After the changes brought by the digital revolution, the panorama seems to be nowadays different. In fact what has been changing is not just transportation modes (car is still remaining one of the most important means), but also the modes to attract consumers. Information is currently conveyed primary by mobile devices, which are also provided with global positioning systems potentially guiding the users to a predetermined location.

Therefore even the logics of getting informed about meeting places has been radically changed. Before the information age, meeting places had stable locations in the city. Every function would have its own space, although before Modernity these places would have been not separated in specific zones. Their fixed location – and often fixed time of the day or the year in which they were happening – was made convenient by the impossibility of communicating eventual changes in a fast manner. There were fixed times and locations for religious rituals, commercial activities and almost every other public event occurring in cities, towns and villages.

The informational revolution made it possible to let people know about an activity in a specific place in a really fast time. Suddenly fixed times and locations were not needed any more. Since then, what has been absolutely needed was a connection to the cellular network, making communications with relatives or friends possible. The science fiction visions of humans turned into cyborgs in a postbiological evolution and all of a sudden became plausible. But even if this vision seems to be still far away and extreme, to an other extent important modification in social behaviours became evident. Many relationships are currently mediated by electronic devices and it is nowadays possible meeting people just in a virtual space. Virtual reality merged with the real world in the augmented reality through games like Pokémon Go. All around the world, all of a sudden in July 2016, hordes of people suddenly started to spend a lot of time running through public spaces, catching virtual creatures with their mobile devices（Figure 18,19）. Some unknown small cities like Occoquan in Virginia (USA) were literally invaded by Pokémon Go players, since on the base of "a mixture of user input, historical markers and other data sets", the computers selected some areas of the town as locations for the virtual creatures to appear. In Occoquan, Pokémon Go players "huddle in front of the town hall, gather in circles on the boardwalk, cram onto the brick sidewalks and overflow into the street. They stare at their phones and flick their fingers across the screens in a zombielike rhythm that easily could be mistaken for a scene from a dystopian, tech-addled future". Looking at these phenomena its seems that human intelligence is often much more limited than the possibilities given by the new technologies. Beyond that, what interests us is how these changes bear upon space. On this regard, it appears immediately evident that some great change due to the new technologies and the shift in economy, cities are used in a different way than in their recent past. The core parts of urban areas were suddenly emptied by many of their original functions, while several new activities and events seem to take place randomly in the territory.

Remote areas of cities become potentially new centralities, although their physical presence is not any more indicated by visual communication. This phenomenon is happening at every level and for every function. Thus, many activities are not any more visible to bystanders. All of a sudden upper floors started to host commercial activities, such as restaurants or retail shops. Commercial activities would then invest more attracting clients using digital communications rather that visual advertisements on streets and public areas. A spontaneous selection of activities took place: most of activities having a store-front are the ones directed to a general public and to persons which do not have access to the online portals. Streets and, more generally, public spaces went throughout a radical transformation turning into much monotonous and anonymous places.

This ongoing transformati -on is much more visible in young cities like Shenzhen. The astonishing urbanization process which is turning the Pearl River Delta into the largest urbanized area of the world[28] has one of its cores in Shenzhen, a city which population has been growing in the last

Figure18 People playing Pokémon-Go at Occoquan

Figure19 Pokémon Go Mass Moron Stampede To Collect Rare Character In Taipei

three decades from few hundred thousand to about 15 million inhabitants. Except by a hundred preexisting villages, the city was almost totally built from scratch. In Shenzhen recent transformation of territorial settlements due to structural changes in social behaviours are much more visible than elsewhere. In this city there are all the different kind of activities that can be found everywhere else in the world. But in Shenzhen many of them are not located in the central public areas such as squares or commercial strips, neither they are advertised with billboards along roads. The urban area does not have only one clear and acknowledged centre and for the ones which do not have access to digital data the city appears inscrutable.

2. Creativity and public spaces

There is at least a double relationship between creativity and public spaces. First of all creativity can be used to build more interesting and attractive public spaces (Figure 20). In this regard, creativity has an important social role, building better conditions for citizens, fostering a sense of community and solidarity. In fact, it has been amply demonstrated that public space can be used "as a setting and tool to reinvent a culture of citizenship …with consequent improvements in civility, friendliness and quality of life"[29]. Public investments in public spaces are often leading to the melioration of citizens' quality of life in cities, and creativity plays a crucial role in the way public spaces are designed. There is nothing really new about this. Since millennia arts has been strongly involved in the construction and decoration of the public realm.

Figure20 Karaoke at Mauer Park, Prenzlauer Berg , Berlin

What is new, and particularly relevant to our investigation, is the opposite relationship between creativity and public space: how can public space be used to enhance creativity? Creative economy has currently an increasing and significant importance for many countries. Building the perfect conditions for creativity to blossom, can have decisive effects in economical terms. Many creative enterprises moved out of cities to find better environments, others, like Vitra, has been changing their original surroundings in order to nurture creativity.

Nevertheless, many artists, designers and creative workers are not employed in companies, being often self-employed running home based businesses, and giving shape to an informal hidden growing economy[30]. The surroundings of their working spaces are the surroundings of their homes. Thus, meliorating public spaces, can secured significant progress on two fronts: on one side the achievement of a better quality of life for urban inhabitants and the strengthening of a culture of citizenship;on the other hand the growth of the creative sector. To be competitive, cities need to reinvent themselves, we all know. Considering both the well-being of citizens and the potential economic growth could be a successful strategy. Though improving the quality of life of citizens by the transformation of public spaces is in the agenda of many cities. Creating the conditions for creativity to grow through the public realm is still not one of the cities priority policies. Furthermore it can appear very complicated to address this issue. Learning from the ongoing changes and current trends can inform us about how to approach the matter. It looks clear that new technologies made remote regions located outside urbanized areas more attractive not only for tourists, but also for creative workers. Cities have to urgently transform themselves to be able to stop the haemorrhaging, and continue to be home to creativity[31].

3. Far from the crowd: the role of perceptual factors

If cities are becoming cryptic, remote suburban and rural areas are changing into the core spatial assets of new activities. In a time – the one we are experiencing – in which most of the world population is living in cities, the competition among individuals for the best jobs, accommodations and services is sharply growing and becoming increasingly difficult and more selective. In order to be competitive, many urban workers, especially white collars, are always online, connected and available, not leaving any space for rest and leisure. Hence, urban inhabitants, worn out by stressful and frenetic lifestyle, are more and more searching for a better quality of life. Idyllic locations, thanks to the new possibilities given by the digital revolution are now much easier to reach and consequently more attractive. Several different cultural events and art exhibition started to be hosted in small towns or villages, which suddenly gained worldwide attention. Small villages in remote locations like Borgo Valsugana and Sarmede in Italy （Figure 21,22） or Hay-on-Wye in Wales are currently attracting a great number of people, offering new creative or cultural exhibitions and events. Recently, the same phenomenon can be registered in China, for instance in iD-Town and Dali Art Factory above mentioned. In such cases, cultural offer is often mixing up with the tourist one and with the possibility for visitors to get in touch with local traditions and to experience lifestyle. In addition, these locations are particularly interesting for the creative class. They find their perfect condition in which creativity can flourish.

Figure21 Hay Festival, Hay on Wye, UK

Sure enough, the attractiveness of a small idyllic landscape does not regard only the tourism. In recent years many creative industries have been settling down in former industrial districts which has been regenerated and which are now integrated with vegetation, urban furnitures and works of art which make the overall atmosphere more pleasant and the experience of the users much more interesting. Some other industries moved to more remote location. Finally, some of them were originally growing outside the dense urbanized areas (eg. Vitra Campus （Figure 23）). The first group has its origins with the beginning of the deindustrialization process. The second depended on single initiative and there are nowadays successful creative industries that were founded a long time ago. The third group is the most recent, and it can be actually considered the ultimate current trend as we will see later on in this chapter. All these cases have one important commonality: locations surrounded by nature are the perfect conditions for creativity as it starts to be evident from several current studies.

Figure22 Le Immagini della Fantasia, Sarmede, Italy

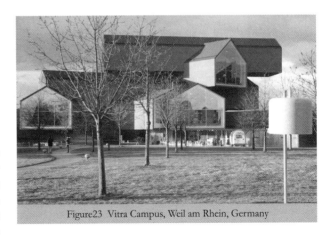

Figure23 Vitra Campus, Weil am Rhein, Germany

In the creative process, the role of perceptual factors was often disregarded, since the focus was frequently centred in the process itself and not in the environmental conditions The important role of the perceptual factors in problem solving was theorized in the first half of XX century by Gestalt psychologists,

241

such as Duncker, Köhler, Maier and Wertheimer.

Gestalt psychologists were the first to provide a phenomenological description of what happens when people face a problematical situation ...They identified two processes: reproductive thinking (consisting of a mechanical application of chains of associations which have already been learned and reinforced by experience and habits) and productive thinking (a process involving the creation of something new).[32]

Productive thinking is frequently in relationship with the modes in which a problem is perceived. Approaching problems from a different perspective can be a relevant method to find their solutions. Additionally, eliminating disturbances, can foster the ability to focus on specific questions. Furthermore there is an overwhelming scientific evidence correlating to natural environments and creative performances. Numerous researches asserts that creative thinking can be enhanced through immersion in natural settings[33] .Given that natural environments can be potential assets in problem solving, many creative industries are placing themselves in such conditions. The quietness of the rural areas is often judged to be one of the best backgrounds for creative reasoning and many creative enterprises are moving to remote areas, searching for the best conditions in which creativity can rise.

4. Farming creativity

Although this direct relationship between natural environment and creativity has been scientifically proved only in recent years, there seems to be a long-term awareness about it. In fact the campus (a word that comes from the Latin campus, "field") as a particular urban spatial settlement, have its origins in the field surrounding the College of New Jersey (now Princeton University), in the second half of the XVI century. This field was separating the university from the city providing quietness and the direct contact with natural amenities. The campus developed from the medieval European university cloister tradition, and it finally found its current meaning, which includes not only the green areas but also the buildings, during the XX century. The concept found a broader application during the XXI century, being applied not only to universities, but also to contemporary industrial compounds, particularly for those industries which has creativity as one of their most important assets. Well-known American examples are the Microsoft, Apple and Google campuses, but the model is adopted by several different kind of European industries, such as Vitra (furniture design), Benetton (fashion design), Ferrari (car manufacturer) and Novartis (pharmaceutical). Recently the planning principle took root in China, with several important examples such as in the Vanke Centre in Shenzhen or the Yunnan Baiyao Campus in Kunming.

The ideas of creating the perfect conditions for enhancing creativity as well to support the startup companies to establish and develop are not new. Assisting the establishment of new companies has its roots back in the 1950s with the opening of the Batavia Industrial Center in New York. The concept was firstly pioneered and improved in the USA, some years later it roots in UK and Europe; only recently in developing countries. However, since then, mostly the focus was on business management rather than in nurturing the creative process. Recently the phenomenon recorded an astonishing growth in the USA and in Europe, with thousand of different kinds of incubators for creative companies. Incubators has been the focus of the attention of international media starting from 2014, following the visit of USA President, Barack Obama, to the 1776 business incubator, and the one of the Prime Minister of Italy, Matteo Renzi, to H-Farm a private venture incubator for digital start-ups. The following research on H-Farm by Camilla Costa and Margherita Turvani finds that, within the activation of territorial planning, the physical and social environment in which the entrepreneurial activity takes place closely influences the generation of creative and innovative thinking.[34]

H-Farm is located in a remote area of the Venetian territory, in a place which has been always devoted to agriculture. Thanks to the new digital technologies, following the shift from industrial to informational industries, this new type of space is changing the relationship between the different parts of the territory, and it is completely new considering together its function, location and development. It is a laboratory of industrial, social and spatial innovation. Furthermore, this is the place where technological innovations are conceived, the same innovations that will later on affect our daily life and our relationship with the public realm. Understanding how H-Farm was founded and developed, learning how it is working is absolutely relevant to the potential future developments of urban public spaces.

Section 4 New industrial spaces as sustainable communities: the case of digital incubators [34]

1. A paradigm shift

The last decade has been marked by a debate on a "paradigm shift" of economic and territorial development, in transition toward a new economic and industrial system based on knowledge, "immateriality" and creativity. Against the background of an increased globalization and industrial restructuring and renewal, the links between innovation, creativity and economic practices have inspired a new vision of material and immaterial "industrial spaces". The hard and the soft assets and the nexus of relationships that are the constituents of a "place" gain the attention of scholars and policy makers because it is where the potentials of such paradigm shift can "materialize". Elusive and yet pervasive concepts, such as regional competitiveness, creative class, and human capital actualize in planning practices in order to give to communities of innovators, new entrepreneurs, and creative people a "place" to come up and stabilize.

The aggregation of creative human capital in urban communities rises as one of the key factors to enhance economic growth and urban vitality thanks to its capability of promoting and generating innovation. Such a trend reflects the increasing importance of knowledge in economic processes and it constitutes the key response to the crisis of the fordism logic of production and accumulation that assured the economic, social and urban development of the past. A well-established literature sees the urban context as the ideal environment to seed ideas, creativity, innovation and last, but not least, wellbeing in terms of the quality of life. The relationship between creative human capital and the processes of creating and sharing knowledge to pursue innovation has been extensively analyzed and its successful outcome has been connected to the urban condition, emphasizing the spatial dimensions of such processes (Porter, 2003; Panozzo, 2007; Potter and Miranda, 2009; Wolfe, 2009; Glaeser, 2011; Shearmur, 2012). Cities take the stage as the articulations of the knowledge economy and the concept of cities as the loci of knowledge capitalism, as the core nodes in the reticular organization of world economic geography, being the manifestations of the profound restructuring of the economy and society under the effect of globalization is now deep-rooted (Sassen, 1991; Amin, 1994; Storper, 1997; Castagnoli, 1998; Paddison, 2001; Amin and Thrift, 2002; Detragiache, 2003; Gibson, 2003; Berger, 2007). Numerous and varying are the studies on cities as the "places" where the influences of globalization materialize, and the evolution of economic and social dynamics of the contemporary society find tangible manifestation; according to this strand of studies, the new "paradigms" of globalization and knowledge economy upgrade cities as places for the localization of strategic functions (Clark, 2003; Chu, 2008). In the wake of their past, cities re-emerge as centres of attraction of financial flows, economic resources, skilled human capital, investments, and therefore, power; yet they are not just inserted into collaborative networks being, at the same time, in competition with each other, to acquire the necessary resources on the global market. The novelty lies in cities identified as new actors in the competitive struggle to gain the location of management functions and organizational prestige, which enable them to obtain greater visibility and more resources, and attract them steadily, in terms of investments, technologies, and qualified human capital (Lever, 1999; Camagni, 2000; Florida, 2002; Parkinson et al., 2003).

At the territorial level, it is crucial the role of those conditions that can support or, conversely, hinder the formation and the growth of those communities that are innovation-led, and, at the same time, support the process of innovation, affecting local development and wealth. In order to investigate the role of creative communities in giving a shape to new industrial spaces and the role of planning in building "places"

243

which fit such communities, "digital incubators", the settlements of digital start-ups, constitute a very interesting empirical field.

2. Creating spaces for creativity and innovation

（1）The creative force of the city

Among the resources that cities hold, creativity and innovation emerged as primary assets, since they are supporting competition and growth in the era of globalization (Porter, 1990; DTI, 1999; Ache, 2000; Miles and Paddison, 2005; Lavanga, 2006). In the need of restructuring and regeneration, agglomerations of creative forces have being increasingly acknowledged as one the key factors for urban development. The city itself provides a range of amenities and stimuli becoming the ideal cradle for the formation of creative communities, where skilled individuals and entrepreneurship combine (Stolarick et al., 2011), thus triggering innovation and a knowledge based growth. The virtuous circle between conditions that may help the formation and establishment of creative communities, and the actions to support creative communities in producing innovation will be the object of the analysis in the next paragraphs.

Creativity is prized as a source of competitive advantage, as a basic driver of attractiveness that leads to endogenous growth and highlights proactive strategies to maximize creative capital (Jeffcutt and Pratt, 2002). It is also identified as one of the crucial keys to enhance economic sustainable development specifically for metropolitan contexts, as it seems to perfectly embody the post-industrial paradigm (Markusen, 2006; Sacco and Blessi, 2005; Scott, 2006; Cooke and Schwartz, 2007; Santagata, 2007; Florida et al., 2008). Creativity has indeed been mobilized throughout the economy in a vast range of products, services and sectors, as a value-adding element.

In the same vein, creative capital is advocated as essential in the set of knowledge-based economic activities with a development dimension and crosscutting linkages at macro and micro levels to the overall economy (UNCTAD, 2010). By assessing intangibles as the most precious resource, creativity is conceived as the new dynamic factor in world trade as the one that ensures the highest growth potential (Howkins, 2002; Cunningham, 2006; Boschma and Fritsch, 2009).

Alongside the idea that creativity regains an economic role, not only as a growth booster but also as a strategic factor to improve well being and prosperity, both at individual and community level in an economic system (Bianchini and Parkinson, 1994; Hartley, 2005; Cooke and Lazzeretti, 2008; Henry, 2008), urban context is identified as the "milieu" that contains the necessary preconditions in terms of "hard" and "soft" infrastructures to generate a flow of ideas and inventions (Landry, 2000). Human capital is preponderantly empowered by the capacity of affecting social and economic changes, and promoting innovation thanks to the dynamic combination of those non-material and material factors necessary to the revitalization of economies (Atkinson and Easthope, 2009). An example of the weigh of human capital in the creation of the overall value of cities is reported in the Global Cities Index (Figure 24).

Essentially, this ranking endorses the relevance of two factors (business activity and human capital) as those most affecting cities' competitiveness and it considers as impacting factors also information exchange, cultural experience, and political engagement. In order to be successful in the global market, cities, in their post-industrial phase, must be innovative thus enlarging the meaning itself of innovation and innovators. Innovation is not merely the result of investments on R&D or the creation of research centers. Innovative capacity also relies on innovators which need the formation of a social environment able to promote knowledge production and circulation and on their talents that flourish in that environment. The awareness of the weight and the potential of creative capital has been captured and transformed in a global discourse by the diffusion of the notion of "creative class" (Florida, 2002). The creative class plays a strategic role in an economy increasingly driven by creativity and innovation, and metropolitan areas with creative people will be those that succeed under the new dynamics of local economic development.

The physical presence of creative actors establishes the urban degree of creativity and, consequently,

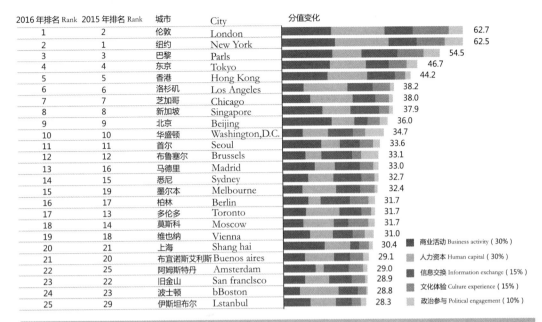

2016 年排名 Rank	2015 年排名 Rank	城市	City	分值变化	
1	2	伦敦	London		62.7
2	1	纽约	New York		62.5
3	3	巴黎	Parls		54.5
4	4	东京	Tokyo		46.7
5	5	香港	Hong Kong		44.2
6	6	洛杉矶	Los Angeles		38.2
7	7	芝加哥	Chicago		38.0
8	8	新加坡	Singapore		37.9
9	9	北京	Beijing		36.0
10	10	华盛顿	Washington,D.C.		34.7
11	11	首尔	Seoul		33.6
12	12	布鲁塞尔	Brussels		33.1
13	16	马德里	Madrid		33.0
14	15	悉尼	Sydney		32.7
15	19	墨尔本	Melbourne		32.4
16	17	柏林	Berlin		31.7
17	13	多伦多	Toronto		31.7
18	14	莫斯科	Moscow		31.7
19	18	维也纳	Vienna		31.0
20	21	上海	Shang hai		30.4
21	20	布宜诺斯艾利斯	Buenos aires		29.1
22	25	阿姆斯特丹	Amsterdam		29.0
23	22	旧金山	San franclsco		28.9
24	23	波士顿	bBoston		28.8
25	29	伊斯坦布尔	Lstanbul		28.3

商业活动 Business activity (30%)
人力资本 Human capital (30%)
信息交换 Information exchange (15%)
文化体验 Culture experience (15%)
政治参与 Political engagement (10%)

Figure24 A.T. Kearney Global Cities Index, 2016

cities are invited to become attractive poles for those people "who think differently and who apply longer-term and holistic perspectives to regional development" (Kunzmann, 2004). Creative potentialities are made up of strategic vision capability and aptitude for daring. Creative actors are "who are capable of negotiating borders and of abandoning secure lines and inherited truths. Creative actors are able to co-operate with others, are open to the experiences of different cultures, and understand the "enemy" at the far end of the table. Indeed, creative actors explicitly invite the opposition to participate in the development of a solution to a problem, in a way hitherto unknown to the participants" (Ache, 2000). Indeed, those that are identified as members of the creative class will be able to generate wealth, by fueling both economic and social progress, only if they can experience an atmosphere that meets their needs. At the micro level, the challenge for cities and business leaders and for urban planners thus becomes the one of providing the creative class with the proper environment to express their individual talent. The lifestyles and values of creative people and innovators should permeate the environment, creating "places" where these elements can impact on and lead the development of the creative communities and thus of cities. In order to nourish and cultivate skilled human resources, it is crucial to create ecologies able to support them: communities combining work, life and commercial activities. Establishing such social relationships is advocated as facilitating the convergence of business, technology, culture and human development. Close to cluster theory benefits and place-base advantages (agglomerative benefits, overtaking barriers to competition using internal linkages, tacit knowledge transfer, local economic development), creative communities serve as important bearers of shared cultural values. They assure the ideal cultural background that stimulates business integration, activates cooperation as well competition.

（2）The role of planning for a new urban entrepreneurialism

If cities are the central places of organization and leadership in the processes of growth and economic development, how can planning intervene in making creative communities prosper and produce innovation? The increased pace of change, the size of the landscape that is affected, the complexity of the dynamics, the plurality of actors and the decision-makers that are involved, all are the factors explaining metropolitan growth in the globalized market (Scott, 2001). Cities and city-regions, thanks to their attractive force, have revived as the places of innovation and as the laboratories where the new lifestyle have been tested and experienced (Friedmann and Wolff, 1982; King, 1990; Sassen, 2001; UNCHS, 2004).

Within such globalized post-industrial urban scenario, the role of territorial planning is undoubtedly crucial for the establishment of the frameworks and the practices that constitute a solid base for the city, facing the new pressures arising out the complexity of post-fordism (Bramley and Lambert, 2002; Verwijnen and Lehovuori, 2002; Healey, 2007; Sepe, 2010). Territorial planning can change, mold and determine urban spatial structure in a way that promotes urban competitiveness, and sustainable urban development, in broader terms (Chengri, 2004; Wu and Yu, 2005), giving rise to the unceasing production of knowledge, essential for the growth of the urban context. The new era is urging cities to hold sway over what happens beyond their own borders, influencing on and integrating with global markets, cultural and innovative movements. Much debate has been developed around the concept of urban entrepreneurialism as an approach to support innovation in cities (Scott, 2006). Cities are hubs for the dynamic processes of transformation and transition towards a knowledge economy thus favoring new forms of "urban entrepreneurialism", as successful pattern for territorial development paths. Entrepreneurship has emerged in urban contexts as an engine of economic growth and it has reinforced the idea that employment creation and competitiveness in the global market call for widespread entrepreneurial attitudes, from a variety of stakeholders (Jessop, 1997). For instance, the modes of urban intervention distinctly change: from exclusive public intervention, based on top-down "bureaucratic" principles, to entrepreneurial models, featuring private firms as partners of public regulators within networks of governances (Hall and Hubbard, 1998). Cities are called to show up their differential capacities to secure the conditions for economic dynamism (Storper, 1997), by generating effects that do not affect only economic space and activities but involve also social and environmental innovations (Jessop and Sum, 2000). In this vision, cities are defined as the new "national champions" in international competition, by becoming the agents in the struggle over the economic and the social regeneration needs, supporting the changes in the political basis for new forms of growth, granting new coalitions and new forms of social alliances. The city, in order to achieve a sustainable development, should be entrepreneurial by allowing (Jessop, 1997).

① The introduction of new types of urban place or space for living, working, producing, servicing, consuming, etc.

② New methods of space or place production to create location-specific advantages for producing goods/services or other urban activities (e.g. new physical, social, and cybernetic infrastructures, promoting agglomeration economies, technopoles, regulatory undercutting, re-skilling).

③ Opening new markets, whether by place-marketing specific cities in new areas and/or modifying the spatial division of consumption through enhancing the quality of life for residents, commuters, or visitors (e.g. culture, entertainment, spectacles, new cityscapes).

3. Planning for new industrial spaces

（1）The case of digital incubators

Creative capital and cities are talent magnets and urban planning is triggering the power of "place" (Flew, 2012), where creative people find the ambience they need, rich in amenity, vibrant and varied cultural "scene", and endowed with a range of experiences and opportunities to meet with a diverse range of people (Florida, 2002). New methods of space and place production are envisaged to create location-specific advantages for producing goods/services and other urban amenities capable of supporting the "amenable to serendipity" ambience (Currid, 2007). Planning assumes a new role actively contributing to the need of new organizational and spatial forms for the action of the creative talents: planning practice maintains the urban functions supporting creativity and vice versa. The attitude should be entrepreneurial in terms both of promoting territorial innovation and developing networks of proactive entrepreneurs.

Planning therefore should simultaneously activate two cycles:

① By intervening in the maintenance and extension of the urban function that are the basis for knowledge, creativity, and innovation, by opening to the contribution of creative people in the place-making process;

② In the opposite but complementary direction, by enhancing those conditions that address the promotion of creativity in the city and in the private and public organizations.

On other words, the role of planning can be enlarged to become the active generator of "New Industrial Spaces" (Storper and Scott, 1988) favoring both agglomerated production systems and new social regulation systems (Moulaert and Sekia, 2003). The table 1 summarizes the approach.

Table 1 Features of Innovation in New Industrial Space Model, (Moulaert and Sekia, 2003)

Features of innovation	New industrial spaces
Core of innovation dynamics	A result of R&D and its implementation;application of new production methods(JIT,etc.)
Role of institutions	Social regulation for the coordination of inter-firm transactions and the dynamics of entrepreneurial activity
Regional development	Interaction between social regulation and agglomerated production systems
Culture	Culture of networking and social interaction
Types of relations among agents	Inter-firm transactions
Type of relations with the environment	The dynamics of community formation and social reproduction

An empirical field to analyze the role of planning in promoting "place" creation is the one of digital incubators that are here studied as examples of New Industrial Spaces. Rationales supporting our decisions are the following:

① The evocative and interesting relationship between cities as ideal space to incubate creativity and incubators the mission of which is to nurture start-ups.

② The dual layer of entrepreneurship that characterizes them: on the one side the entrepreneurial initiative in itself to create an agglomeration to support other business ideas and accompany them to go-to-market and; on the other, the individual start-ups that are incubated.

Moreover, other conditions support the choice of digital incubators as case study:

① They are a core sector of the knowledge economy.

② They are rapidly and globally spreading, in just a decade.

③ Although their core business is based on immateriality, thus being an example of the digital economy rhetoric of dematerialization and absence of "place", in practice they are places where specific relationship systems and local growth dynamics emerge.

④ Their communitarian and territorial dimension is rather unknown being reduced to the economic and research impact they might have on the territory.

（2）H-Farm, a digital incubator in the Venice metropolitan area

In order to bridge the gap of the analysis of the relationship between creative human capital, innovation processes and the environment that nurture them, we focus on H-Farm, a specific case of digital incubator that show how the generation of creative and innovative thinking is influenced by the physical and social environment in which creative and entrepreneurial activity takes place. Thanks to the intense collaboration with the business partner Ca' Tron Real Estate Srl, the firm that manages H-Farm's properties, we had the chance of participating as academic experts in the process of business and territorial planning of H-Farm, the most important private incubator of digital startups in Italy. H-Farm is the case study to investigate the potentialities of planning in making a "place" a cradle for innovation and to show how it can be powerful in designing the physical and social environment in which creative and innovative entrepreneurial activities take place.

H-Farm, and its location, Tenuta Ca'Tron, is a case of concrete realization of a new form of entrepreneurial action that intervenes not only on the nature of businesses but also makes innovations in the forms of territorial settlement, therefore influencing entrepreneurial interaction with its environment. The past and the future development of Tenuta Ca' Tron invites to an analysis of the operational implications of social and ecological innovation as key factors for entrepreneurial creativity and competitiveness. Our case study offers the opportunity to look at how the strategic lines of the business model of H-Farm are defined, taking into account its entrepreneurial identity, the social context and the relationship with the territory in which it operates. H-Farm is located in the so-called Venice metropolitan area (OECD, 2010): one of the largest economies in Italy that includes 2.6 million inhabitants and accounted for 5% of the national value added in 2005. The city-region encompasses the Provinces of Venice, Padua, and Treviso. It is one of the most export-oriented manufacturing areas in the word: it accounts for 23% of all national exports and over 40% of Italian luxury goods sold abroad. Overall, it is evaluated as a successful OECD metropolitan region: high productivity rate, GDP percapita close to the average of OECD metropolitan regions, and low official unemployment rate (3.5% in 2008). However, although the strong tradition of entrepreneurship, especially of small and medium dimensions that characterized the regional development since the sixties, nowadays Venice metropolitan area scores low on innovation indicators: for instance, it was calculated a low share of the population of 25 years and older with a university degree (9.5%) and a low R&D expenditures (0.72% of GDP in 2003 vs. 1.97% EU average) (OECD, 2010).

There have been numerous attempts to boost innovation in the region: one among all, as it already happened in other European countries, the creation of incubators, reproduced in several forms and locations in the region (e.g. Padua and Venice). Many of these attempts have proved to be not effective, mainly because they are often led by a traditional top-down approach of planning these new industrial space as scientific parks, strongly linked to the local governments and universities. Distinctive is the case of H-Farm: it has taken benefits from the entrepreneurial vocation of the territory and managed to give its own contribution to innovation, by proving its abilities in multifaceted entrepreneurial spirit.

① The Human Farm for innovation and creativity.

H-Farm is the most important and celebrated private incubator of digital start-ups in Italy. It is a Venture Incubator and its mission is to support and accelerate the development of innovative projects in the web, digital and new media fields. One of the first peculiarities of H-Farm lies in its business model since H-Farm offers to start-ups, at the same time, two kinds of services: seed investment and incubation services. The result is a hybrid model that reflects a dual mission: the one of venture capitalist and the one of incubator. As a venture capitalist, H-Farm invests seed capital, granting the finance necessary for the early stage activities; as an incubator, it provides a series of services to speed up the business development. For instance, H-Farm offers centralized general administration, press office, human resources, legal and financial consultancy during all the stages of incubation. It means that, starting from the projects screening, H-Farm takes care of growth support, mentoring, strategies for a quick go-to-market, building strong business cases, exit toward a third investor, consolidation of the initiatives and network and visibility growth. Among all the services offered by H-Farm, there is one that makes H-Farm a unique company: the attention toward the supply of an inspiring workplace. This element profoundly marked the entrepreneurial project of Riccardo Donadon, the founder, since its birth in 2005, insomuch as it is incorporated in the project name. The H, indeed, stands for Human, and it was chosen for two reasons:

A.To underline H-Farm's mission of developing initiatives that have in common the simplification of the interface, from the graphical point of view hence experience in use (the main objective is to make the internet easier to use and more accessible to the public);

B.To emphasizes the "Human Concept" that is extended to the people who work for the project who can enjoy an environment conceived and developed to suit the expectations of skilled human resources.

H-Farm is present at international level with offices in four countries: Ca' Tron (Italy), Seattle (USA), London (UK) and Mumbai (India). The head quarter is located in Ca' Tron and this venue is the object of the research.

Having explained the "H" that composes the incubator's name, the location of the company in the countryside further adds to the meaning of "Farm". H-Farm HQ is placed in the so-called Tenuta Ca' Tron, one the biggest rural estate properties in Italy (it is about 1,200 hectares). The Tenuta is unique also because it is the biggest land in the Veneto Region that has not been fragmented in other properties since 15th century. The linkage with the agricultural environment is a component that characterizes all the history of H-Farm.The incubator set up in renovated rural houses and the future development projects, that will be described in the following paragraph, are inspired by the same philosophy: seeding and cultivating business ideas.

The map Figure25 shows Tenuta Ca' Tron (the lightened section) and the venue of H-Farm HQ (marked with its logo, which is actually a tractor).

At the regional level, H-Farm (red marker with letter A) is strategically located in Venice metropolitan area and, Figure26, it is just 13 km far from Venice Airport (Tessera), and it is connected to the most important regional and provincial road infrastructures, a close to key nodal cities Venice, Padua and Treviso (Figure 27).

② A vision for development.

H-Farm has a long-standing fame of a unique innovation environment (Figure 28,29,30). In the first 5 years of its life, H-Farm invested about € 9 million of private capital in the development of new business activities. In its business life, it also closed some transactions with IRR consistently above 100%, with counterparties of global relevance. An outstanding example is H-Art, web agency founded with a seed investment of € 100.000 that was sold for € 5 million to the WPP Group, a global leader in the advertising market. In 2011, it was a reference point for the Internet sector in Italy, with an expected turnover of about € 10 million. Other excellent exits are: Shicon Srl, established in February 2009, a creative online platform that allows users to compete in the design of original graphics for clothing. Shicon, a replica of some of the initiatives already active in the United States (Threadless), in the summer of 2010, was sold to a co-ownership in NewCo related to FDI and owned by H-Farm at 5%. Moreover, LOG607 Srl, established in May 2007, created with the goal of creating games, public and private events, software and entertainment format for the public through various media, was sold in June 2009, to Marsilio Editori (RCS).

An overview of the dimensions reached by H-Farm shows that nowadays it counts 32 start-ups and every year more than 400 projects are evaluated and selected. In front of the increasing number of submissions, H-Farm activated a new incubation project, called H-Camp; at its second edition, the program offered to selected teams seed investment (€ 15.000), working space (accommodation included), mentoring, financial and legal counseling. Next to the core business, H-Farm has already expanded its activities portfolio, for example in the field of training: it founded Digital Academy, a society that organizes courses and masters on digital and creativity and that trained more than 600 people in 18 months. Following the educational business, H-Farm established a partnership with Big Rock, a training center at the forefront of the 3D scenery in Europe that can boast of the collaboration of many important customers and partners, such as Adobe, Pixar, and Autodesk.

These data and information unveil the entrepreneurial success of H-Farm both from the economic point of view and in the aim of creating a creative community that gravitated towards H-Farm and its activities (today there are currently about 300 people who work there).

③ The Master Plan.

H-Farm experience in creative community building is especially worth noting the quantitative and qualitative growth of talents that work in H-Farm and the rising demand for incubation led H-Farm to

Figure25 Tenuta Ca' Tron and H-Farm location (courtesy of Ca' Tron Real Estate Srl)

Figure26 H-Farm location in Venice metropolitan area (Google Maps)

Figure27 H-Farm location (orange area) in Venice metropolitan area (courtesy of the architectural practice Zanon Architetti Associati)

Figure28 H-Farm HQ Birds Eye View (courtesy of Ca' Tron Real Estate Srl)

Figure29 H-Art Offices (n.1) (courtesy of the architectural practice Zanon Architetti Associati)

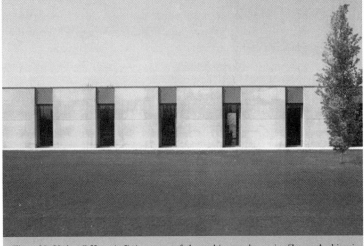

Figure30 H-Art Offices (n.2) (courtesy of the architectural practice Zanon Architetti Associati)

rethink its development vision. In more recent times, H-Farm planned to expand itself and intensify activities with the aim to combine the most advanced digital economy with the territorial dimension and investments. The foreseen expansion will not only concern the core business activities but also affect the complementary activities to support the quality of life of those who work and live in Tenuta Ca' Tron. To achieve this goal, in collaboration with the main public and private stakeholders, H-Farm has been working on a master plan that aims to anticipate and create the conditions for the development of a new balanced growth, to integrate innovative efforts with the rural and settlement system. By focusing on the reuse of the existing building and a local sustainable development, characterized by strong innovation in all sectors of intervention (agricultural, digital, settlement construction, energy, environment, mobility, etc.), the master plan offers a tool for a diversified socio-economic model (residence, work, study, research, culture, leisure, tourism, etc.). It is designed to support a new multifaceted, varied and melting pot community that will contribute to the growth in the overall attractiveness of the territory.

The keyword guiding the expansion project is sustainability, declined in 3 classes:

① Economic sustainability: meaning the ability to generate income and employment for the people's livelihood.

② Social sustainability: meaning the ability to guarantee conditions of human well being (safety, health, education) equally distributed to classes and gender.

③ Environmental sustainability: meaning the ability to maintain quality and reproducibility of natural resources.

Within the framework of the master plan (Figure 31,32), some interventions have been already realized, for example Carlo C, the innovation hub, a new business headquarter (Figure 33).

4. Conclusions

The case study shows how new industrial spaces develop by building on emerging forms of digital entrepreneurship, and at the same time, requiring and affecting new patterns of settlement in the territory. We find that, within the activation of territorial planning, the physical and social environment in which the entrepreneurial activity takes place closely influences the generation of creative and innovative thinking, thus contributing to the wealth of the region. The transition toward a new economic and industrial system based on knowledge imposes a "paradigm shift" for territorial development. The links between innovation, creativity and economic practices has been studied in urban spaces and cities have been identified as the ideal environment to seed ideas, creativity, innovation and human wellbeing. While cities struggle in the competition to gain the location of management functions and organizational prestige, they are also the "places" where technologies and qualified human capital come together, supporting the development of creative communities which may materialize in "new industrial spaces". City planning has played an important role to structure material and immaterial "spaces" for those communities. Cities and network of cities constitute the territory that breed the community building and the territorial planning may play a major role in allowing the growth of such new industrial spaces.

This work discussed how the settlement and the consolidation of creative communities are the core component of new industrial spaces, where the physical and the social environment in which the entrepreneurial activity takes place, closely influences the generation of creative and innovative thinking. From this perspective, the experiences of incubators are an outstanding case of such "creative construction", to paraphrase Schumpeter.

We studied a digital incubator example, H-Farm, the most important private incubator of digital start-ups in Italy, to outline the coevolution of ambience and creativity, achieved by relying on innovative planning visions, territorial resources, entrepreneurial spirit and new alliances between the private and the public spheres. Our case study, H- Farm offers the possibility to materialize the concept of "Place Making", the creation of a new industrial space which substantiate the theoretical model (see Table 1). In table 2, the model is used to illustrate the evolution of the digital incubator H-Farm.

Figure31 Master Plan Tenuta Ca' Tron provided by courtesy of Ca' Tron Real Estate Srl

Figure32 Master Plan Tenuta Ca' Tron provided by courtesy of the architectural practice Zanon Architetti Associati

Figure33 Carlo C, the innovation hub (courtesy of the architectural practice Zanon Architetti Associati)

Table 2 Features of Innovation in New Industrial Space Model (Moulaert and Sekia, 2003), applied to H-Farm's master plan project

Features of innovation	H-Farm as a new industrial space	
Core of innovation dynamics	Broad understanding of digital innovation across various business domains; Adaptations of successful business ideas to the local context; Vertical integration between startups; Dynamics of "co-opetition" among incubated startups.	Factors that are already strengths on which the master plan can rely upon
Role of institutions	Key role of entrepreneurial initiative in a field previously characterized by the sole presence of public incubators; Policy makers adopt the case as best practice and incorporate it in policy documents.	
Regional development	Territorial view based on entrepreneurship as trigger; Contribution to the reinforcement of the new metropolitan identity of the regional territory.	
Culture	Global businesses and investors network; "Human" concept as an intuition in need for evolution towards social innovation.	Factors on which the master plan has room for improvement
Type of relations among agents	Increasing relevance of the real buiness chanllenges the identity itself of the "incubator" by introducing new stakeholder and business logics	
Type of relations with the environment	The communitarian effect currently based exclusively on work dynamics needs to be reinforced by more intense processes of social reproduction based on residence and leisure.	

To conclude, even though the expansion project and the related master plan are at their initial stages and there are still many strategic options that need to be evaluated, nevertheless the evolution of H-Farm offers an outstanding example of place making by creating a new industrial space.

Firstly, H-Farm is one of the few Italian cases of real success in the digital economy, so that it becomes a benchmark in the design of policies to support entrepreneurship. The extent and intensity of its expansion plans suggests that it can be identified as a best practice in terms of territorial planning and community building as well.

The case of H-Farm is remarkable also because, despite its strategic location and inclusion in the Venetian metropolitan area, it draws strength from the rural environment in which it is embedded. This element challenges the idea of the city as the only potential centralizer of talent and creative capital. H-Farm can be studied as a special case in the geography of innovation (McCann, 2007). With respect to the tradition and vocations of the territory and thanks to a business model and idea that grants social proximities and the establishment of a system of global interaction, H-Farm has been able to organize innovation in non-urban region, and creating a hub that operates as a worldwide aggregator. H-Farm has managed to create a new urbanity, by acting as a context that provides talents with the necessary amenities and contemporaneously activating them within an entrepreneurial approach.

Section 5 Comments

Measuring creativity is really complicated and it can be argued that it is essentially not possible. Same can be said about the contribution of art in making public spaces more pleasant and attractive. Decorating public spaces with art is a really old practice. Art can be evaluated by experts in the field, such as art critics, nevertheless it is really complex to measure its impact on visitors. Perceptions are personal and they are strongly dependent on cultural background and level of instruction of every single person. We can measure the number of art pieces in a public space, their location and density, but not their quality, neither how they are perceived by visitors. Therefore it is not possible to quantify correctly the contribution of art in making the space more pleasant and attractive.

If it would be possible to mathematically measure creativity and its impact on people, disciplines like art, design and architecture could be approached in an scientific/engineering manner and conceived by computer software, with the simple input of some data. Creativity is something different, and it is based on the ability of a human being to find the solution to a complex problem inventing something that was not there before. Artists, designers and architects can make a big difference on the quality of a public space and its attractiveness. But much depends on their skills, their experience, and their ability to find creative solutions to specific matters. The same design of a public space can be successful in Europe and not in China and the opposite is also true. People, with different cultural background and level of instruction have various habits, social customs, ways of interaction and expectations regarding public spaces. An artist, a designer or an architect need to take into consideration if she/he wants her/his site specific work to be successful.

On the other hand, cities can do a lot to create the best environmental conditions to be home to creativity, and they can do so for meliorating the public spaces. In this sense, the key world is "green". Cardinal policies to create the conditions for creativity to blossom are: improving the ecological functioning, giving more room to nature within the urban fabric, reducing all the different kind of pollution. Once more, this can be done firstly in applying these policies on public spaces.

References

[1] PICIOCCHI. Alice The Floating Piers: Christo on Lake Iseo[EB/OL]. （2015-10-22） [2016-08-01]. http: //www.abitare.it /en/ design-en/ visual-design-en/2015/10/22/the-floating-piers-christo-on-lake-iseo/ retrieved July3 2106.

[2] HEIDER,FRITZ.Gestalttheory:Early history and reminiscences[J].Journal of the History of the Behavioral Sciences,1970(4):131-139.

[3] PLATO.Plato: Republic[M] .American：Hackett Publishing Company, 1992.

[4] W MATIASKE.Richard Sennett: The Craftsman[J]. Management Revue, 2008 : 72.

[5] J HARTLEY.Key concepts in creative industries[J]. SAGE ,2013(150): 40.

[6] GIELEN. Creativity and Other Fundamentalisms[M]. Amsterdam：Fonds Voor Beeldende Kunsten，2013.

[7] DUNCKER, LEES. On Problem-Solving [M]. New York: Greenwood Press, 1971.

[8] HOWKINS. The Creative Economy: How People Make Money From Ideas [J]. Penguin, 2001(269):2,7.

[9] MULGAN, WORPLOE. Saturday Night or Sunday Morning From Art to Industry – New Forms of Cultural Policy [M]. London: Comedia, 1986

[10] HEWISON, ROBERT. Cultural Capital: The Rise and Fall of Creative Britain [J]. Cultural Trends, 2015 , 24 (4) :327-329.

[11] HOWKINS. The Creative Economy: How People Make Money From Ideas[M]. Englewood Cliffs: London, 2001.

[12] FLORIDA.The Rise of the Creative Class[M]. New York: Basic Books, 2012.

[13] RICHARD. Creative Industries [M]. Cambridge: Harvard University Press, 2000.

[14] FLORIDA. The Rise of the Creative Class [M]. New York: Basic Books, 2012.

[15] BBC. Led Zeppelin appear in court over Stairway to Heaven dispute [EB/OL]. （2016-06-15）[2017-06-20]. bbc.com.

[16] IFPI. Digital Music Report 2012[J]. Going Global, 2012:23.

[17] EBEN MOGLEN. The dotCommunist Manifesto[EB/OL]. （2003-01-10）[2017-06-22]. http://moglen.law.columbia.edu/publications/dcm.pdf.

[18] BELL, DAVIS. Tony Fletcher, A Retrospective Assessment of Mortality from the London Smog Episode of 1952: The Role of Influenza and Pollution[J]. Environ Health Perspect, 2008,112（1）: 263-268.

[19] PAUL VIRILIO. The Information Bomb[M].London: Verso, 2006.

[20] FUKUYAMA FRANCIS. The End of History and the Last Man[M]. New York: Free Press, 1992.

[21] SASSEN, SASKIA. City: Architecture and Society: the 10th International Architecture Exhibition[M]. New York, Y: Rizzoli, 2006.

[22] JOHN HARTLEY. Creative Industries[M]. Malden, MA: Blackwell, 2005.

[23] JOHN HARTLEY, JOHN POTTS. Key Concepts in Creative Industries[M]. London: SAGE Publications Ltd, 2013.

[24] FLORIDA, RICHARD. Bohemia and Economic Geography[J]. Journal of Economic Geography, 2002（2）: P55–71.

[25] DESIGNBOOM. O-office turns an abandoned factory into iD town: the creative art district[EB/OL] （2014-09-09）[2016-06-10].http://www.designboom.com/architecture/o-office-abandoned-factory-id-town-creative-art-district-392014.

[26] DIVISARE. Z Gallery in ID Town[EB/OL]. （2014-10-11）[2016-06-10].https://divisare.com/projects/272128-o-office-architects-z-gallery-in-id-town.

[27] JOSHUA DERMAN. Carl Schmitt on land and sea[J]. History of European Ideas, 2011, 37（2）: 181-189.

[28] GROUP W B. East Asia's Changing Urban Landscape: Measuring a Decade of Spatial Growth[J]. Washington Dc World Bank, 2015.

[29] RACHEL BERNEY. Learning from Bogotá: How Municipal Experts Transformed Public Space[J]. Journal of Urban Design, 2010, 15（4）:539-558.

[30] COCCO GIUSEPPE, SZANIECKI BARBARA. Creative Capitalism, Multitudinous Creativity: Radicalities and Alterities [M]. Lanham：Lexington Books，2015.

[31] TSANG JOHN. HK, home to creativity [EB/OL]. （2016-5-27）[2016-7-23]. http://www.news.gov.hk/en/record/html/2016/05/20160527_212752.shtml.

[32] BRANCHINI ERIKA, SAVARDI UGO, BIANCHI IVANA. Productive Thinking: The Role of Perception and Perceiving Opposition. [J] Gestalt Theory,2015, 37（1）:7-24.

[33] ATCHLEY R A, STRAYER D L, ATCHLEY P. Creativity in the Wild: Improving Creative Reasoning through Immersion in Natural Settings[J]. Plos One, 2012, 7（12）:74-144.

[34] Camilla Costa, Margherita Turvani, Department of Planning and Design in Complex Environments, University IUAV of Venice, Italy.

图 片 来 源

图 0-2 人与计算机对弈（https://www.yandex.com/images/search?text=human%20computer%20chess&img_url=http%3A%2F%2Fabload.de%2Fimg%2F14152840022920z3sps.jpg&pos=2&isize=large&rpt=simage）

图 0-4 公众评价的景区推广模式（http://www.lvmama.com/）

图 0-6 无人驾驶技术（http://carfanaticsblog.com/2016/07/01/tesla-under-nhtsa-investigation-over-fatal-autopilot-crash/，http://www.digitaltrends.com/cars/the-future-of-car-tech-a-10-year-timeline/?utm_m_medium=t）

图 0-7 单人飞行器（http://cn.bing.com/images/search?q=Martin+aircraft&view=detailv2&qft=+filterui%3aimagesize-wallpaper&id=A1045C389974A20427E1FF0221277106EC943908&selectedIndex=5&ccid=16uOkX3P&simid=608046041722719807&thid=OIP.Md7ab8e917dcf3fc53156896193825ccfo0&ajaxhist=0）

图 0-8 立体城市（http://home.ynet.com/3.1/1605/18/11308661.html）

图 0-11 传统修建楼房与 3D 打印楼房（http://baike.baidu.com/view/1569328.htm?fr=aladdin，http://baike.baidu.com/view/10171365.htm?fr=aladdin）

图 0-13 脑电波技术（http://cn.bing.com/images/search?q=%E8%84%91%E7%94%B5%E6%B3%A2%E6%8A%80%E6%9C%AF&view=detailv2&&id=155D84707CDB52E9255C3CB04E6CA6987749302C&selectedIndex=156&ccid=VJZMxWvx&simid=608048073207579161&thid=OIP.M54964cc56bf17883a6fefafd4767614eo2&ajaxhist=0）

图 0-14 谷歌眼镜及其应用（http://www.mirrordaily.com/google-search-your-experiences/23023/）

图 1-4 清明上河图（局部）（http://baike.baidu.com/subview/7998/4881774.htm）

图 1-5 票号收据（http://www.gucn.com/Service_CurioStall_Show.asp?Id=184058）

图 1-9 同一区域的办公和休闲（http://www.usnews.com/opinion/economic-intelligence/2014/05/08/leed-certification-doesnt-add-value-and-costs-taxpayers）

图 1-11 威尼斯平面图（http://www.google.cn/maps）

图 1-12 珠江三角洲地区绿道广州段（http://www.gdgreenway.net/ViewMessage.aspx?MessageId=118058）

图 1-13 列·阿莱地下综合体（http://cn.bing.com/images/search?q=les+halles+paris&view=detailv2&id=29263C586A20D2F3A533E6369ED9517670CF696C&selectedindex=3&ccid=%2FyEWrAUA&simid=608023707856208128&thid=OIP.Mff2116ac05006f08c753c7d5d7185dcdo0&mode=overlay&first=1）

图 1-14 传统基础设施和电子基础设施（http://cn.bing.com/images/search?q=infrastructure&view=detailv2&&id=CD1619D142873F813CC8AAF2E7FF27D4EC047FE4&selectedIndex=20&ccid=WgJ9R0hC&simid=608011565993691205&thid=OIP.M5a027d474842e9e4d18f37dfaf9c8168H0&ajaxhist=0）

图 1-15 微信运动和 GPS 运动软件（截取自 App）

图 1-16 Pokémon Go 游戏截图（http://pokemon-gow.ru/wp-content/uploads/2016/07/pokemongo-1024x607.jpg）

图 2-1 德国为低头族设计的地面信号灯（http://cq.qq.com/a/20160427/026179.htm）

图 2-2 边发边走软件截图（https://itunes.apple.com/cn/app/type-n-walk/id331043123?mt=8）

图 2-5 成都"东郊记忆"公园（http://you.ctrip.com/photos/sight/chengdu104/r1475942-23728315.html）

图 2-7 虚拟教育和虚拟购物（http://www.946vr.com/news/968.html，http://www.citi.io/wp-content/uploads/2015/10/1105-00-noisedigital.com_.jpg）

图 4-7 《安妮法》，又称《版权法案》（http://firststreetconfidential.com/images/images-history/0410-statute-of-anne-copyright.jpg）

图 4-8 凡·高画作赝品，大芬油画村，深圳（http://rue89.nouvelobs.com/2016/01/09/bienvenue-a-dafen-ville-chinoise-van-gogh-a-ete-peint-a-chaine-262768）

图 4-9 1952 年的"大雾霾"，伦敦（https://fireplaceproductsuk.files.wordpress.com/2015/07/v3-smog.jpg）

图 4-10 欧洲的去工业化（http://1.bp.blogspot.com/-wRABvmCusE0/T3Is-SFE3NI/AAAAAAAAko/2U2SsIIE01g/s1600/deindustrialization1.png）

图 4-11 在伦佐·皮亚诺的创新计划中被改建的都灵 Lingotto 会展中心（前身为菲亚特工厂），图灵，意大利（https://upload.wikimedia.org/wikipedia/commons/b/b1/Lh%C3%A9liport_du_Lingotto_(Turin)_(2860291485).jpg）

图 4-12 斯蒂文·乔布斯旗下 iMac 的演变（http://porcupinecolors.com/images/uploads/imac.png）

图 4-13 英伦摇滚乐队污点乐队（http://vignette2.wikia.nocookie.net/blur-band/images/9/92/O-BLUR-BAND-facebook.jpg/revision/latest?cb=20150915101823）

图 4-14 蕴含嬉皮士文化风格的达利艺术工厂的特制人行道（http://vignette2.wikia.nocookie.net/blur-band/images/9/92/O-BLUR-BAND-facebook.jpg/revision/latest?cb=20150915101823）

图 4-15 关税同盟煤矿工业区，埃森市，鲁尔区（http://s1.germany.travel/media/content/staedte___kultur_1/unesco_welterben_2013/industriekomplexzechezollverein_essen_1/Zollverein_Winter_MatthiasDuschner_1024x768.jpg）

图 4-18 台北，Pokémon Go 的狂热玩家们在寻找稀有小精灵（http://www.androidheadlines.com/wp-content/uploads/2016/08/Pokemon-GO-Taiwan.png）

图 4-19 美国奥科宽，人们在玩 Pokémon Go（https://www.washingtonpost.com/local/pokemon-gos-augmented-reality-is-augmenting-the-reality-of-this-small-town/2016/08/13/b39cd6f2-5e1d-11e6-8e45-477372e89d78_story.html）

图 4-20 在莫尔公园唱卡拉 OK，普伦茨劳贝格区，柏林（https://kirstycollar.files.wordpress.com/2012/06/mauerpark-karaoke.jpg）

图 4-21 插画学校，萨尔梅德镇，意大利（http://francescaspinazze.it/portfolio/casa-della-fantasia/）

图 4-22 海伊文化节，海伊小镇，英国（http://www.hayfestival.com/wales/gallery.aspx?skinid=2&localesetting=en-GB&resetfilters=true）

图 4-24 科尔尼公司"全球城市指数"，2016（Camilla Costa, Margherita Turvani, Department of Planning and Design in Complex Environments, University IUAV of Venice, Italy）

表 4-1 新型产业空间模式中的创新特征（莫勒孔和塞基亚，2003）（Camilla Costa, Margherita Turvani, Department of Planning and Design in Complex Environments, University IUAV of Venice, Italy）

图 4-25 卡特隆庄园和 H- 农场的位置（由卡特隆房产提供）

图 4-26 位于威尼斯城市圈的 H- 农场（引自谷歌地图）

图 4-27 位于威尼斯城市圈的 H- 农场（橘色区域）（由 Zanon Architetti Associati 勘测）

图 4-28 农场总部鸟瞰图（由卡特隆房产提供）

图 4-29 艺术工作室（1 号基地）（由 Zanon Architetti Associati 勘测）

图 4-30 艺术工作室（2 号）（由 Zanon Architetti Associati 勘测）

图 4-31 卡特隆庄园总体规划图（一）（由卡特隆房产提供）

图 4-32 卡特隆庄园总体规划图（二）（由 Zanon Architetti Associati 勘测）

Reuters，http://www.nbcnews.com/pop-culture/pop-culture-news/banksys-ironicbemusement-park-opens-england-n413421.A steward stands outside Bansky's "Dismaland" exhibition at a derelict seafront pool on Aug. 20 in Weston-Super-Mare, England.Matthew Horwood / Getty Images）

图 5-30 锈迹斑驳的铁轨（http://www.lvmama.com/trip/show/44602）

图 5-31 钢雕艺术品（http://www.lvmama.com/trip/show/44602）

图 5-32 工人雕塑（http://smallcoho.blog.163.com/blog/static/109002482201431185032111）

图 5-33 工人渔妇雕塑（http://smallcoho.blog.163.com/blog/static/109002482201431185032111）

图 5-34 自然材质艺术品（https://www.inexhibit.com/case-studies/arte-sella/）

图 5-35 树之教堂（https://www.inexhibit.com/case-studies/arte-sella/）

图 5-36 《正反》（http://tsuifl.blog.163.com/blog/static/664366201442164435422/）

图 5-37 油街建筑室外空间（http://www.lcsd.gov.hk/CE/Museum/APO/zh_TW/web/apo/oi_main.html）

图 5-38 泰特美术馆改造后（http://www.artribune.com/wp-content/uploads/2016/04/The-new-Tate-Modern-%C2%A9-Hayes-Davidson-and-Herzog-de-Meuron-1.jpg）

图 5-39 泰特美术馆内活动人群（http://publicdelivery.org/wp-content/uploads/2012/01/ai-weiwei-sunflower-seeds-tate-modern-1.jpg）

图 5-40 泰特美术馆改造图纸（http://aasarchitecture.com/2014/09/tate-modern-extension-herzog-de-meuron.html/tate-modern-extension-by-herzog-de-meuron-20）

图 5-41 泰特美术馆（http://www.ramboll.com/projects/ruk/tate-modern）

图 7-1 华侨城 LOFT 在华侨城片区的位置（http://www.ditu7.com/）

图 7-2 世界之窗（http://image.baidu.com/search/index）

图 7-3 锦绣中华民俗文化村（http://image.baidu.com/search/index）

图 7-4 华侨城生态广场（http://image.baidu.com/search/index）

图 7-5 华侨城 LOFT 入口（http://image.baidu.com/search/index）

图 7-6 初期华侨城照片（本团队成员的硕士毕业论文《产业集群生命周期视角下的华侨城创意园优化策略研究》）

图 7-43 北部水平高差处理（http://www.urbanus.com.cn/）

［注：其余为作者自绘、改绘或者拍摄］